osteuropa

73. JAHRGANG / HEFT 1–2 / 2023

Diorama
Konfliktschauplätze im Osten Europas

Polen und Deutschland

Karten

Andrea Stricker, Anthony Ruggiero

Sanktion statt Kooperation

Die globale Präsenz der russländischen Nuklearindustrie

Russlands Atomindustrie ist von den westlichen Sanktionen ausgenommen. Grund ist die große Bedeutung des Staatskonzerns *Rosatom* für die globale Nuklearwirtschaft. Bei der Förderung, Konversion und Anreicherung von Uran sind auch die USA und westeuropäische Staaten bislang auf *Rosatom* angewiesen. Alle ostmittel- und osteuropäischen Staaten, in denen Reaktoren des Typs VVER betrieben werden, beziehen Brennstäbe von der *Rosatom*-Tochter TVEL. In mehreren Staaten der Welt errichtet *Rosatom* AKWs, hinzu kommen Verträge mit Regierungen über Reaktoren, deren Bau in den nächsten Jahren beginnen soll. Gleichwohl sind Sanktionen gegen *Rosatom* möglich. Es bedarf einer konzertierten Anstrengung der westlichen Staaten, um Investitionsanreize für alternative Anbieter zu schaffen.

Mehr als ein Jahr nach Russlands Überfall auf die Ukraine sind die westlichen Staaten weiter dabei, Moskaus Einnahmen aus Geschäften im Energiesektor zu verringern. Ausgenommen von dem wachsenden Druck ist allerdings Russlands Nuklearindustrie. Im Dezember 2022 gab der Staatskonzern *Rosatom* an, internationale Aufträge für die kommenden zehn Jahre im Wert von 200 Milliarden US-Dollar zu haben und im Jahr 2022 eine Umsatzsteigerung bei den Exporten von 15 Prozent erzielt zu haben.[1]

Die internationalen Aktivitäten von *Rosatom* sind von großer Bedeutung für Russland. Nach der Invasion erwogen die Staaten, die die Ukraine unterstützen, Sanktionen gegen *Rosatom* zu verhängen, schreckten dann jedoch wegen der Energieknappheit und den weltweit hohen Energiepreisen davor zurück.[2] Trotz des Krieges ist *Rosatom* im zivilen Nuklearsektor daher weiter ein wichtiger Lieferant für die USA und viele andere westliche Staaten. Im August 2022 erklärte der Leiter der Abteilung Internationale Geschäftstätigkeit von *Rosatom* Boris Arseev: „Wir von Rosatom glauben, dass die Nuklearkooperation in diesen turbulenten Zeiten fortgesetzt werden sollte.“[3] Leider waren die Regierungen der meisten westlichen Staaten der gleichen Ansicht.

Russlands Führung könnte jedoch die Bedeutung von *Rosatom* für die globale Kernbrennstoffversorgung nutzen, um Länder, die die Ukraine unterstützen, in Schwierig-

---

Andrea Stricker, wissenschaftliche Mitarbeiterin an der Foundation for Defense of Democracies (FDD), Washington, DC

Anthony Ruggiero, leitender wissenschaftlicher Mitarbeiter an der FDD, Washington, DC

Wir danken den Autoren für die Genehmigung zum Abdruck der auf der Internetseite des FDD erschienenen Texts. Die deutsche Fassung ist geringfügig redaktionell gekürzt und aktualisiert.

[1] Russia's Rosatom Sees 2022 Exports Growth at 15 % – Report. Reuters, 25.12.2022.

[2] The Rosatom Exemption: How Russia's State-Run Nuclear Giant Has Escaped Sanctions. Radio Free Europe/Radio Liberty, 15.6.2022.

[3] Korea in $2.2 Billion Deal with Russia for Egypt Nuclear Plant. Bloomberg, 25.8.2022.

keiten zu bringen. Diese sollten sich daher selbst aus der Abhängigkeit von Russlands Nuklearindustrie befreien. Dies wird nicht ohne Übergangszeit möglich sein, in der es darum geht, alternative Anbieter für Brennstoff oder im Reaktorbau zu finden.

Global präsent: Rosatom und die Suche nach alternativen Lieferanten

Russlands Nuklearindustrie ist weltweit ein bedeutender Lieferant für alle wichtigen Nukleartechnologien. Der Staatskonzern *Rosatom* und das riesige Konglomerat seiner Tochterunternehmen verkaufen nicht nur Reaktoren, sondern auch Uran, Brennstäbe sowie Technik und Dienstleistungen entlang der gesamten Uranbrennstoffkette.[4] Ebenso wie der Kreml versuchte, die Abhängigkeit von Erdgas aus Russland als Druckmittel einzusetzen, könnte er auch die weltweite Abhängigkeit von Russlands Atomindustrie nutzen, um die Unterstützung für die Ukraine zu untergraben.[5]

Rosatom rühmt sich immer wieder seiner weltweiten Präsenz. Im Februar 2021 erklärte der Vorstandsvorsitzende von *Rosatom*, Aleksej Lichačev, sein Unternehmen sei in zwölf Ländern tätig; im Jahresbericht 2021 weist das Unternehmen einen Rekordgewinn von mehr als 20 Milliarden Dollar aus.[6] *Rosatom* baut einen wettbewerbsfähigen und zuverlässigen Druckwasserreaktor, den VVER.[7] Weltweit sind 65 (ohne Russland: 44) dieser Reaktoren in Betrieb, davon 23 (ohne Russland: 19) der in den 1970er und 1980er Jahren in Betrieb gegangenen älteren Generationen mit einer installierten Leistung von meist 440 MW (VVER-440) und 42 (ohne Russland: 25) seit den 1980er Jahren ans Netz genommene Blöcke der neueren Generationen mit einer Nennleistung von 1000 bzw. 1200 MW. 18 (ohne Russland: 15) weitere dieser Reaktoren sind in Bau.[8]

Die VVER-Reaktoren werden in der Regel von *Rosatom*-Tochtergesellschaften gewartet, und meist wird in den Reaktoren ein speziell für diese hergestellter Brennstoff verwendet. Viele Länder importieren in Russland abgebautes Uran. Oft wurde dieses dann bereits von *Rosatom* aufbereitet und angereichert. Ebenso übernimmt *Rosatom* in der Regel die abgebrannten Brennstäbe wieder und liefert Ersatzteile für die Reaktoren. *Rosatom* bietet

---

[4] Die Uranbrennstoffkette beginnt mit dem Abbau von Uranerzen, es folgt das Mahlen des Gesteins und die Extraktion des Urans, anschließend die Aufbereitung zu sogenanntem Yellow Cake. An nächster Stelle steht die Konversion zu Uranhexafluorid, dann die Anreicherung, schließlich die Umwandlung in Urandioxid und die Herstellung von Brennstäben. Nach dem Einsatz der Brennelemente im Reaktor werden diese zwischengelagert und anschließend entweder wiederaufbereitet oder endgelagert. Zu den Aktivitäten von *Rosatom* siehe: Matt Bowen, Paul Dabbar: Reducing Russian Involvement in Western Nuclear Power Markets. Columbia University, Center on Global Energy Policy, 23.5.2022, <www.energypolicy.columbia.edu/research/commentary/reducing-russian-involvement-western-nuclear-power-markets>. – Zur Uranbrennstoffkette siehe: Nuclear Explained: The Nuclear Fuel Cycle. U.S. Energy Information Administration, <www.eia.gov/energyexplained/nuclear/the-nuclear-fuel-cycle.php>.

[5] Brenda Shaffer: With Winter Coming, Europe is Walking Off a Cliff. Foreign Policy, 29.9.2022, <https://foreignpolicy.com/2022/09/29/europe-energy-crisis-russia-policies-gas-nuclear-renewable-electricity-prices>.

[6] Performance of State Atomic Energy Corporation ROSATOM in 2021, <www.report.rosatom.ru/655.html>.

[7] Vodo-vodjanoj ėnergetičeskij reaktor (Wasser-Wasser-Energiereaktor), wassergekühlter und wassermoderierter Reaktor.

[8] IAEA Power Reactor Information System (PRIS), <https://pris.iaea.org/PRIS>, Rosatom/Projects, <www.rosatom.ru/en/investors/projects>. Siehe dazu die Tabellen im Anhang zu diesem Text.

auch Schulungen und Sicherheitslehrgänge für den Umgang mit Kernmaterial an. Laut seinem Jahresbericht 2021 ist das Unternehmen Marktführer bei der Urananreicherung, steht auf Platz 2 bei der Uranförderung und an dritter Stelle bei der Herstellung von Kernbrennstoff.[9]

In diese dominante Stellung konnte *Rosatom* nicht zuletzt deswegen gelangen, weil es sich um ein staatliches Unternehmen handelt, das Preise setzen und Dienstleistungen unter den Marktkosten anbieten kann.[10] Mit seinen niedrigen Preisen verringert der russländische Staatskonzern die Marktchancen von Unternehmen aus anderen Ländern. Bislang sind keine Sanktionen gegen Russlands Nuklearsektor verhängt worden. Damit fehlen Investitionsanreize für die Privatwirtschaft, mit einem Ausbau der Kapazitäten einen Ausstieg aus der Abhängigkeit von *Rosatom* zu ermöglichen.

Erste Abkoppelungsversuche

Bereits vor Beginn des Krieges gegen die Ukraine im Februar 2022 drängten die Vereinigten Staaten, mehrere europäische Staaten und einige EU-Behörden auf eine Abkehr von der russländischen Atomwirtschaft. In einem Bericht der Euratom-Versorgungsagentur (ESA) aus dem Jahr 2020 heißt es: „Die 100-prozentige Abhängigkeit von einem einzigen Konstruktionstyp und einem einzigen Lieferanten von VVER-Brennstoff bereitet nach wie vor große Sorgen.“[11] Angesichts des großen Marktanteils von *Rosatom* in Europa und des Fehlens alternativer Lieferanten ist eine Diversifizierung jedoch alles andere als einfach.

Seit Russlands Einmarsch in die Ukraine im Jahr 2022 haben einige europäische Länder Anstrengungen unternommen, um ihre Abhängigkeit von Russland im Nuklearsektor zu verringern oder zu beenden. Die Tschechische Republik wird ab 2024 Brennstoff für die beiden VVER-1000-Reaktoren im südböhmischen Temelín von der französischen *Framatome* und der US-Firma *Westinghouse* beziehen.[12] Auch Bulgarien konnte für die zwei VVER-1000 Reaktoren in Kozloduj Verträge mit diesen beiden Konzernen über die Lieferung von Brennstäben ab dem Jahr 2024 abschließen.[13]

Der französische Kernbrennstoffhersteller *Orano*, der abgebrannte Brennstäbe aus Kernkraftwerken in verschiedenen europäischen Staaten von TVEL in Seversk bei Tomsk aufbereiten ließ, gab im Mai 2022 bekannt, dass er „alle Transporte von Nuklear-

---

[9] Performance of State Atomic Energy Corporation ROSATOM [Fn. 6].

[10] Dory Castillo-Peters, Frank von Hippel: US and EU Imports of Russian Uranium and Enrichment Services Should Stop. Here’s How. Bulletin of the Atomic Scientists, 5.8.2022. – Siehe dazu auch Vladimir Slivjak: Verlustgeschäft Atomreaktorenexport. Russlands symbolische Geopolitik, in: OSTEUROPA, 7–9/2020, S. 253–270.

[11] Euratom Supply Agency: 2020 Annual Report, S. 27, <https://euratom-supply.ec.europa.eu/system/files/2021-10/MJAA21001ENN_002.pdf>.

[12] Die beiden Blöcke wurden nach der Inbetriebnahme in den Jahren 2000 und 2003 bis 2010 mit Brennstoffen von Westinghouse beliefert. Bereits 2006 fiel der Beschluss, nach Auslaufen des Vertrags mit Westinghouse ab 2010 Brennstäbe von der Rosatom-Tochter Tvel zu beziehen. Jaderné palivo do Temelína dodá americký Westinghouse a francouzská Framatome. Radio Prague International, 13.4.2022. Bereits 2021 hat Prag *Rosatom* aus dem Bieterwettbewerb für die Errichtung zweier Reaktoren am Standort Dukovany ausgeschlossen.

[13] Westinghouse Signs VVER Fuel Licensing Contract. World Nuclear News (UK), 5.2.2021, <www.world-nuclear-news.org/Articles/Westinghouse-signs-VVER-fuel-licensing-contract>. – Bulgaria Moves to Replace Russian Nuclear Fuel Supplies. Agence France-Presse, 30.12.2022.

materialien nach und aus Russland ausgesetzt" habe. Ende 2022 hieß es, der Vertrag mit TVEL sei beendet worden.[14] Der schwedische Konzern *Vattenfall* beendete ebenfalls den Bezug von Kernbrennstoff aus Russland.[15] Im Mai 2022 beschloss die finnische *Fennovoima*, einen 2013 geschlossenen Vertrag mit *Rosatom Overseas* über die Errichtung eines 1200 Megawatt VVER-Reaktors auf der Hanhikivi-Halbinsel aufzukündigen. Ein Jahr zuvor war noch mit einem Baubeginn im Jahr 2023 und einer Aufnahme des kommerziellen Betriebs im Jahr 2029 gerechnet worden. Die Kündigung des Vertrags könnte den finnischen Konzern mehrere Hundert Millionen Euro Konventionalstrafe kosten.[16] Die Ukraine hat bereits nach der Annexion der Krim durch Russland im Jahr 2014 begonnen, die Abhängigkeit von Kernbrennstoff aus Russland für die 15 VVER-Reaktoren des Landes zu reduzieren.[17] Schon im Jahr 2008 hatte *Enerhoatom* einen Vertrag mit *Westinghouse Electric Sweden* über die Belieferung von drei Reaktoren abgeschlossen, nach technischen Problemen diese Zusammenarbeit jedoch 2012 beendet. Nach 2014 wurde der Vertrag erneuert, im Jahr 2018 wurde mit Block 3 des AKW Südukraine der erste Reaktor vollständig auf Brennstäbe von *Westinghouse* umgestellt. Im Juni 2021 hat *Enerhoatom* einen Vertrag mit *Westinghouse Electric Company* abgeschlossen, demzufolge die Brennstäbe für die Hälfte der VVER-1000 Reaktoren in der Ukraine aus dem Brennelementewerk des Konzerns im schwedischen Västerås kommen sollen.[18] Ein Jahr später wurde der Vertrag auf alle Brennelemente für alle 13 Reaktoren diesen Typs ausgeweitet. 2024 soll in einem Versuchslauf erstmals auch für die zwei VVER-440-Reaktoren in Rivne Brennstoff aus Schweden geliefert werden.[19] Zudem haben *Westinghouse* und *Enerhoatom* erste Abkommen über den Bau von neun AP-1000-Druckwasserreaktoren in der Ukraine unterzeichnet, die eines Tages die Reaktoren sowjetischen Typs ersetzen sollen.[20] Um den Vertrag mit der Ukraine über die Lieferung von Brennstäben für die VVER-1000 Reaktoren zu erfüllen, muss *Westinghouse* seine Kapazitäten deutlich erhöhen. Das Unternehmen erhält dafür Unterstützung aus dem US-Energieministerium.[21]

---

14 Orano Group statement, 20.5.2022, <www.business-humanrights.org/en/latest-news/orano-group-statement>. Zuvor waren alleine im Jahr 2021 fünf Schiffe mit Containern nach Sankt Petersburg abgegangen, in denen *Orano* abgebrannte Brennstäbe aus AKWs verschiedener europäischer Staaten nach Seversk transportiert worden. Ein endgültiges Ende der Zusammenarbeit würde bedeuten, dass in Frankreich mehr Nuklearabfälle anfallen. Siehe: Russia owns the only plant in the world capable of reprocessing spent uranium. Le Monde Online, 3.12.2022.

15 Vattenfall inks new nuclear fuel deals after halting Russia deliveries. Reuters, 5.5.2022.

16 Finnish Group Scraps Nuclear Power Plant Deal with Russia's Rosatom. Agence France-Presse, 2.5.2022.

17 World Nuclear Association: Nuclear Power in Ukraine, <https://world-nuclear.org/information-library/country-profiles/countries-t-z/ukraine.aspx>.

18 Westinghouse And Energoatom Sign Contract For Fuel Assembly Documentation. Nucnet, 14.6.2021.

19 Ukraine Signs Deal with Westinghouse to End Russian Nuclear Fuel Needs. Reuters, 3.6.2022.

20 Energoatom and Westinghouse Begin AP1000 Plant License Process in Ukraine, Westinghouse Electric Company, 11.7.2022, <https://info.westinghousenuclear.com/news/energoatom-and-westinghouse-begin-plant-license-process>.

21 Westinghouse and NT-Engineering Sign MoC to Increase Nuclear Reactor Power. Westinghouse Electric Company, 22.9.2021, <https://info.westinghousenuclear.com/news/westinghouse-and-nt-engineering-sign-moc>.

AKW Rivne (oben) und Chmel'nyc'kyj in der Ukraine

Weiter hohe Abhängigkeit in Europa

Fast 20 Prozent des in der EU eingesetzten Urans wurde in Russland gefördert und aufbereitet. Alternative Quellen sind durchaus vorhanden, Frankreich etwa bezieht Uran aus Kasachstan, Usbekistan, Australien und dem Niger.[22] Der Wechsel zu neuen Anbietern wird jedoch mit höheren Kosten verbunden sein.[23]
Da es bislang keinen Anbieter gibt, der Brennelemente für VVER-440 Reaktoren herstellt, werden alle Staaten, die solche Reaktoren betreiben, bis auf weiteres Brennelemente von der *Rosatom*-Tochter TVEL beziehen. Dies sind Finnland mit zwei Blöcken am Standort Loviisa, Tschechien mit vier Reaktoren in Dukovany, die Slowakei mit sechs Reaktoren dieses Typs an den Standorten Bohunice und Mochovce sowie Ungarn mit vier VVER-440-Blöcken in Paks. *Westinghouse* hat allerdings im September 2022 angekündigt, solche Brennstäbe gemeinsam mit dem spanischen Unternehmen *Enusa* herstellen zu wollen.[24]
Rosatom liefert Brennstoff und Dienstleistungen für Kernreaktoren in Westeuropa, darunter in Belgien, dem Vereinigten Königreich, den Niederlanden, Spanien, Schweden und der Schweiz.[25] In diesen Ländern werden Reaktoren mit Brennstäben aus der Brennelementefertigungsanlage im niedersächsischen Lingen betrieben. Eigentümer ist die *Advanced Nuclear Fuels GmbH* (ANF), eine Tochter der französischen *Framatome*. Die genannten Staaten unterstützen die Ukraine, so dass Russland versuchen könnte, sie unter Druck zu setzen.
Das französische Unternehmen *Framatome* und dessen Mehrheitseigner *Électricité de France* (EDF) arbeiten eng mit *Rosatom* zusammen.[26] *Framatome* hat Ende März 2023 mit der *Rosatom*-Tochter TVEL ein Joint Venture gegründet, um am Standort Lingen Brennstäbe für VVER-1000-Reaktoren herstellen zu können.[27] Osteuropäische Staaten, die vom Lieferanten TVEL zu *Framatome* wechseln, könnten wieder bei TVEL landen. Ebenso wird EDF kaum als alternativer Anbieter von Reaktorprojekten auftreten können. Der Konzern hat Probleme mit den 56 französischen Reaktoren,[28] bei laufenden Bauprojekten im Ausland muss die angekündigte Fertigstellung immer weiter in die Zukunft

---

[22] L'indépendance énergétique de la France grâce au nucléaire: un tour de passe-passe statistique. Le Monde, 24.1.2022. – Die Konversion findet in den Uranverarbeitungsanlagen Tricastin und Malvési an den südfranzösischen Standorten Montélimar und Narbonne statt. Unklar ist, ob das aus Kasachstan importierte Uran von der staatlichen *Kazatomprom* oder von der *Rosatom*-Tochter *Uranium One* stammt.

[23] Russia Faces Threat of Sanctions on Nuclear Power Industry as Germany Backs Uranium Ban. Politico, 29.4.2022.

[24] Westinghouse and ENUSA to Collaborate on VVER-440 Fuel Fabrication, <https://info.westinghousenuclear.com/news/wec-enusa-collab-vver-440>.

[25] Russia's Nuclear Trade with Europe Flows Despite Ukraine War. AP, 29.9.2022.

[26] Framatome and Rosatom Expand Cooperation. World Nuclear News, 2.12.2021. – Equipment for Deconversion Arrives at Zheleznogorsk. World Nuclear News, 23.12.2021. – Russia's Nuclear Trade with Europe Flows Despite Ukraine War. Associated Press, 29.9.2022.

[27] Joint Venture stellt Brennelemente her. SZ, 30.3.2023.

[28] French Nuclear Power Crisis Frustrates Europe's Push to Quit Russian Energy. The New York Times, 18.7.2022.

verschoben werden. Der Konzern ist überdies so verschuldet, dass die französische Regierung eine Verstaatlichung erwägt.[29]
In Deutschland sind hingegen die letzten Reaktoren im April 2023 vom Netz gegangen. Die Bundesregierung setzt sich in Brüssel für Sanktionen gegen *Rosatom* ein.[30] Allerdings kooperiert *Siemens Energy* weiter mir *Rosatom* und liefert für die VVER-Reaktoren der neuesten Generation gemeinsam mit *Framatome* Prozessleitsysteme.[31]
Belgien hat seinen geplanten vollständigen Atomausstieg verschoben. Zwei Reaktoren wurden zwar in den letzten Monaten stillgelegt, drei weitere sollen im Jahr 2025 folgen, die Laufzeit von zwei Reaktoren wurde jedoch bis 2035 verlängert.[32] Bislang kamen 40 Prozent des in Belgien eingesetzten Urans von *Rosatom* bzw. *Uranium One*, dem Tochterunternehmen des russländischen Konzerns in Kasachstan.[33]

Die zivile Nuklearkooperation zwischen den USA und Russland

Auch die USA kooperieren auf der Basis eines 2011 geschlossenen Abkommens im zivilen Nuklearsektor mit Russland. 2021 kamen 14 Prozent des gemahlenen Urans aus Russland.[34] Die Regierung gibt jedoch Geld dafür aus, die im Uranbergbau tätigen US-Unternehmen zu stärken, die international nicht konkurrenzfähig sind. Ein 2020 verabschiedetes Anti-Dumping-Gesetz verbietet, mehr als 20 Prozent des Urans aus Russland zu beziehen, inbegriffen sind Natururan, konvertiertes Uran und angereichertes Uran. Im Jahr 2028 wird der maximal erlaubte Anteil auf 15 Prozent gesenkt.[35] Die Reduzierung der aus Russland importierten Uranmengen soll die *Rosatom*-Tochter *Techsnabėksport* (TENEX) treffen, die nach eigenen Angaben 2020 Uranprodukte im Wert von 775 Millionen Dollar an die USA verkaufte.[36] Das US-Industrieministerium schätzte im März 2022, dass eine vollständige Ersetzung aller Urankäufe bei *Rosatom* eine Milliarde

---

[29] Matthew Dalton: France's Nuclear Reactors Malfunction as Energy Crisis Bites. The Wall Street Journal, 23.10.2022. – Nuclear Power Could Help Europe Cut Its Russia Ties, but Not for Years. The New York Times, 26.4.2022.

[30] Habeck will Atom-Sanktionen. Ein neuer Konflikt mit Frankreich. FAZ, 17.4.2023.

[31] Vladimir Slivyak: Rosatom: Russia's Nuclear Trojan horse in the EU, <www.urgewald.org/en/shop/rosatom-russias-nuclear-trojan-horse-eu>.

[32] Lifetime Extension of Doel 4 and Tihange 3 Nuclear Power Plants. Internetseite des belgischen Ministerpräsidenten 18.3.2022.

[33] Russia's Energy Chokehold: 40 % of Uranium Used in Belgium Linked to Russia. The Brussels Times, 5.5.2022.

[34] 35 Prozent aus Kasachstan, 15 Prozent aus Kanada, 14 Prozent aus Australien, sieben Prozent aus Namibia, fünf Prozent aus heimischem Abbau, zehn Prozent aus fünf weiteren Staaten. U.S. Energy Information Administration: Nuclear Explained: Where Our Uranium Comes From, <www. eia.gov/energyexplained/nuclear/where-our-uranium-comes-from.php>. Mary Beth Nikitin: U.S.-Russian Civilian Nuclear Cooperation Agreement: Issues for Congress. Congressional Research Service, 11.1.2011, <https://sgp.fas.org/crs/nuke/RL34655.pdf>.

[35] 2020 Amendment to the Agreement Suspending the Antidumping Investigation on Uranium from the Russian Federation, International Trade Administration, 85 Federal Register 64112, September 10, 2020, <www.federalregister.gov/documents/2020/10/09/2020-22431/2020-amendment-to-the-agreement-suspending-the-antidumping-investigation-on-uranium-from-the-russian>. – U.S. Seeks to Lower Russian Uranium Imports to Boost U.S. Nuclear Industry, Reuters, 14.9.2020.

[36] Does Russia sell nearly $1 billion uranium to the U.S. a year? Washington Post, 20.4.2022.

US-Dollar kosten würde.[37] Ein Anknüpfungspunkt für verschärfte Sanktionen gegen *Rosatom* wäre eine Verordnung, die die Biden-Administration im August 2021 nach der Vergiftung von Aleksej Naval'nyj beschlossen hat. In dieser wurden bereits schärfere Kontrollen beim Handel mit Gütern aus dem Nuklearbereich sowie mit Raketentechnologie angeordnet[38]

Die US-Regierung versucht ebenfalls, die heimische Konversion und Anreicherung von Uran wiederzubeleben.[39] Die einzige kommerzielle Anreicherungsanlage in den USA, die National Enrichment Facility in New Mexico, wird von der Nuklearfirma *Urenco* betrieben, einem Unternehmen, an dem die britische und die niederländische Regierung sowie RWE und E.on aus Deutschland beteiligt sind.[40] Im Jahr 2021 unterzeichnete die US-Regierung mit dem Unternehmen *Centrus Energy* einen Vertrag über die Produktion von Uran mit einem Anreicherungsgrad von bis zu 20 Prozent, das in einem neuartigen Reaktortyp eingesetzt werden soll.[41] Washington hofft, dass der Reaktor international konkurrenzfähig sein wird und die Nuklearindustrie des Landes wiederbeleben könnte. Im Anschluss an das Energiegesetz von 2020 hat das Energieministerium im Jahr 2022 zudem ein Konsortium gegründet, das Kooperationspartner identifizieren soll, mit denen „für die Verfügbarkeit [von HALEU] für den zivilen Einsatz im Inland zu Demonstrations- und kommerziellen Zwecken gesorgt werden kann".[42] Bislang ist Russland das einzige andere Land, das HALEU produziert.

Staaten, die eine engere Kooperation mit *Rosatom* planen

Einige Staaten möchten ihre Kooperation mit der russländischen Nuklearindustrie nicht beenden, sondern vielmehr intensivieren. Darunter sind sowohl solche, die enge Beziehungen zu den USA haben, als auch solche, die Russland nahe stehen.

In China hat in den Jahren 2021 und 2022 der Bau von vier VVER-1200-Reaktoren begonnen. Zahlreiche gemeinsame Projekte mit *Rosatom* werden zu einer Stärkung der aufstrebenden chinesischen Nuklearindustrie führen.[43] In Belarus ist in Astravec nahe

---

[37] Replacing Russian uranium in case of ban might cost over $1 billion: DOE. S&P Global Commodoty Insights, 17.3.2022.

[38] Fact Sheet: United States Imposes Additional Costs on Russia for the Poisoning of Aleksey Navalny, <www.state.gov/fact-sheet-united-states-imposes-additional-costs-on-russia-for-the-poisoning-of-aleksey-navalny>.

[39] U.S. Department of Energy, Nuclear Fuel Working Group: Restoring America's Competitive Nuclear Energy Advantage: A Strategy to Assure U.S. National Security. April 2020. <www.energy.gov/sites/prod/files/2020/04/f74/Restoring%20America%27s%20Competitive%20Nuclear%20Advantage-Blue%20version%5B1%5D.pdf>.

[40] United States Nuclear Regulatory Commission: Uranium Enrichment, <www.nrc.gov/materials/fuel-cycle-fac/ur-enrichment.html>.

[41] U.S. Department of Energy: Centrus Becomes First U.S. Licensed HALEU Production Facility. 23.6.2021. –U.S. Department of Energy: Advanced Small Modular Reactors (SMRs).

[42] Notice of Establishment: High-Assay Low-Enriched Uranium (HALEU) Consortium, Department of Energy, 87 Federal Register 75048, December 7, 2022, <www.federalregister.gov/documents/2022/12/07/2022-26577/notice-of-establishment-high-assay-low-enriched-uranium-haleu-consortium>.

[43] China Signs Up to Four New Units from Russia. World Nuclear News, 8.6.2018. – Fuel Despatched for China's CFR-600 Fast Neutron Reactor. World Nuclear News, 30.9.2022. – First Concrete Poured for Xudabao 3. World Nuclear News 3.8.2021. – Construction Starts on Eighth Tianwan Unit. World Nuclear News, 25.2.2022.

der Grenze zu Litauen im Jahr 2020 ein VVER-1200-Reaktor ans Netz gegangen, die Inbetriebnahme eines weiteren solchen Reaktors soll noch 2023 erfolgen. *Rosatom* hat die Reaktoren gebaut und liefert die Brennstäbe.[44] In Ungarn soll im Herbst 2023 mit dem Bau von zwei solcher Reaktoren am Standort Paks begonnen werden. Auch hier spielen Kredite aus Russland eine wichtige Rolle.[45]

In der Türkei begann am Standort Akkuyu an der südtürkischen Mittelmeerküste in den Jahren 2018–2022 der Bau von vier Reaktoren des Typs VVER. Finanziert wird das Projekt von russländischen staatseigenen Banken. Die türkische Regierung verhandelt zudem mit *Rosatom* über die Errichtung eines weiteren AKW an der Schwarzmeerküste bei Sinop.[46] In Ägypten hat im Jahr 2022 der Bau von zwei VVER-1200 Reaktoren am Standort El Dabaa begonnen, der Bau zweier weiterer Reaktoren des gleichen Typs am selben Standort ist geplant.[47] Im August 2022 hat *Rosatom* mit dem südkoreanischen Staatsunternehmen *Korea Electric Power Corp.* Verträge über die Errichtung von Gebäuden und die Lieferung von Ausrüstung geschlossen. Die Regierung in Seoul gibt an, in engem Austausch mit Washington gestanden zu haben.[48] In Kudankulam an der Südspitze Indiens sind in den Jahren 2013 und 2016 zwei von *Rosatom* gelieferte VVER-1000-Reaktoren in Betrieb gegangen. 2017 hat der Bau zweier weiterer Blöcke diesen Typs und 2021 von noch einmal zwei solcher Blöcke begonnen.[49] Schließlich baut *Rosatom* in Bangladesch zwei Reaktoren für das erste Kernkraftwerk des Landes.[50]

Scheu vor Sanktionen

Die USA und die EU scheuen vor Sanktionen gegen *Rosatom* zurück. Grund ist die Lage auf dem globalen Energiemarkt und der Mangel an Unternehmen, die an die Stelle des russländischen Staatskonzerns treten könnten. Die Biden-Administration weiß, dass einige EU-Staaten strikt gegen eine Verhängung von Sanktionen gegen *Rosatom* sind und zögert, ohne Konsens mit den Verbündeten eine solche Entscheidung zu treffen. Alleine die Tatsache, dass Biden nach Russlands Überfall auf die Ukraine Sanktionen gegen *Rosatom* erwog, ließ die Aktienkurse von im Uranbergbau tätigen Unternehmen in die Höhe steigen. Der US-Präsident hat jedoch bislang lediglich im März 2022 einen Erlass unterzeichnet, der „neue Investitionen in den Energiesektor der Russländischen Föderation“ verbietet. Gleichwohl sind die Uranpreise auf dem Weltmarkt weiter doppelt so hoch wie noch Mitte 2021.[51]

---

44 Fuel Loading Begins at Ostrovets 2. World Nuclear News, 22.12.2021. – Zum belarussischen AKW Astravec siehe: Kamil Kłysiński: Danaergeschenk. Das belarussische Atomkraftwerk Astravec, in: OSTEUROPA, 10–11/2020, S. 331–340.

45 Hungary and Rosatom Push Ahead on Paks II Nuclear Project. World Nuclear News, 6.5.2022. – Russia Extends Loan Period for Hungary's Paks-II. Nuclear Engineering International, 4.5.2021.

46 Construction Begins on Fourth Turkish Reactor. World Nuclear News, 21.7.2022. – Turkey Asks Russia to Build Another Nuclear Plant, Defying U.S. Bloomberg, 20.10.2022.

47 Construction of Egypt's First Nuclear Power Plant Under Way. World Nuclear News, 20.7.2022.

48 Korea in $2.2 Billion Deal with Russia for Egypt Nuclear Plant, Bloomberg, 25.8.2022.

49 Reactor Plant Equipment Installed at Kudankulam 3. World Nuclear News, 19.7.2022.

50 Containment Dome in Place at Rooppur 2. World Nuclear News, 30.6.2022.

51 Trading Economics: Uranium, <https://tradingeconomics.com/commodity/uranium>.

Die Ukraine fordert seit dem Überfall auf das Land, dass sich der Westen den von Kiew verhängten Sanktionen gegen *Rosatom* anschließt. Die Regierung verweist vor allem darauf, dass *Rosatom* sich an der vierwöchigen Besetzung des AKWs in Tschernobyl beteiligt hat und Personal in das seit Anfang März 2022 besetzte AKW Zaporižžja entsendet hat.[52] Die Ukraine macht zudem deutlich, dass die Bedingungen in und um das größte Atomkraftwerk Europas die Frage aufwerfen, ob nukleare Sicherheit wirklich die oberste Priorität von *Rosatom* sei.[53]

Russlands Flagge zeigen: Die Baustelle des AKW Akkuyu in der Türkei

[52] The Ministry of Foreign Affairs Calls for Sanctions Against Rosatom Due to Russia's Declaration of Control Over the ZNPP. Ukrainska Pravda, 5.10.2022.

[53] Russian Shellfire Cuts Power to Ukraine's Zaporizhzhia Nuclear Power Plant for a Second Time in Five Days. The New York Times, 12.10.2022. – Russian Army Turns Ukraine's Largest Nuclear Plant into a Military Base. The Wall Street Journal, 5.7.2022. – Zur Lage im AKW Zaporižžja siehe die regelmäßigen Berichte der IAEO, <www.iaea.org/nuclear-safety-and-security-in-ukraine>.

Was tun?

Um die Abhängigkeit der westlichen Staaten von Russlands Atomindustrie zu verringern und Moskaus Einnahmen aus Nuklearexporten zu beschränken, bedarf es langfristig angelegter Anstrengungen. Washington sollte sich eng mit den europäischen Verbündeten abstimmen, aber auch bereit sein, allein zu handeln. Schnelles Handeln ermöglicht es, *Rosatom* zu begegnen, ohne die Energiemärkte unnötig zu verunsichern.
Der Abschied von *Rosatom* ist möglich, wenn die westlichen Staaten selbst alternative Anbieter finden und andere *Rosatom*-Kunden bei dieser Suche unterstützen. Es geht darum, wichtige Güter und Dienstleistungen statt bei Gegnern bei befreundeten und verbündeten Staaten zu erwerben, und Anreize für die eigene Industrie zu schaffen, damit diese durch einen Abschied von *Rosatom* entstehende Lücken füllen kann.
Konkrete Schritte in den USA können sein:
1) Sanktionierung von Rosatom mit Abwicklungsfristen. Die Biden-Administration könnte ein deutliches Signal an den Markt senden, indem sie *Rosatom* im Rahmen des Erlasses 14024 „Blocking Property With Respect to Specified Harmful Foreign Activities of the Government of the Russian Federation" vom April 2021 mit Sanktionen belegt.[54] Diese sollten sich gegen Unternehmen und Einzelpersonen richten, die weiter mit *Rosatom* Geschäftsbeziehungen im Bereich Reaktorbau unterhalten – einschließlich vertraglich vereinbarter Projekte – oder Zahlungen an *Rosatom* leisten. Bis zur Beendung der Geschäftsbeziehungen sollte eine Frist von 6–12 Monaten gewährt werden. Hier sollte die Übergangsfrist wegen der schwierigen Suche nach alternativen Anbietern zwischen einem und vier Jahren liegen. Diese Maßnahmen würden die Einnahmen von *Rosatom* erheblich schmälern und dafür sorgen, dass *Rosatom* eines Tages aus dem Markt gedrängt wird.
Die Abhängigkeit verschiedener Länder von den verschiedenen Gesellschaften des *Rosatom*-Konglomerats zu erfassen und insbesondere die Unternehmen und Personen zu identifizieren, gegen die sich die Sanktionen richten sollen, ist eine Mammutaufgabe. Die Dutzenden von *Rosatom*-Tochtergesellschaften haben oft eigene Tochtergesellschaften und Niederlassungen in Russland und im Ausland. Die Internationale Arbeitsgruppe für Russlandsanktionen an der Stanford University hat 262 Tochtergesellschaften und 50 verbundene Unternehmen identifiziert.[55] Die wichtigsten sind *Techsnabėksport* (TENEX), das für Urananreicherung zuständig ist, TVEL, in dessen Bereich die Konversion und die Anreicherung von Uran sowie die Herstellung von Brennstäben fällt, *Atomėnergomaš* (AEM), das seinerseits eine Holding ist und eine Vielzahl von Maschinenbauunternehmen umfasst, die im nuklearen und nichtnuklearen Reaktorbau tätig sind, und *Atomstrojėksport* (ASE), das für den Kraftwerksbau insbesondere im Ausland zuständig ist, der Kraftwerksbetreiber *Rosėnergoatom* und *Rusatom Overseas*, das für die internationale Vermarktung von Reaktorprojekten zuständig ist. *Rosatom* bietet auch

---

[54] Executive Order 14024, „Blocking Property with Respect to Specified Harmful Foreign Activities of the Government of the Russian Federation", April 15, 2021, <https://home.treasury.gov/system/files/126/14024.pdf>.

[55] International Working Group on Russia Sanctions: Working Group Paper #8: Rosatom and Civilian Nuclear Power: Recommendations for Sanctions Against the Russian Federation. Stanford University, 14.11.2022, <https://fsi.stanford.edu/working-group-sanctions>. – Siehe auch das vom österreichischen Umweltbundesamt in Auftrag gegebene Hintergrundpapier: Analyse der ROSATOM-Aktivitäten bzw. ROSATOM-Verflechtungen mit der EU. <www.umweltbundesamt.at/energie/kernenergie/hintergrundpapier-rosatom>. Siehe auch die Vorstellung der Unternehmen auf der Internetseite von *Rosatom*: <https://rosatom.ru/en/all-enterprises>.

Schulungen für das Betriebspersonal laufender VVER-Reaktoren außerhalb Russlands an, was zusätzliche Herausforderungen für die Verhängung von Sanktionen bedeutet. Es bedarf einer behördenübergreifenden Anstrengung, um jene Unternehmen und hochrangigen Personen im *Rosatom*-Konglomerat zu identifizieren, gegen die Sanktionen verhängt werden können.

2) Identifizierung und Unterstützung alternativer Lieferanten. Es gibt für alle Stufen der Uranbrennstoffkette alternative Anbieter oder zumindest sind solche im Entstehen. Bei der Konversion von Uran und der Anreicherung zum Reaktorbrennstoff wird es jedoch einige Zeit dauern, bis die *Rosatom*-Unternehmen in kommerziellem Maßstab vollständig ersetzt werden können. Darüber hinaus ziehen es die meisten Anbieter von Nukleardienstleistungen vor, für den Fall einer Unterbrechung einer Lieferkette mindestens zwei potentielle Zulieferer zu haben. Allerdings verfügen die meisten Kraftwerksbetreiber über einen Brennstoffvorrat, der den Betrieb für zwei Jahre oder länger ermöglicht. Es bleibt also Zeit, nach der Verhängung von Sanktionen alternative Lieferanten zu finden. Das gilt auch für die VVER-Reaktoren.

Ersatz für Uran aus Russland in der ersten Verarbeitungsstufe kann ohne Probleme in Australien, Kanada, Kasachstan, Namibia, Niger, Tansania, Usbekistan und in den USA gefunden werden. Kapazitäten zur Konversion von Uran gibt es in Frankreich, Kanada und Japan. Auch die USA könnten in diesem Bereich Aktivitäten entwickeln. Anreicherungsanlagen betreibt die französische *Orano*, *Urenco* in Großbritannien, den Niederlanden, im niedersächsischen Gronau sowie in den USA. Bis in ausreichender Menge angereichertes Uran zur Verfügung steht, um das bislang aus Russland bezogene angereicherte Uran weltweit zu ersetzen, wird es allerdings einige Jahre dauern. Um den Bedarf an HALEU rascher zu decken, erwägen die USA, ihren großen Bestand an atomwaffenfähigem hochangereichertem Uran abzureichern, bis ausreichende Anreicherungskapazitäten zur Verfügung stehen.

Zielführend wäre, wenn die westlichen Staaten die Internationale Atomenergiebehörde dabei unterstützen, für das von ihr in Kasachstan unterhaltene Reservelager für niedrigangereichertes Uran (IAEA Low Enriched Uranium Bank), das zu einem großen Teil auf Uran aus Russland angewiesen ist, neue Bezugsquellen zu erschließen. Werden Sanktionen gegen *Rosatom* verhängt, wird die IAEA solche zweifellos benötigen. Vermieden werden sollte der Rückgriff auf Lieferungen aus China, auf diese Weise würde ein Problem beseitigt, indem man sich ein neues schafft.

Um neue Anbieter zum Markteintritt zu bewegen, müssen Washington und seine Verbündeten deutlich machen, dass sie eine dauerhafte Abkopplung von Russlands Atomindustrie anstreben. Eine Studie des Center on Global Energy Policy der Columbia University unterstreicht, welche Bedeutung klare politische Signale haben: „Westliche Unternehmen werden eindeutige politische Festlegungen erwarten, bevor sie in den Uranbergbau sowie in neue Anlagen zur Konversion und Anreicherung von Uran investieren. Andernfalls fürchten sie, dass bereits in einem oder zwei Jahren oder sogar früher die billigen Uranprodukte aus Russland wieder zugelassen werden und sie ihre Investitionen verlieren.“[56]

Aus dem Englischen von Volker Weichsel, Berlin

Schlagwörter: Russland, Nuklearsektor, Atomkraft, Rosatom, Sanktionen

---

[56] Matt Bowen, Paul Dabbar: Reducing Russian Involvement in Western Nuclear Power Markets. Columbia University, Center on Global Energy Policy, May 23, 2022, <www.energypolicy. columbia.edu/research/commentary/reducing-russian-involvement-western-nuclear-power-markets>.

Tabelle 1: VVER-440 and VVER-1000 Druckwasserreaktoren von Rosatom in der EU

Land	**Name**	**Modell**	**seit (ab)**	**Brennstofflieferant**
Finnland	Loviisa	VVER-440	1977	Verträge mit Westinghouse und TVEL bis 2027
Finnland	Loviisa 2	VVER-440	1980	Verträge mit Westinghouse und TVEL bis 2030
Slowakei	Bohunice 3	VVER-440	1984	TVEL, kein Wechsel bestätigt
Slowakei	Bohunice 4	VVER-440	1985	TVEL, kein Wechsel bestätigt
Slowakei	Mochovce 1	VVER-440	1998	TVEL, kein Wechsel bestätigt
Slowakei	Mochovce 2	VVER-440	1999	TVEL, kein Wechsel bestätigt
Slowakei	Mochovce 3	VVER-440	2023	TVEL, kein Wechsel bestätigt
Tschechien	Dukovany 1	VVER-440	1985	TVEL, kein Wechsel bestätigt
Tschechien	Dukovany 2	VVER-440	1986	TVEL, kein Wechsel bestätigt
Tschechien	Dukovany 3	VVER-440	1986	TVEL, kein Wechsel bestätigt
Tschechien	Dukovany 4	VVER-440	1987	TVEL, kein Wechsel bestätigt
Ungarn	Paks 1	VVER-440	1982	TVEL, kein Wechsel bestätigt
Ungarn	Paks 2	VVER-440	1984	TVEL, kein Wechsel bestätigt
Ungarn	Paks 3	VVER-440	1986	TVEL, kein Wechsel bestätigt
Ungarn	Paks 4	VVER-440	1987	TVEL, kein Wechsel bestätigt
Bulgarien	Kozloduj 5	VVER-1000	1987	TVEL, ab Mitte 2024 Westinghouse
Bulgarien	Kozloduj 6	VVER-1000	1991	TVEL, ab 2025 Framatome
Tschechien	Temelín 1	VVER-1000	2000	TVEL, ab 2024 Westinghouse und Framatome
Tschechien	Temelín 2	VVER-1000	2002	TVEL, ab 2024 Westinghouse und Framatome

Quellen: IAEA Power Reactor Information System (PRIS); Vladimir Slivyak: Rosatom: Russia's Nuclear Trojan horse in the EU

Tab. 2: VVER-440 and VVER-1000 Druckwasserreaktoren von Rosatom in anderen Staaten

Land	Name	Typ	seit	Brennstofflieferant
Armenien	Metsamor-2	VVER-440	1980	TVEL
Belarus	Astravec-1	VVER-1200	2020	TVEL
China	Tianwan-1	VVER-1000	2006	TVEL*
China	Tianwan-2	VVER-1000	2007	TVEL*
China	Tianwan-3	VVER-1000	2017	TVEL*
China	Tianwan-4	VVER-1000	2018	TVEL*
Indien	Kudankulam-1	VVER-1000	2013	TVEL
Indien	Kudankulam-1	VVER-1000	2016	TVEL
Iran	Bushehr-1	VVER-1000	2011	TVEL
Ukraine	Rivne-1	VVER-440	1981	ab 2024 Westinghouse
Ukraine	Südukraine-1	VVER-1000	1982	Westinghouse**
Ukraine	Südukraine-2	VVER-1000	1985	Westinghouse**
Ukraine	Chmel'nyc'kyj-1	VVER-1000	1987	Westinghouse**
Ukraine	Chmel'nyc'kyj-2	VVER-1000	2004	Westinghouse**
Ukraine	Rivne-3	VVER-1000	1986	Westinghouse**
Ukraine	Rivne-4	VVER-1000	2004	Westinghouse**
Ukraine	Südukraine-3	VVER-1000	1989	Westinghouse**
Ukraine	Zaporižžja-1	VVER-1000	1984	Westinghouse**
Ukraine	Zaporižžja-2	VVER-1000	1985	Westinghouse**
Ukraine	Zaporižžja-3	VVER-1000	1986	Westinghouse**
Ukraine	Zaporižžja-4	VVER-1000	1987	Westinghouse**
Ukraine	Zaporižžja-5	VVER-1000	1989	Westinghouse**
Ukraine	Zaporižžja-6	VVER-1000	1995	Westinghouse**

* *Teilweise TVEL, teilweise mit TVEL-Lizenz in China*

** *Der Übergang von TVEL zu Westinghouse findet seit 2018 schrittweise mit der Ersetzung abgebrannter Brennstäbe einzelner Reaktoren und einer zweifachen Ausweitung des Liefervertrags auf immer mehr Blöcke statt. Er soll 2024 abgeschlossen sein.*

Quellen: IAEA Power Reactor Information System (PRIS); eigene Zusammenstellung

Tabelle 3: VVER-1200/VVER-1300 Druckwasserreaktoren von Rosatom weltweit: in Bau

Land	**Name**	**Reaktortyp**	**Status**
Ägypten	El Dabaa-1	VVER-1200	in Bau seit 2022
Ägypten	El Dabaa-2	VVER-1200	in Bau seit 2022
Bangladesch	Rooppur-1	VVER-1200	in Bau seit 2017
Bangladesch	Rooppur-2	VVER-1200	in Bau seit 2018
Belarus	Astravec-2	VVER-1200	Inbetriebnahme voraussichtlich 2023
China	Tianwan-7	VVER-1200	in Bau seit 2021
China	Tianwan-8	VVER-1200	in Bau seit 2022
China	Xudabao-3	VVER-1200	in Bau seit 2021
China	Xudabao-4	VVER-1200	in Bau seit 2022
Indien	Kudankulam-3	VVER-1000	in Bau seit 2017
Indien	Kudankulam-4	VVER-1000	in Bau seit 2017
Indien	Kudankulam-5	VVER-1000	in Bau seit 2021
Indien	Kudankulam-6	VVER-1000	in Bau seit 2021
Iran	Bushehr	VVER–1000	in Bau seit 2019
Slowakei	Mochovce 4	VVER-440	in Bau seit 1987/2009
Ungarn	Paks 5	VVER-1200	Baubeginn für Herbst 2023 geplant
Ungarn	Paks 6	VVER-1200	Baubeginn für Herbst 2023 geplant

Quelle: IAEA Power Reactor Information System (PRIS); Rosatom

Tabelle 4: Atomreaktoren in Russland

Name	Reaktortyp	Modell	Leistung	In Betrieb seit
Balakovo-1	Druckwasser	VVER V-320	1000	1985
Balakovo-1	Druckwasser	VVER V-320	1000	1987
Balakovo-1	Druckwasser	VVER V-320	1000	1988
Balakovo-1	Druckwasser	VVER V-320	1000	1993
Belojarsk-3	Brutreaktor	BN-600	560	1980
Belojarsk-4	Brutreaktor	BN-800	820	2015
Bilibino-2	Leichtwasser	RBMK	12	1974
Bilibino-3	Leichtwasser	RBMK	12	1975
Bilibino-4	Leichtwasser	RBMK	12	1976
Kalinin-1	Druckwasser	VVER V-338	1000	1984
Kalinin-2	Druckwasser	VVER V-338	1000	1986
Kalinin-3	Druckwasser	VVER V-320	1000	2004
Kalinin-4	Druckwasser	VVER V-320	1000	2011
Kola-1	Druckwasser	VVER V-230	440	1973
Kola-2	Druckwasser	VVER V-230	440	1974
Kola-3	Druckwasser	VVER V-213	440	1981
Kola-4	Druckwasser	VVER V-213	440	1984
Kursk-2	Leichtwasser	RBMK	1000	1979
Kursk-3	Leichtwasser	RBMK	1000	1983
Kursk-4	Leichtwasser	RBMK	1000	1985
Leningrad-3	Leichtwasser	RBMK	1000	1980
Leningrad-4	Leichtwasser	RBMK	1000	1981
Leningrad II-1	Druckwasser	VVER V-491	1000	2018
Leningrad II-2	Druckwasser	VVER V-491	1000	2020
Novovoronež-4	Druckwasser	VVER V-179	417	1973
Novovoronež-5	Druckwasser	VVER V-187	1000	1981
Novovoronež II-1	Druckwasser	VVER V-392M	1200	2017
Novovoronež II-2	Druckwasser	VVER V-392M	1200	2019
Rostov-1	Druckwasser	VVER V-320	1000	2001
Rostov-2	Druckwasser	VVER V-320	1000	2010
Rostov-3	Druckwasser	VVER V-320	1000	2015
Rostov-4	Druckwasser	VVER V-320	1000	2018
Smolensk-1	Leichtwasser	RBMK	1000	1982
Smolensk-2	Leichtwasser	RBMK	1000	1985
Smolensk-3	Leichtwasser	RBMK	1000	1990
Kursk II-1	Druckwasser	VVER V-510K	1255	in Bau seit 2018
Kursk II-2	Druckwasser	VVER V-510K	1255	in Bau seit 2018

Quelle: IAEA Power Reactor Information System (PRIS)

Vera Čeliščeva

Im Namen des Volks

Vladimir Kara-Murza: 25 Jahre Lager für 25 Jahre Politik

Vladimir Kara-Murza engagiert sich seit seinem 18. Lebensjahr unermüdlich für sein Land. Freiheit, Demokratie und Rechtsstaatlichkeit in Russland stehen für ihn über allem. Er kämpfte gegen Wahlfälschung, politische Verfolgung und Straflosigkeit von Mördern in Uniform, musste die Ermordung seines Mitstreiters und Freundes Boris Nemcov erleben und überstand zwei Giftanschläge knapp. Nach Russlands Überfall auf die Ukraine rief er gemeinsam mit anderen die internationale Gemeinschaft dazu auf, die politische Führung Russlands wegen des Befehls zum Einmarsch in der Ukraine zu Kriegsverbrechern zu erklären. Jetzt wurde Kara-Murza zu 25 Jahren Lagerhaft verurteilt. Das Regime will seinen politischen und physischen Tod. Sein Kampf geht weiter – bis zu seiner Rehabilitierung im Namen des Volks in einem demokratischen Russland.

Vladimir Kara-Murza stammt aus einer Historikerfamilie. Einer seiner Vorfahren war Nikolaj Karamzin, Verfasser einer zwölfbändigen „Geschichte des Russischen Staats". Kara-Murza ist ein Name turksprachiger Herkunft, Karamzin eine russifizierte Variante, die Bedeutung ist: Schwarzer Fürst. Vladimirs Großvater Aleksej Kara-Murza war Historiker und Frontberichterstatter, er hat Stalingrad erlebt. Vor dem Krieg saß er im Lager. Der Urgroßvater Sergej Kara-Murza hatte noch zu zarischen Zeiten ein Studium der Rechtswissenschaft absolviert, arbeitete als Anwalt und Publizist und war Vorsitzender der Russländischen Gesellschaft der Bücherfreunde. Im Zentrum von Moskau hängt in der Mjasnickaja-Straße an einem Gebäude, das heute zur Wirtschaftshochschule gehört, eine Gedenktafel, die an Vladimirs Groß- und Urgroßvater erinnert. Ein Urgroßvater aus der mütterlichen Linie war der lettische Revolutionär Woldemar Bisenieks. Er wurde 1938 auf dem Höhepunkt des Stalinschen Terrors erschossen. Ein Urgroßonkel aus derselben Linie war der lettische Diplomat Georg Bisenieks, der 1934 der Mittäterschaft an der Ermordung Kirovs sowie der Spionage für den lettischen und den britischen Geheimdienst beschuldigt wurde. Auch er wurde erschossen. Vladimirs Vater, Vladimir Kara-Murza sen. war Historiker und ein bekannter Fernsehjournalist. Als der für seine Kritik an dem seit gut einem Jahr amtierenden Präsidenten Vladimir Putin bekannte Fernsehkanal NTV im Jahr 2001 an einen vom Kreml bestimmten Eigentümer geht, verlässt Vladimir Kara-Murza sen. gemeinsam mit anderen Redaktionsmitgliedern

---

Vera Čeliščeva, Journalistin, Novaya Gazeta Europe

Der Text erschien am 13.4.2023 auf der Internetseite der Novaya Gazeta Evropa, <https://novayagazeta.eu/articles/2023/04/13/vladimir-vrag-vladimira>.
Wir danken der Autorin und der Redaktion der *Novaja Gazeta* für die Genehmigung zur Veröffentlichung unter neuem Titel in leicht gekürzter deutscher Fassung.

 doi: 10.35998/oe-2023-002

aus Protest den Sender. Versuche, seine Arbeit bei neuen unabhängigen Sendern fortzusetzen, scheitern, da diese ebenfalls geschlossen werden. Eine Zeit lang verdingt er sich sogar als Heizer in einem Kraftwerk. Dann kehrt er in den Journalismus zurück und arbeitet für *Radio Svoboda* und *Ėcho Moskvy*.
Seine Schulbildung verlief für einen russländischen Politiker äußerst ungewöhnlich: Seine Eltern schickten ihn auf eine französische Schwerpunktschule, wo die Lehrer sogar zu sowjetischen Zeiten mit ihren liberalen Ansichten nicht hinterm Berg hielten und ihre Schüler zu Freisinn, kritischem Denken und geistiger Unabhängigkeit erzogen. An dieser Schule lernte er in der fünften Klasse auch seine spätere Ehefrau Evgenija kennen. Nach der Schule ging Kara-Murza jun. ans Trinity College in Cambridge, wo er ein Masterstudium in Geschichte abschloss.
In einem Brief aus dem Gefängnis an die *Novaja Gazeta Evropa* schreibt Kara-Murza:

> Historiker bin ich schon in dritter Generation und Journalist sogar in vierter. Lustigerweise, daran erinnere ich mich genau, wollte ich in dem Alter, als es um Studium und Berufswahl ging, genau zwei Dinge nicht werden: Historiker und Journalist. Wie viele Generationen denn noch? Offenbar kommt man aber gegen die Gene nicht an. Natürlich haben das historische Wissen meines Großvaters und meines Vaters und meine eigene Ausbildung in Cambridge mich sehr geprägt. Geschichtswissenschaft ist meiner Ansicht nach die beste Grundlage für jeden Journalisten und Politiker. Sie erweitert den Horizont und hilft, Entscheidungen zu treffen. Vor allem ermöglicht ein solches Studium, den Verlauf der Ereignisse zu prognostizieren und die Folgen von Entscheidungen (der eigenen oder der von anderen) abzuschätzen. Ključevskij hat zwar gesagt: „Die Geschichte lehrt nichts, sie bestraft nur für nicht gelernte Lektionen", trotzdem kann man sehr wohl etwas lernen bei ihr. Für mich hat diese Ausbildung einen unmittelbaren praktischen Nutzen. In meiner Diplomarbeit in Cambridge ging es um die Erste (vorrevolutionäre) Staatsduma, später habe ich mich unter anderem auf die Geschichte der Dissidentenbewegung in der Sowjetunion spezialisiert. Gerade letzteres ist heute besonders aktuell.

Der Journalist

Bereits während seines Studiums schreibt Vladimir Kara-Murza journalistische Texte. Sein erster Artikel erscheint in einer englischen Zeitung. Thema ist die Jagd auf die Füchse, die wie herrenlose Hunde durch London ziehen. Kara-Murza ruft dazu auf, sie zu schützen, statt sie zu erschießen.
Bald darauf schreibt er für die Moskauer *Novye Izvestija*, dann wird er Korrespondent des *Kommersant* und sogar Chefredakteur der *Russian Investment Review*. 2004 erhält er im Alter von 23 Jahren das Angebot, das Washington-Büro des Fernsehsenders RTVi zu leiten, der zu dieser Zeit dem ehemaligen Besitzer von NTV, Vladimir Gusinskij gehört. Auch ins Fernsehmetier arbeitet Vladimir sich wie sein Vater schnell ein. Als einzigem russländischen Journalisten gelingt es ihm, die Übergabe der Gerichtsakten zum Fall *Jukos* an den damaligen Finanzminister Aleksej Kudrin zu filmen. Später führt er als erster ein Fernsehinterview mit dem Unternehmer Sergej Kolesnikov, in dem dieser

Vladimir Kara-Murza am Ort der Ermordung von Boris Nemcov, Februar 2021

von „Putins Palast“ am Schwarzen Meer erzählt. Bis zu seiner Verhaftung schrieb er für die *Washington Post*, das *Wall Street Journal* und die *Financial Times*, für die *N'ju tajms* und die *Novaja Gazeta*.

Der Politiker

Mit 18 trat Vladimir Kara-Murza der wirtschaftsliberalen Partei *Demokratische Wahl Russlands* (Demokratičeskij vybor Rossii) bei, die bald in der ähnlich ausgerichteten *Union der rechten Kräfte* (Sojuz pravych sil, SPS) aufgeht. Dort lernte er Anfang der 2000er Jahre Boris Nemcov kennen, der zu dieser Zeit Fraktionsvorsitzender der SPS in der Duma war, nachdem er in den 1990er Jahren als jüngster Gouverneur Russlands dem Gebiet Nižnij Novgorod vorgestanden und in den Jahren 1997–1998 einige Regierungsämter übernommen hatte. Die Bekanntschaft mit Nemcov sollte Kara-Murzas Leben verändern.

Im Jahr 2003 – Vladimir Putin ist bereits drei Jahre im Amt – tritt Vladimir Kara-Murza erstmals bei Wahlen zur Duma an. Zum ersten Mal macht er Bekanntschaft mit den „administrativen Ressourcen“. Er tritt im Süden Moskaus im Wahlkreis Čertanovo an, wo der Gegenkandidat von der Partei der Macht *Einiges Russland* (Edinaja Rossija), Vladimir Gruzdev, Kara-Murzas Ausschluss von der Wahl betreibt. Bei den City-Light-Postern mit seinen Wahlkampfslogans fällt unentwegt der Strom aus, und bei Fernsehdebatten wird mehrfach „aus technischen Gründen“ der Ton abgeschaltet, sobald er zu Wort kommt. Am Wahltag werden bezahlte „Wahltouristen“ eingesetzt, die von

Wahllokal zu Wahllokal ziehen und ungehindert mehrfach für denselben gewünschten Kandidaten stimmen. Der Kandidat des Kreml gewinnt den Wahlkreis.
Einige Monate nach der Wahl gründete Kara-Murza gemeinsam mit Nemcov, dem ehemaligen Schachweltmeister Garri Kasparov, Oppositionspolitikern wie Vladimir Ryžkov und Irina Chokomada sowie einigen Intellektuellen das „Komitee ‚Freie Wahlen 2008'", dessen Ziel freie und faire Präsidentenwahlen im Jahr 2008 sind. Das Komitee löst sich jedoch rasch wieder auf.
Danach entschloss Kara-Murza sich zu einem ungewöhnlichen politischen Schritt. Er initiierte eine Kandidatur des sowjetischen Dissidenten Vladimir Bukovskij bei der Präsidentschaftswahl 2008. Doch die Zentrale Wahlkommission unter Vladimir Čurov verweigerte Bukovskij die Registrierung.
Bald darauf zerfiel die SPS: Die Partei vereinte sich mit dem Kreml-Projekt *Rechte Sache*, Nemcov und Kara-Murza traten unter Protest aus. Nemcov gründete daraufhin die Bewegung *Solidarität*, in der Kara-Murza in führender Position mitwirkte.

Das Magnitsky-Gesetz

Am 16. November 2009 starb im Moskauer Untersuchungsgefängnis „Matrosskaja tišina" der Jurist und Finanzprüfer Sergej Magnickij, der für die Consulting-Firma *Firestone Duncan* gearbeitet hatte. Seine Kollegen veröffentlichten daraufhin Dokumente, die zeigen, dass Magnickij kurz vor seiner Verhaftung ein Netzwerk von Beamten aus verschiedenen Ministerien entdeckt hatte, die sich mittels unrechtmäßiger Steuerrückerstattung in großem Maßstab öffentliche Gelder aneigneten. Doch statt Untersuchungen gegen die betreffenden Personen einzuleiten, verhafteten die Behörden Magnickij und klagten ihn wegen angeblicher Beihilfe zur Steuerhinterziehung an. Das Untersuchungsverfahren wurde in die Hände genau jener Männer gelegt, die im Verdacht der Korruption standen.
Magnickijs Gesundheitszustand verschlechterte sich in der Untersuchungshaft zusehends, trotzdem wurde ihm systematisch medizinische Hilfe verweigert. Er starb wenige Tage vor Auslaufen der angeordneten Untersuchungshaft. Eine unabhängige Kommission zum Schutz der Rechte von Menschen in Haftanstalten stellte fest, dass er wenige Minuten vor seinem Tod mit Knüppeln geschlagen worden war.
Dass der US-Kongress drei Jahre später mit einem Gesetz auf diesen Vorfall reagierte, ging zu einem erheblichen Teil auf eine gemeinsame Initiative von Vladimir Kara-Murza und Boris Nemcov zurück. Das Gesetz ermöglichte erstmals personenbezogene Sanktionen gegen konkrete Beamte eines anderen Staats, die an Menschenrechtsverletzungen beteiligt sind oder waren. Auf der Basis dieses sogenannten Magnitsky-Gesetzes wurden mehrere Personen, die an der Inhaftierung und am Tod Magnickijs beteiligt waren, mit einem Einreiseverbot in die USA und Kontensperrungen belegt. Dies war ein schmerzhafter Schlag für die an vollständige Straffreiheit gewöhnten russländischen Funktionäre in Anzug und Uniform.
Kara-Murza, der zu diesem Zeitpunkt mit seiner Familie in den USA lebte, erreichte, dass in die letzte Fassung des Gesetzentwurfs ein Verweis auf „die Meinungsfreiheit, die Vereinsfreiheit, die Versammlungsfreiheit und das Recht auf einen fairen Prozess sowie freie Wahlen" aufgenommen wurde.

Im Sommer 2012 verlor Vladimir Kara-Murza seinen Posten bei RTVi. Kurz zuvor hatte Vladimir Gusinskij den Fernsehsender verkauft, neuer Besitzer wurde der ehemalige Leiter der staatlichen Medienholding *Zvezda* Ruslan Sokolov. Bald darauf wurde Kara-Murza auf persönliche Veranlassung des russländischen Botschafters in den USA Sergej Kisljak die Akkreditierung entzogen. Der Pressesprecher der Botschaft erklärte, Kara-Murza sei kein Journalist mehr.

Die Anweisung zur Entlassung von Kara-Murza hatte laut Informationen von Boris Nemcov zufolge kein geringerer als der erste stellvertretende Leiter der Präsidialadministration Aleksej Gromov gegeben. Derselbe Gromov soll auch sämtlichen Medien in Russland mit „Schwierigkeiten" gedroht haben, falls sie Kara-Murza beschäftigen würden. Auch Kara-Murza selbst sprach seinerzeit von einer „schwarzen Liste": „Sämtliche Chefredakteure, mit denen ich redete – einige davon hatten mir kurze Zeit vorher noch von sich aus Angebote gemacht – erklärten höflich, dass eine Zusammenarbeit momentan nicht möglich sei. Gründe nannten sie verschiedene. Nur einer erwähnte eine ‚Belastung', die mit meinem Namen verbunden sei."

Ermordung Boris Nemcovs, Vergiftung Kara-Murzas

Februar 2015. Auf einer Brücke über die Moskva in unmittelbarer Nähe des Kreml wird Boris Nemcov mit vier Schüssen in den Rücken ermordet. Acht Jahre danach sind die Auftraggeber und Hintermänner des Mordes noch immer nicht gefunden, obwohl die Anwälte der Familie Nemcov mehrfach Hinweise vorgelegt haben, die zu hohen tschetschenischen Beamten aus dem engsten Umfeld von Ramzan Kadyrov führen.

Vorstellung eines OSZE-Berichts zur Ermordung von Boris Nemcov in Wien im Februar 2020. In der Mitte die Sonderberichterstatterin Margareta Cederfeldt, links Vladimir Kara-Murza

In seinem Brief aus der Haft schreibt Vladimir Kara-Murza über seinen ermordeten Kollegen und Freund:

> Ohne Boris wäre ich nicht der geworden, der ich bin. Vieles von dem, was ich in meinem Leben getan habe, hätte ich ohne ihn nicht gemacht. Ich war 18, als wir uns kennenlernten. Während des Wahlkampfs vor den Dumawahlen 1999 habe ich für ihn gearbeitet. Von da an standen wir Seite an Seite über all die Jahre, bis zu seinem Tod. Wahlen, Demonstrationen, Engagement in demokratischen Parteien und Bewegungen. Parlamentsarbeit (ich war bei ihm als Berater angestellt, als er Duma-Abgeordneter war) und außerparlamentarische Opposition, die uns fast zu Dissidenten machte. Gemeinsam haben wir in den USA das Magnitsky-Gesetz angestoßen. Ich bin dankbar für jeden Tag, den ich in diesen Jahren in seiner Gesellschaft verbringen durfte. Boris war für mich nicht nur ein Mitstreiter, er war ein erfahrener Kollege, ein Lehrer, ein Freund und schließlich auch Taufpate meiner jüngeren Tochter. Das wichtigste, was er mich gelehrt hat (auf die einzig mögliche Weise: durch sein persönliches Vorbild), ist dies: Saubere Politik ist möglich. Nemcov verstand Politik in der gleichen Weise wie Václav Havel: als angewandte Moral. Er sagte immer, was er dachte. Tat, was er versprochen hatte. Er verriet nie seine Überzeugungen, hinterging nie seine Freunde. Tat immer das, was er für richtig hielt, nicht das, was ihm Vorteile verschafft hätte, was leicht und bequem gewesen wäre. Und das vielleicht wichtigste: Er hegte eine aufrichtige, echte Menschenliebe. In der heutigen russischen Politik fehlt das sehr. Und auch Boris selbst fehlt sehr.

An einem Tag im Mai 2015, vier Monate nach dem Mord an Boris Nemcov, verliert Vladimir Kara-Murza plötzlich das Bewusstsein. Damals ist er bereits als Koordinator bei der heute zur „unerwünschten Organisation" erklärten Stiftung *Offenes Russland* von Michail Chodorkovskij tätig. Bei einem Gespräch mit Kollegen wird ihm plötzlich übel, sein Herz beginnt zu rasen, dann muss er sich immer wieder übergeben. Als der Notarzt eintrifft, kann er sich kaum noch bewegen. Die erste Diagnose: Herzinfarkt. Noch am Abend soll er operiert werden. Doch der bekannte Herzchirurg Michail Alšibaj, der Kara-Murza am selben Tag untersucht, stoppt die Kollegen: „Was macht ihr da? Das Herz ist in Ordnung, er hat eine Vergiftung!"

Die Operation wird abgesagt und Kara-Murza auf die Intensivstation des Pirogov-Krankenhauses verlegt. Zu diesem Zeitpunkt leidet er schon an multiplem Organversagen: beide Lungenflügel, Herz, Nieren und Leber sind betroffen. Der bekannte Intensivmediziner Denis Procenko versucht Kara-Murzas Leben zu retten. Zeitweilig ist er an acht Apparate zur künstlichen Lebenserhaltung gleichzeitig angeschlossen. Erst einen Monat später ist Vladimir transportfähig und wird in ein Krankenhaus in den USA verlegt, wo seine Familie lebt. Dort wird er weitere sechs Monate behandelt.

Ein französisches Labor stellt in einer Gewebeprobe eine erheblich erhöhte Schwermetallkonzentration in Kara-Murzas Körper fest. Eine gerichtsmedizinische Untersuchung in Russland ergibt jedoch angeblich keine Hinweise auf eine Vergiftung, die Untersuchungsbehörde lehnt die Eröffnung eines Ermittlungsverfahrens wegen versuchten Mordes ab.

Als es seine Gesundheit wieder zulässt, beginnt Kara-Murza, der weiter am Stock geht, wieder nach Russland zu reisen. Eine Zeit lang leitet er die von Boris Nemcovs Tochter

Žanna gegründete *Nemcov-Stiftung*, zusätzlich dreht er einen Dokumentarfilm über seinen ermordeten Freund und Kollegen und reist nach der Fertigstellung durch Russland zu Vorführungen des Films.

Im Februar 2017 wird er nach der Rückkehr von einem Aufenthalt in Kazan' ein zweites Mal mit den schon bekannten schweren Vergiftungssymptomen ins Moskauer Judin-Krankenhaus eingeliefert. Chef der Klinik ist Denis Procenko, der Kara-Murza zwei Jahre zuvor das Leben gerettet hat und auch diesmal den Tod des Patienten abwenden kann. Blut-, Haar- und Nagelproben werden zur Analyse an mehrere Labors geschickt.

Im Februar 2021 veröffentlichte das Rechercheteam *Bellingcat* gemeinsam mit Investigativjournalisten von *The Insider* und des *Spiegel* einen Bericht über die Vergiftung von Vladimir Kara-Murza. Die Untersuchung zeigt, dass der Politiker von derselben FSB-Einheit überwacht worden war wie Aleksej Naval'nyj. Wie diesem folgten die Geheimdienstleute auch Kara-Murza auf Reisen in verschiedene russländische Städte, unter anderem auch auf den beiden Reisen im Jahr 2015 und 2017, in deren Folge Kara-Murza zusammenbrach. Beteiligt waren wie im Falle Naval'nyjs Mitarbeiter des Instituts für Kriminalistik des FSB und der Zweiten Abteilung des Dienstes.[1]

Beweise für seine Vergiftung erhoffte sich Kara-Murza von den US-Laboren, denen seine Frau die Blut- und Gewebeproben übergeben hatte. Doch das FBI verweigerte die Veröffentlichung. Kara-Murza zog sogar unter Berufung auf das Gesetz über Informationsfreiheit vor Gericht, erreichte jedoch lediglich, dass ihm Auszüge aus dem Gutachten übergeben wurden. Teile blieben aus „Gründen der nationalen Sicherheit“ unter Verschluss. Auf den Seiten, die Kara-Murza übergeben wurden, ist von einer „gezielten Vergiftung“ die Rede. Welche Substanz nach Ansicht des Labors zum Einsatz kam, ist diesen Auszügen nicht zu entnehmen. Ebenfalls geht aus den veröffentlichten Dokumenten hervor, dass im Januar 2018 der Besuch einer Person aus Russland erwartet wurde, die um ein Gespräch mit dem FBI-Direktor Christopher Wray gebeten hatte. In diesem Zeitraum waren FSB-Chef Aleksandr Bortnikov, der Leiter der Auslandsaufklärung SVR, Sergej Naryškin, und der Chef des militärischen Geheimdienstes GRU Igor' Korobov in den USA. Kara-Murza selbst sowie das Team um *Bellingcat* gehen davon aus, dass die Veröffentlichung der kompletten Laborberichte aufgrund einer Übereinkunft zwischen dem FBI und einem der russländischen Geheimdienste verweigert wurde.

Am Vorabend des Kriegs

Nach seiner zweiten Vergiftung wird Kara-Murza im Juli 2019 Vize-Präsident der in den USA registrierten *Stiftung Freies Russland*, die im selben Monat in Russland zur „unerwünschten Organisation“ erklärt wird. Zudem dreht er einen Dokumentarfilm über Georgij Ėdel'štejn, einen für seine geistige Unabhängigkeit bekannten Priester der Russisch Orthodoxen Kirche (ROK) aus dem Dorf Karabanovo im Gebiet Kostroma.[2] Ėdel'štejn hatte in den 1990er Jahren die Bischöfe der ROK dazu aufgefordert,

[1] <https://www.bellingcat.com/news/uk-and-europe/2021/02/11/vladimir-kara-murza-tailed-by-members-of-fsb-squad-prior-to-suspected-poisonings/>.

[2] Objazannost' ne molčat' (Die Pflicht, nicht zu schweigen), <www.youtube.com/watch?v=AMt_IxKwul0>.

öffentlich Reue für die Zusammenarbeit mit der kirchenfeindlichen Sowjetmacht und dem KGB zu bekunden. 2012 war er einer der wenigen Priester der ROK, die sich für die angeklagten Mitglieder der Gruppe Pussy Riot einsetzten und den Patriarchen für seine Nähe zur Staatsmacht kritisierten.
Kara-Murza reiste erneut in zahlreiche Städte Russlands zu Vorführungen des Films und öffentlichen Diskussionen. Er versuchte, vor Gericht zu erstreiten, dass die Untersuchungsbehörde ein Verfahren zu den beiden Giftanschlägen auf ihn aufnehmen muss. Für den Radiosender *Ėcho Moskvy* leitete er in der Nachfolge seines 2019 nach langer Krankheit verstorbenen Vaters die Sendung „Grani nedeli" (Wegmarken der Woche) und organisierte im Sacharov-Zentrum Gesprächsrunden zum Thema Politische Gefangene in Russland.
Mitte Februar 2022 stellt sich die Lage in Russland so dar: Aleksej Naval'nyj sitzt seit einem Jahr in Haft. Der ehemalige Direktor von *Offenes Russland* (Otkrytaja Rossija) Andrej Pivovarov ist seit Ende Mai 2021 ebenfalls in Untersuchungshaft. *Memorial*, die älteste Menschenrechtsorganisation Russlands, ist seit zwei Monaten zwangsaufgelöst. Doch Kara-Murza reist immer noch nach Russland.

Krieg und Verhaftung

Unmittelbar nach dem Angriff auf die Ukraine gründet Kara-Murza mit einer Gruppe von Politikern, Geschäftsleuten und Wissenschaftlern das „Russländische Komitee gegen den Krieg" (Antivoennyj komitet Rossii). Sie organisieren humanitäre Hilfe für die Ukraine und helfen Menschen, die aus Russland ins Exil gegangen sind. Vor allem rufen sie die internationale Gemeinschaft dazu auf, die politische Führung Russlands wegen des Befehls zum Einmarsch in die Ukraine zu Kriegsverbrechern zu erklären. Nur Kara-Murza hält sich noch teilweise in Russland auf, alle anderen Mitglieder sind in der Emigration: Michail Chodorkovskij, Garri Kasparov, Evgenij Čičvarkin, Sergej Aleksašenko, Sergej Guriev u.a.
Mitte März 2022 ist Kara-Murza in den USA und tritt im Repräsentantenhaus von Arizona auf. Er spricht über das Putin-Regime und die Bombardierung von Wohnvierteln, Krankenhäusern und Schulen in der Ukraine. Am 4. April nimmt er an einer Anhörung der Parlamentarischen Versammlung des Europarats teil und berichtet dort über die politischen Gefangenen in Russland und wiederum über den Krieg. Trotzdem kehrt er nach Moskau zurück. Ihm ist vollauf bewusst, welche neuen repressiven Gesetze in Russland in den vorhergehenden Wochen verabschiedet wurden und dass bereits viele Menschen auf deren Basis verhaftet worden sind.
Seine Frau Evgenija erinnert sich:

> Anfang März 2022 bat ich ihn, zum 16. Geburtstag unserer ältesten Tochter für einige Tage nach Hause zu kommen [in die USA – *Red.*]. Er kam – und dann fuhr er wieder zurück. Wir diskutieren schon lange nicht mehr über diese Frage. Im Grunde ist seit 2015 klar, dass ihm nicht nur Gefängnis droht. Dass sein Leben unmittelbar bedroht ist. Und trotzdem besorgte er sich 2015, sobald er vom Bett aufstehen konnte, einen Stock und humpelte damit nach Moskau. Das gleiche 2017, wieder hat er einfach weitergemacht. Volodja hat immer

gesagt, dass es kein größeres Geschenk für die heutigen Machthaber gibt, als dass alle ihre Gegner ihre Sachen packen und gehen. Und dass er ihnen dieses Geschenk nicht macht, weil er ein echter Patriot ist.

Am 11. April 2022 wird Vladimir Kara-Murza in Moskau verhaftet. Zunächst unter einem Vorwand: 15 Tage Arrest, weil er sich angeblich den Anweisungen eines Polizisten widersetzt habe. Die Verhaftung findet unmittelbar vor seinem Haus statt, wo bereits Stunden zuvor ein Kleinbus ohne Kennzeichen auf ihn gewartet hatte. Im Polizeibericht heißt es, Kara-Murza habe „beim Anblick der Polizisten rasch die Richtung gewechselt, seinen Gang beschleunigt und auf die Aufforderung stehenzubleiben, versucht zu fliehen". Es dauert nur wenige Tage, bis ein Strafverfahren gegen ihn eröffnet wird: wegen „Verbreitung von Falschaussagen über Russlands Armee aufgrund von politischem Hass". Zur Begründung wird der Auftritt in Arizona herangezogen. Er wird aus der Arrestzelle zum Verhör in die Untersuchungsbehörde gebracht. Das berüchtigte Basmannyj-Gericht erlässt Haftbefehl, er kommt in Untersuchungshaft. Einige Tage später erklärt ihn das Justizministerium zum „ausländischen Agenten".
Vier Monate danach wird eine zweite Anklage gegen ihn erhoben, wegen „Leitung einer unerwünschten Organisation". Eine von ihm organisierte Konferenz zur Unterstützung von politischen Gefangenen im Herbst 2021 im Sacharov-Zentrum sei von der *Free Russia Foundation* finanziert worden. Kara-Murza hatte den Posten des Vizepräsidenten bei *Free Russia* bereits mehrere Monate vor der Konferenz aufgegeben, um auch nach der Einstufung der Stiftung als „unerwünscht" in Russland weiterarbeiten zu können. Dem entsprechenden Gesetz zufolge entbindet die freiwillige Aufkündigung der Zusammenarbeit mit einer „unerwünschten Organisation" deren ehemalige Mitarbeiter von strafrechtlicher Verantwortung. Doch im Fall von Vladimir Kara-Murza wird das Gesetz ignoriert.
Im Oktober 2022, in einer heißen Phase der Kämpfe in der Ukraine, kommt schließlich noch ein weiterer, besonders schwerwiegender Anklagepunkt hinzu: Staatsverrat. Kara-Murza habe „Organisationen aus NATO-Staaten Hilfe geleistet, zum Schaden der Sicherheit Russlands". Ganz offensichtlich ist seine Tätigkeit in Zusammenhang mit der Ausarbeitung des Magnitsky-Gesetzes gemeint.
Im März 2023 beginnt der Prozess – hinter verschlossenen Türen. Dem dreiköpfigen Richtergremium sitzt Sergej Podoprigorov vor, ein Mann, der vor vielen Jahren auf Kara-Murzas Betreiben im Zusammenhang mit dem Tod von Sergej Magnickij von den US-Behörden auf die Sanktionsliste gesetzt wurde. Leiter des Untersuchungsgefängnisses „Vodnik", in dem Kara-Murza sitzt, ist ein Mann namens Dmitrij Komnov. Auch er steht auf der Magnitsky-Liste, denn er leitete im Jahr 2009 die Butyrka-Haftanstalt, wo der Wirtschaftsprüfer im Jahr 2009 schwer erkrankte und ihm medizinische Betreuung verweigert wurde.
Während des Prozesses geschehen Dinge wie dies: Der Staatsanwalt Boris Loktionov zieht aus seinen Unterlagen ein Bild hervor, das den verstorbenen Boris Nemcov auf einer Demonstration zeigt. Nemcov hat auf dem Bild einen Arm erhoben, der Staatsanwalt erklärt: „zum Hitlergruß". Kara-Murza sagt: „Sie sollten sich schämen", der Richter weist ihn zurecht. Kara-Murzas Antrag auf ein gerichtlich angeordnetes medizinisches Gutachten lehnt Podoprigorov ab, obwohl der Angeklagte im Verlauf der Untersuchungshaft immer öfter unter Taubheit in den Zehen und den Fingern leidet und die

Gefängnisärzte eine Polyneuropathie diagnostiziert haben und ihn sogar an mehreren Gerichtsterminen für verhandlungsunfähig erklärt haben. Der Richter weiß: Eine ärztlich bestätigte Polyneuropathie gehört zu den Diagnosen, die eine Verbüßung der Strafe in Haft ausschließen.
Anfang April fordert der Staatsanwalt Loktionov 25 Jahre Lagerhaft unter strengen Bedingungen. In seinem Plädoyer nennt er Kara-Murza einen „Volksfeind". Am 17. April ergeht das Urteil. Das Gericht folgt dem Antrag des Staatsanwalts. In seinem Brief an die *Novaja Gazeta* kurz vor der Urteilsverkündung schreibt Kara-Murza:

> Die Geschichte meiner Familie ist leider typisch für die sowjetische Epoche. Ein Urgroßvater und ein Urgroßonkel wurden erschossen, mein Großvater saß im Gulag. Natürlich alle nach Artikel 58, Konterrevolution. Und natürlich wurden alle später rehabilitiert, wegen Fehlen eines Tatbestands. Vor einigen Jahren habe ich in einem Archiv ihre Untersuchungsakten gelesen. Darunter das schrecklichste Dokument, das ich je im Leben gesehen habe: die Bestätigung der Erschießung meines Urgroßvaters. Ein Zettel, ein Drittel A4-Blatt. Unterschrift des Vollstreckers, Name, Datum. Wie ein Gehaltszettel aus der Buchhaltung. Das Leben eines Menschen. Mein Großvater Aleksej Sergeevič Kara-Murza dagegen hat das Lager überlebt und anschließend noch den ganzen Krieg durchgemacht. Er war 1937 verhaftet worden, wegen „feindlicher Äußerungen über die Parteiführung und die Regierung". Er saß im Amurlag und im Bamlag, baute gemeinsam mit den anderen Häftlingen die Bajkal-Amur-Magistrale. Das einzige, was er seiner Familie über die Zeit im Lager erzählt hat, war die Sache mit den roten Schienen: Im Frühjahr leuchteten die Schienen der BAM bei Sonnenaufgang in grellem Rot. Das kam von den Wanzen, die sich über Nacht vollgesogen hatten und jetzt aus den Baracken krochen, um sich zu wärmen. Menschen, die im Lager gesessen haben, wollen selbst in Gedanken nicht dorthin zurückkehren, das weiß man ja. Meine Großmutter, die deutlich jünger als ihr Mann war und heute 90 ist, hat daher erst von mir die ganze Geschichte erfahren, nachdem ich seine Akte im Archiv gelesen hatte. Als ich im vergangenen Frühjahr verhaftet wurde, hat sie meinen Anwalt Vadim Prochorov angerufen und gesagt: Wie sich der Kreis in diesem Land schließt. Mein Enkel sitzt mit dem gleichen Paragraphen wie mein Mann. Soviel zum Thema nichtgelernte Lektionen. Ich weiß genau, dass ich die Höchststrafe erhalte. Das war mir schon vor einem Jahr klar, am 11. April, als ich die Männer mit den schwarzen Masken hinter meinem Auto sah. Dies ist ein Schauprozess, und entsprechend demonstrativ muss das Urteil ausfallen. Aber ich weiß auch, dass das Urteil nichts mit der Realität zu tun hat. Bei politischen Gefangenen hängt die Haftzeit von der politischen Situation ab. Und die neigt in unserem Land dazu, sich zu ändern, und zwar überraschend.

Aus dem Russischen von Volker Weichsel, Berlin

Schlagwörter:
Vladimir Kara-Murza, Russland, politischer Gefangener, Zivilgesellschaft, Repressionen, Menschenrechte

Vladimir Kara-Murza wurde im April 2022 verhaftet und wegen Staatsverrat, Verbreitung von Falschinformationen über die russländische Armee und Arbeit für eine „unerwünschte Organisation" angeklagt. Die Anklage forderte 25 Jahre Lagerhaft in strengem Vollzug. Das Gericht ist dem Antrag wie erwartet nachgekommen und hat den 1981 geborenen Journalisten, Historiker und Politiker Vladimir Kara-Murza am 17.4.2023 zu einem Vierteljahrhundert Straflager verurteilt. Wir dokumentieren das letzte Wort Kara-Murzas, dem nichts hinzuzufügen ist.[1]

Ich war überzeugt, dass mich nach zwei Jahrzehnten in der russländischen Politik, nach allem, was ich gesehen und überlebt habe, nichts mehr überraschen kann. Ich muss zugeben, ich habe mich geirrt. Es hat mich doch überrascht, dass der gegen mich geführte Prozess im Jahr 2023 in Sachen Intransparenz und Diskriminierung der Verteidigung die Prozesse gegen die sowjetischen Dissidenten in den 1960er und 1970er Jahren noch übertroffen hat. Ganz zu schweigen von der geforderten Strafe und der Bezeichnung meiner Person als „Feind". Das ist nicht einmal der Stil der 1970er Jahre, sondern schon der 1930er Jahre.

Als Historiker gibt mir dies Anlass zu einigen Überlegungen.

Während der Befragung des Angeklagten erinnerte mich der Vorsitzende daran, dass es als mildernder Umstand gewertet werde, wenn man „seine Tat bereue". Es gibt derzeit wenig Erheiterndes um mich herum, aber darüber musste ich doch lächeln.

Verbrecher müssen ihre Taten bereuen. Ich bin jedoch wegen meiner politischen Ansichten im Gefängnis. Weil ich mich gegen den Krieg in der Ukraine geäußert habe. Weil ich viele Jahre gegen die Diktatur Putins gekämpft habe. Weil ich dazu beigetragen habe, dass auf der Basis des Magnitsky-Gesetzes internationale Sanktionen gegen jene verhängt wurden, die Menschenrechte verletzt haben.

Ich bereue nicht nur nichts davon. Ich bin stolz darauf.

Ich bin stolz darauf, dass Boris Nemcov mich zur Politik gebracht hat. Ich hoffe, dass er sich nicht für mich schämt. Ich unterschreibe jedes Wort, das ich gesagt habe und das mir in der Anklageschrift zur Last gelegt wird. Der einzige Vorwurf, den ich mir mache: Dass es mir in den Jahren meiner politischen Tätigkeit nicht gelungen ist, ausreichend Menschen in Russland und Politiker demokratischer Staaten davon zu überzeugen, wie gefährlich das Regime im Kreml für Russland und die Welt ist. Heute sehen das alle, doch zu welch schrecklichem Preis, zum Preis des Krieges.

Bei ihren letzten Worten bitten die Angeklagten gewöhnlich um Freispruch. Wer kein Verbrechen begangen hat, kann kein anderes legales Urteil als Freispruch erwarten. Aber ich bitte dieses Gericht um nichts. Ich kenne mein Urteil. Ich kannte es bereits vor einem Jahr, als ich im Spiegel die hinter meinem Auto herrennenden Männer in schwarzen Uniformen und schwarzen Masken sah. Dies ist der Preis für den, der in Russland nicht schweigt.

[1] Quelle: <https://novayagazeta.eu/articles/2023/04/10/ia-ne-tolko-ne-raskaivaius-ia-gorzhus>.

Aber ich weiß auch, dass der Tag kommt, an dem sich die Finsternis über unserem Land auflöst. An dem Schwarzes schwarz genannt wird und Weißes weiß. An dem offiziell anerkannt wird, dass 2 x 2 doch vier ist. An dem der Krieg Krieg genannt wird und der Usurpator ein Usurpator und an dem diejenigen zu Verbrechern erklärt werden, die diesen Krieg entfacht und entfesselt haben – und nicht jene, die versucht haben, ihn zu beenden. Dieser Tag wird ebenso sicher kommen, wie der Frühling auch den kältesten Winter ablöst.

Dann wird unsere Gesellschaft die Augen öffnen und mit Schrecken sehen, welche furchtbaren Verbrechen in ihrem Namen begangen wurden.

Mit dieser Erkenntnis und dem Nachdenken darüber wird der lange und schwere, aber für uns alle so wichtige Weg zur Gesundung und zum Wiederaufbau Russlands zu seiner Rückkehr in die Gemeinschaft der zivilisierten Staaten beginnen.

Selbst heute, selbst in der uns umgebenden Finsternis, selbst in diesem Käfig, in dem ich sitze, liebe ich mein Land und glaube an seine Menschen. Ich glaube, dass wir diesen Weg bewältigen können.

Aus dem Russischen von Volker Weichsel, Berlin

„Wer Appeasement betreibt, füttert ein Krokodil“

Armenien in der Klemme. Ein Gespräch mit Narek Sukiasyan

Russlands Krieg gegen die Ukraine hat geopolitische Verschiebungen im gesamten postsowjetischen Raum ausgelöst. Kein anderes Land ist davon so sehr betroffen wie Armenien. Aserbaidschan setzt die in Karabach verbliebenen Armenier und die Republik Armenien massiv unter Druck. Armeniens Sicherheitsgarant Russland ist geschwächt und sucht starke Verbündete wie die Türkei und Aserbaidschan. Die Europäische Union hat eine Beobachtungsmission entsandt, die jedoch eingeschränkte Kompetenzen hat. Der Westen alleine kann die Menschen in Bergkarabach nicht vor der Vertreibung und Armenien nicht vor einem Überfall schützen. Brüssel und Moskau müssen das Thema Armenien aus ihrer Konfrontation ausklammern. Ein Gespräch mit dem Politikwissenschaftler Narek Sukiasyan.

OSTEUROPA: *Herr Sukiasyan, im September 2022 griff Aserbaidschan an zwei Tagen Armenien an mehreren Stellen der gemeinsamen Grenze an. Die Angst in Armenien vor einem neuen Angriff, der noch weitaus massiver ausfallen könnte, ist groß. Besonders prekär ist die Lage der Armenier in Bergkarabach. Nach dem 44-Tage-Krieg vom Herbst 2020, der mit einer Niederlage der armenischen Seite und einer in Moskau unterzeichneten Waffenstillstandserklärung endete, setzte Aserbaidschan sie nun unter massiven Druck. Wie bewerten Sie die Waffenstillstandserklärung heute?*

Narek Sukiasyan: Die unter Moskauer Vermittlung zustande gekommene Erklärung kam einer Kapitulation Armeniens sehr nahe. Aserbaidschan hat in dem Krieg Gebiete erobert, die seit 1992 unter armenischer Kontrolle gestanden hatten und über deren Rückgabe 26 Jahre lang verhandelt worden war. Weitere Gebiete rund um Bergkarabach wurden Aserbaidschan gemäß der Erklärung übergeben. Aber die aserbaidschanischen Streitkräfte haben überdies auch Teile der ehemaligen Autonomen Sowjetrepublik Bergkarabach erobert, die nie Gegenstand von Friedensverhandlungen gewesen waren.

OSTEUROPA: *Was sagt die Erklärung zum sogenannten Lachin-Korridor?*

Sukiasyan: Aserbaidschan garantiert in der Erklärung eine freie Passage zwischen Armenien und Bergkarabach durch ebendiesen Korridor, die von russländischen Friedenstruppen überwacht wird. Aserbaidschan – angebliche Umweltaktivisten – blockiert jedoch seit Dezember 2022 den Korridor. Nur einige Fahrzeuge des Internationalen Roten Kreuzes und der russländischen Armee können die Blockade passieren. Selbst ein Urteil des Internationalen Gerichtshofs vom Februar 2022 hat Baku nicht dazu bringen

Narek Sukiasyan, Dr. phil., Politikwissenschaftler, wissenschaftlicher Mitarbeiter an der staatlichen Universität Erevan, Lektor an der American University of Erevan und Projektkoordinator bei der Friedrich-Ebert-Stiftung in Armenien, Erevan

können, die Blockade aufzugeben.[1] Stattdessen erklärt Aserbaidschan, bei der Blockade handele es sich nicht um eine Blockade. Dabei ist offensichtlich, dass die humanitäre Lage der 120 000 Armenier in Bergkarabach immer katastrophaler wird. Da Aserbaidschan die gesamte Infrastruktur kontrolliert, die Bergkarabach mit der Außenwelt verbindet, nutzt Baku auch dies, um Druck auszuüben. Im Sommer 2022 wurde während einer Hitzeperiode die Wasserversorgung zeitweise unterbrochen. Im Winter 2022/2023 die Strom- und Gasversorgung.

Hinzu kommt, dass die Sperrung des Lachin-Korridors nicht die einzige Straßenblockade ist, unter der Armenien leidet. Aserbaidschan und die Türkei halten seit 1994 alle Grenzen zu Armenien geschlossen, Armenien hat Verkehrsverbindungen ausschließlich nach Süden zum Iran und nach Norden über Georgien nach Russland. Dies macht die Anbindung an den Weltmarkt extrem schwierig. Die Erklärung vom November 2020 sieht eine Öffnung aller Verkehrsverbindungen vor. Dies verweigern Ankara und Baku weiter. Stattdessen fordert nun Aserbaidschan unter Verweis auf das Abkommen einen durch Südarmenien führenden exterritorialen Korridor zu seiner Exklave Nachitschewan. Armenien bietet die Öffnung von drei Straßen an, aber keinen Korridor unter aserbaidschanischer Kontrolle, der armenisches Staatsgebiet durchtrennt oder Armenien von seinem südlichen Nachbarn Iran abschneidet. Von einem solchen Korridor, den Aserbaidschan als „Zangezur-Korridor" bezeichnet, ist in der Moskauer Erklärung auch keine Rede. Nur Aserbaidschan und die Türkei verwenden dieses Wort. Und während es im Abkommen „Lachin-Korridor" heißt, sprechen Vertreter Aserbaidschans ausschließlich von der „Lachin-Straße". Das Ziel ist offensichtlich.

OSTEUROPA: *Was ist von der Aussage zu halten, es handele sich um Umweltaktivisten, die den Korridor blockieren, um einen zivilgesellschaftlichen Protest?*

Sukiasyan: Freedom House bewertet die politischen Rechte auf einer Skala von 0–40 mit 2 und die bürgerlichen Freiheiten auf einer Skala von 0–60 mit 7. Konkret bei der Versammlungsfreiheit lautet das Ergebnis: 0 von 4. Bei Reporter ohne Grenzen rangiert Aserbaidschan im Index der Pressefreiheit auf Platz 167 von 180 Staaten. Jede Form von zivilem Protest wird augenblicklich unterbunden. Dies ist ja auch einer der zentralen Gründe, warum die Karabach-Armenier die von Aserbaidschan verlangte Integration „unter Wahrung der individuellen Bürgerrechte" ablehnen.

Unabhängige armenische Journalisten und Menschenrechtler haben auch konkret zeigen können, dass die Organisatoren der Straßensperre dem aserbaidschanischen Geheimdienst angehören, und die Teilnehmer überwiegend Studenten von Universitäten sind, die aus dem Haushalt des aserbaidschanischen Präsidenten finanziert werden. Einige echte Umweltschützer aus Aserbaidschan kritisieren die Inszenierung, die sie in Verruf bringt, ebenfalls.

---

[1] Application of the International Convention on the Elimination of All Forms of Racial Discrimination (Armenia v. Azerbaijan), <www.icj-cij.org/sites/default/files/case-related/180/180-20230222-ORD-01-00-EN.pdf>.

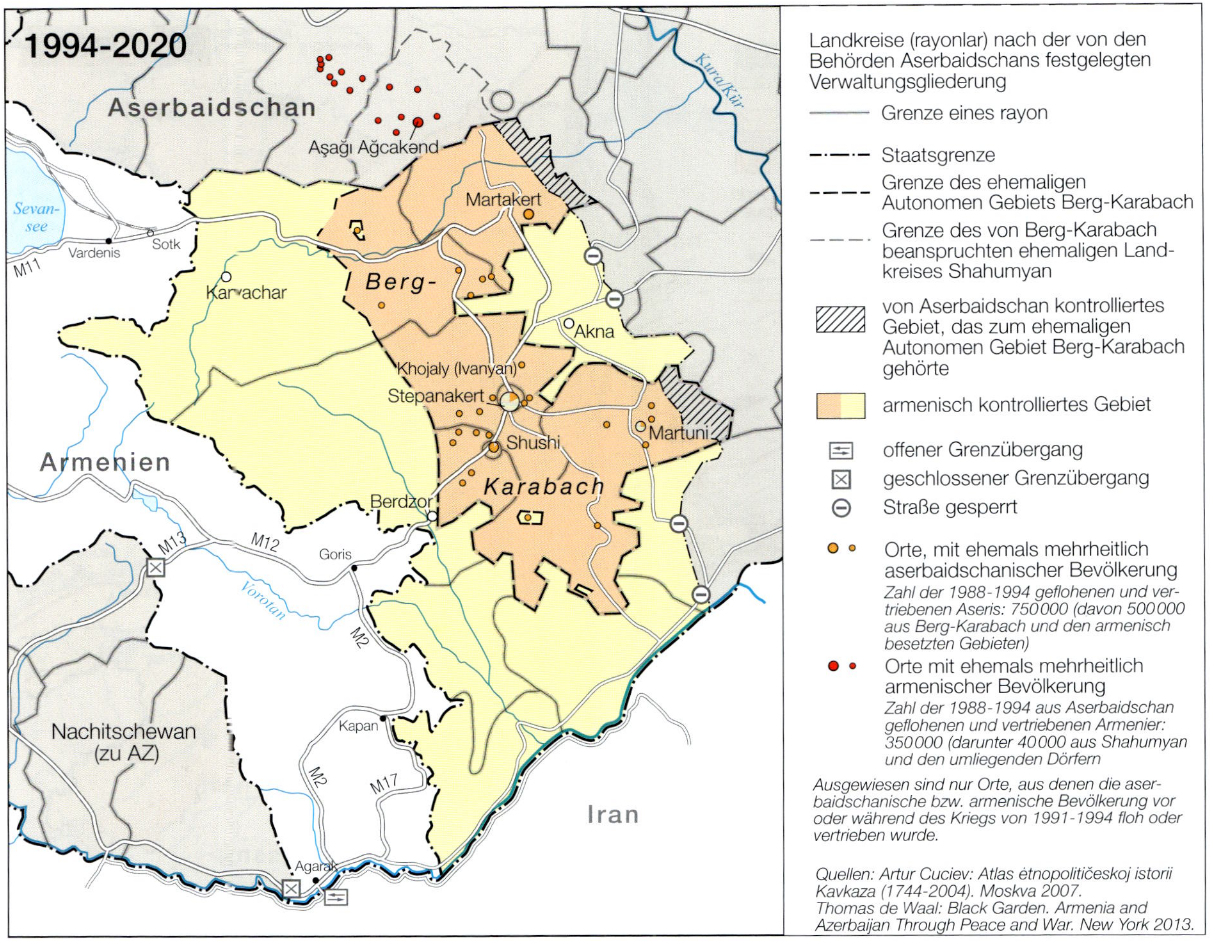

1994-2020
Aserbaidschan
Aşağı Ağcakənd
Sevan-see
Vardenis
Sotk
M11
Karvachar
Berg-
Karabach
Martakert
Akna
Khojaly (Ivanyan)
Stepanakert
Shushi
Martuni
Berdzor
Armenien
M13
M12
Goris
Vorotan
M2
Kapan
M17
Nachitschewan (zu AZ)
Agarak
Iran
Kura/Kür
Landkreise (rayonlar) nach der von den Behörden Aserbaidschans festgelegten Verwaltungsgliederung
Grenze eines rayon
Staatsgrenze
Grenze des ehemaligen Autonomen Gebiets Berg-Karabach
Grenze des von Berg-Karabach beanspruchten ehemaligen Landkreises Shahumyan
von Aserbaidschan kontrolliertes Gebiet, das zum ehemaligen Autonomen Gebiet Berg-Karabach gehörte
armenisch kontrolliertes Gebiet
offener Grenzübergang
geschlossener Grenzübergang
Straße gesperrt
Orte, mit ehemals mehrheitlich aserbaidschanischer Bevölkerung
Zahl der 1988-1994 geflohenen und vertriebenen Aseris: 750000 (davon 500000 aus Berg-Karabach und den armenisch besetzten Gebieten)
Orte mit ehemals mehrheitlich armenischer Bevölkerung
Zahl der 1988-1994 aus Aserbaidschan geflohenen und vertriebenen Armenier: 350000 (darunter 40000 aus Shahumyan und den umliegenden Dörfern
Ausgewiesen sind nur Orte, aus denen die aserbaidschanische bzw. armenische Bevölkerung vor oder während des Kriegs von 1991-1994 floh oder vertrieben wurde.
Quellen: Artur Cuciev: Atlas ėtnopolitičeskoj istorii Kavkaza (1744-2004). Moskva 2007.
Thomas de Waal: Black Garden. Armenia and Azerbaijan Through Peace and War. New York 2013.

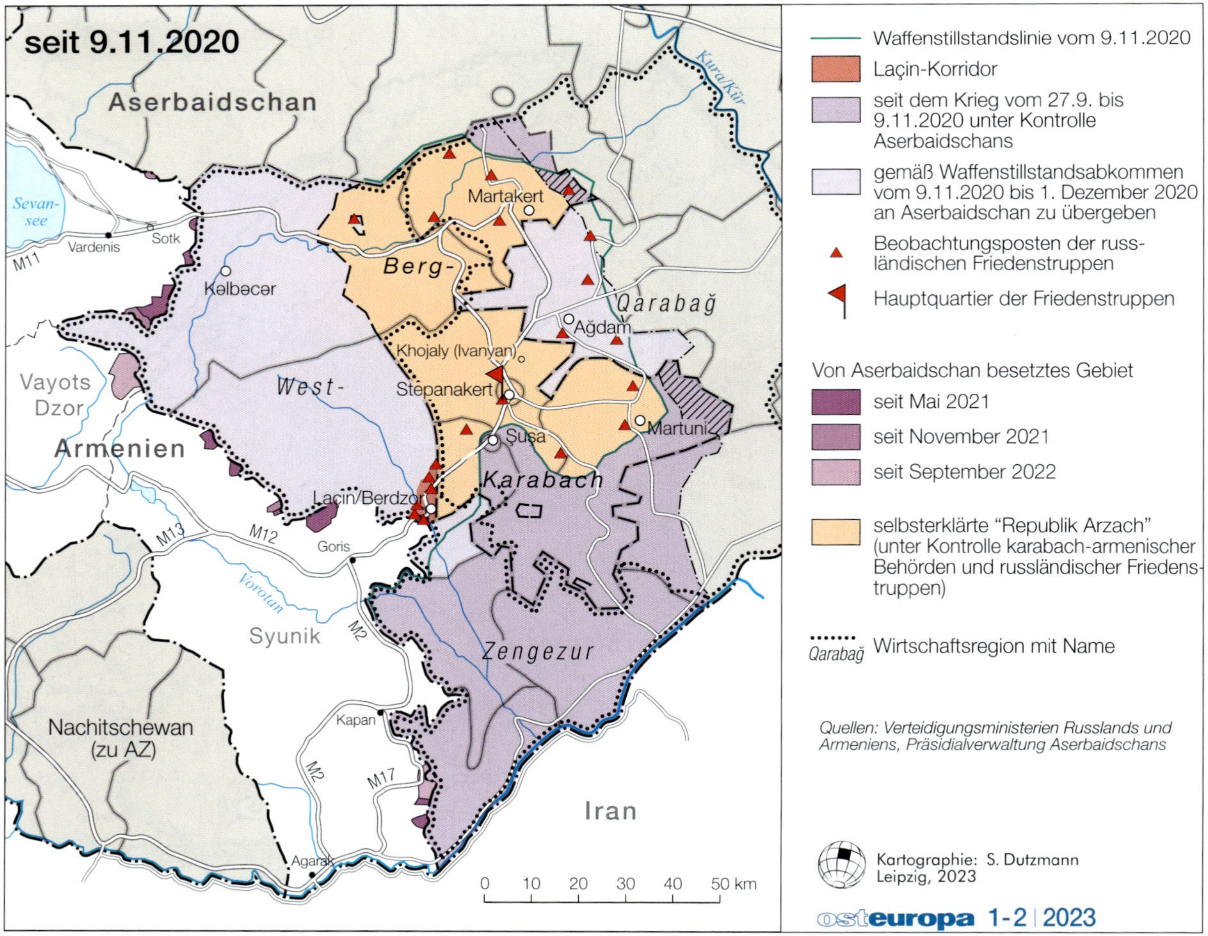
seit 9.11.2020
Aserbaidschan
Sevan-see
Vardenis
Sotk
M11
Kəlbəcər
Berg-
West-
Karabach
Martakert
Qarabağ
Ağdam
Khojaly (Ivanyan)
Stepanakert
Şuşa
Martuni
Vayots Dzor
Armenien
Laçin/Berdzor
M13
M12
Goris
Vorotan
Syunik
M2
Zengezur
Nachitschewan (zu AZ)
Kapan
M17
Iran
Agarak
Kura/Kür
0 10 20 30 40 50 km
Waffenstillstandslinie vom 9.11.2020
Laçin-Korridor
seit dem Krieg vom 27.9. bis 9.11.2020 unter Kontrolle Aserbaidschans
gemäß Waffenstillstandsabkommen vom 9.11.2020 bis 1. Dezember 2020 an Aserbaidschan zu übergeben
Beobachtungsposten der russländischen Friedenstruppen
Hauptquartier der Friedenstruppen
Von Aserbaidschan besetztes Gebiet
seit Mai 2021
seit November 2021
seit September 2022
selbsterklärte "Republik Arzach" (unter Kontrolle karabach-armenischer Behörden und russländischer Friedenstruppen)
Qarabağ Wirtschaftsregion mit Name
Quellen: Verteidigungsministerien Russlands und Armeniens, Präsidialverwaltung Aserbaidschans
Kartographie: S. Dutzmann Leipzig, 2023
osteuropa 1-2 | 2023

Rollenspiel: Auf der Bühne: aserbaidschanische „Umweltschützer“, auf der Empore: Soldat der Russländischen Friedenstruppen. Blockade des Lachin-Korridors im Dezember 2022. Foto: Mahammad Turkman © Creative commons Attribution-Share Alike 4.0

OSTEUROPA: *Angeblich geht es auch um Schürfrechte?*

Sukiasyan: Ja. Aserbaidschan hat die Rechte für die Ausbeutung einer Kupfer-Gold-Mine und einer Kupfer-Molybdän-Mine in Karabach an eine Gesellschaft mit dem Namen *Anglo Asian Mining* vergeben.[2] Baku spricht nun davon, die Karabach-Armenier würden aserbaidschanische Ressourcen stehlen. Tatsächlich geht es aber um viel mehr: um die Vertreibung der Armenier aus Karabach und die Schaffung des erwähnten „Zangezur-Korridors“.

OSTEUROPA: *Wie sieht es mit den russländischen Friedenstruppen aus, welche die Erklärung vorsieht?*

Sukiasyan: Gemäß der Erklärung ist für fünf Jahre ein Kontingent von 1960 Mann in Karabach stationiert, mit der Möglichkeit einer Verlängerung um weitere fünf Jahre. Aserbaidschan verlangt nun strikt, dass die Truppen 2025 abgezogen werden. Dabei ist klar, dass sie nahezu der einzige Faktor sind, der die Armenier in Karabach vor der Vertreibung schützt. Hinzu kommt, dass Baku das Stationierungsmandat für die Friedenstruppen nicht unterzeichnet hat. Armenien war auf Verlangen Aserbaidschans ohnehin nicht an der Aushandlung des Mandats beteiligt. Aber Baku hat auch mit Moskau

---

2 <www.angloasianmining.com/operations/kyzlbulag-contract-area/>.

nichts unterzeichnet. Es gibt somit keine rechtliche Grundlage für das konkrete Vorgehen der Truppen, alles wird politisch entschieden. Schreiten sie gegen irgendein Vorgehen Aserbaidschans, wie etwa die Blockade des Lachin-Korridors, ein, wird Baku sie zum Verlassen des Landes auffordern. Es versteht sich, dass die Rückkehr der armenischen Binnenflüchtlinge aus dem Jahr 2020 auf das Gebiet von Bergkarabach und in das umliegende aserbaidschanische Territorium, die laut Punkt 7 der Erklärung unter Aufsicht des Hochkommissariats für Flüchtlinge der Vereinten Nationen stattfinden soll, nicht umgesetzt wurde. Vielmehr zerstört Aserbaidschan jeglichen Hinweis auf armenische Besiedlung und armenisches Kulturerbe in den Gebieten, die es seit Ende 2020 kontrolliert.

OSTEUROPA: *Was ist aus der Minsk-Gruppe der OSZE geworden, die im Karabach-Konflikt vermittelte?*

Sukiasyan: Baku erklärt, der Konflikt sei beendet. Unmittelbar nach dem Krieg von 2020 sagte der aserbaidschanische Präsident Alijew bei einer Sitzung der Gruppe in Baku zu den Vertretern der USA und Frankreichs, die gemeinsam mit Russland den Vorsitz hatten: „Ich kann es Ihnen noch einmal vor laufender Kamera sagen, ich habe sie nicht hierher eingeladen. Aber als ich gehört habe, dass die Minsk-Gruppe kommen möchte, habe ich gesagt: Okay, vielleicht haben sie mir etwas zu sagen.“[3] Die USA setzen sich gegenwärtig für ein international sichtbares Dialogformat zwischen Baku und den De-facto-Behörden von Karabach ein. Armenien unterstützt den Vorschlag, Aserbaidschan lehnt ihn ab: Es handele sich um eine innere Angelegenheit Aserbaidschans.

Alijew warnt sogar immer wieder Politiker anderer Staaten und internationaler Organisationen davor, den Begriff „Bergkarabach-Konflikt“ zu verwenden, so zuletzt auf der Münchner Sicherheitskonferenz. Wie gesagt: Er betrachtet die Frage der Rechte der Karabach-Armenier als innere Angelegenheit Aserbaidschans. Was jedoch passiert, wenn Aserbaidschan die Kontrolle über Bergkarabach übernimmt, sieht man in den Gebieten außerhalb der verbliebenen Schutzzone, die Aserbaidschan im Jahr 2020 zurückerobert hat. Von 30 000 Menschen lebt dort heute keiner mehr. Um sich klar zu machen, was mit den Armeniern in Karabach passiert, wenn Aserbaidschan dort die Kontrolle übernimmt, muss man sich die Videos anschauen, die das aserbaidschanische Staatsfernsehen im Jahr 2020 veröffentlicht hat und die Reden Alijews lesen, in denen er von „Hunden“ spricht, die wir vertreiben.[4] Leider haben dies nicht alle westlichen Politiker verstanden und lassen sich auf die Rede von den „individuellen Rechten“ der Karabach-Armenier ein, die Baku angeblich garantieren will, und verschließen angesichts des Interesses an Öl und Gas aus Aserbaidschan die Augen vor der katastrophalen Menschenrechtslage.

---

[3] Ilham Aliyev received OSCE Minsk Group co-chairs from France and U.S., <https://president.az/ en/articles/view/48908/videos>.

[4] President Ilham Aliyev: „We have destroyed their army, equipment“, <https://aztv.az/en/resmi/prezident-i-lham-liyev-onlarin-ordusunu-texnikasini-dem-k-olar-ki-m-hv-etmisik>. – Ilham Aliyev addressed the nation, 17.10.2020, <https://president.az/en/articles/view/43334>.

OSTEUROPA: *Neben den Geschehnissen in und um Bergkarabach ist es in den vergangenen Jahren zu mehreren Gefechten an der armenisch-aserbaidschanischen Grenze gekommen.*

Sukiasyan: So ist es. Die größten Angriffe Aserbaidschans fanden im Mai und November 2021 sowie vor allem im September 2022 statt. Insgesamt hält Aserbaidschan seitdem an mehreren Stellen insgesamt 150 Quadratkilometer armenischen Territoriums besetzt und hat dort Militärstellungen errichtet. Bei dem Angriff im September 2022 gab es über 300 Tote auf armenischer Seite, darunter einige Zivilisten. Betroffen sind heute alle Landstriche entlang der gesamten Grenze. Die Dörfer und Siedlungen liegen in direkter Schusslinie der aserbaidschanischen Stellungen auf den Höhenzügen, landwirtschaftliche Flächen sind besetzt oder wegen der Gefahr unzugänglich, gelegentlich kommt es sogar zu Beschuss. Und das gleiche geschieht rund um Karabach. Unter klarer Verletzung der Waffenstillstandserklärung von 2020 hat Aserbaidschan mehrere Dörfer und strategische Anhöhen besetzt. Es ist eine Salamitaktik, eine schleichende Besetzung.
Baku schnürt Armenien auch dadurch ab, dass es wichtige Straßenverbindungen stört. Die Route in den Iran, mit dem Armenien immerhin 30 Prozent seines Außenhandels abwickelt, führt in einem Abschnitt nahe der Grenze zu Aserbaidschan vorbei. Die Sicherheitslage ist so prekär, dass die Straße gesperrt ist und der Schwerlastverkehr nun über schlecht ausgebaute, unter winterlichen Verhältnissen unpassierbare Bergrouten geführt werden muss. Ähnliches droht im Nordosten mit der wichtigsten Straßenverbindung in die georgische Hauptstadt Tbilissi zu geschehen.

OSTEUROPA: *Wie interpretieren Sie das Vorgehen Bakus? Geht es nur darum, Druck in Sachen Bergkarabach auszuüben oder tatsächlich um mehr?*

Sukiasyan: Armenien ist seit dem Krieg 2020 militärisch stark geschwächt. Alijew sieht eine historische Gelegenheit, mit Druck an allen möglichen Stellen mindestens seine Forderungen in Bezug auf Karabach durchzusetzen. In den Verhandlungen seit Ende 2020 haben leider alle Versuche des Appeasements durch Erfüllung von Forderungen nur zu neuen Forderungen geführt, die Aserbaidschan bei der nächsten Runde als unhintergehbar präsentiert hat.
Die Sorge, dass es um mehr geht, ist auch in der innenpolitischen Lage in Aserbaidschan begründet. Der Alijew-Dynastie, die in Baku an der Macht ist, mangelt es an jeglicher demokratischen Legitimität. Ilham Alijew hat vor zwei Jahrzehnten seinen Vater beerbt, der nicht nur in den 1990er Jahren Präsident von Aserbaidschan gewesen war, sondern bereits in den 1970er Jahren Erster Sekretär des Zentralkomitees der Kommunistischen Partei der Aserbaidschanischen SSR. Wahlen gewinnt Ilham Alijew, indem er alle Gegner zuvor ausschaltet, und auf den Posten des stellvertretenden Präsidenten hat er seine Frau gehievt. Die zentrale Idee, die seine Herrschaft legitimieren soll, ist die „Heimholung Karabachs“.
Eine solche Herrschaft benötigt Feindbilder. Alijews Propagandaapparate schüren einen unvorstellbaren Hass auf alles Armenische. Dies zieht sich bis in die Schulbücher für die untersten Klassen. Ist Karabach erst „heimgeholt“, benötigt das Regime neue Ziele

und Erfolge. Dies ist es, was die armenische Sorge begründet. Und Alijew gibt allen Anlass dazu. Nach Karabach kamen die Angriffe auf armenisches Gebiet mit der Besetzung kleiner Gebietstaschen und der faktischen Sperrung der Hauptverkehrsroute nach Süden. Dann der Anspruch auf winzige aserbaidschanische Exklaven im Nordosten Armeniens, der die wichtigste Straße in Richtung Georgien gefährdet. Dann der Anspruch auf den sogenannten „Zangezur-Korridor". Jetzt nennen Alijew und seine Untergebenen die armenische Provinz Syunik „West-Zangezur" und reklamieren damit ihren Anspruch auf den gesamten Süden des Landes. Und jüngst nannte Alijew Armenien sogar „West-Aserbaidschan".

OSTEUROPA: *Wie reagiert Russland auf all das? Schließlich ist Russland nicht nur mit den Friedenstruppen in Karabach und im Lachin-Korridor präsent, sondern die Grenzschutztruppen des russländischen Sicherheitsdiensts FSB kontrollieren gemäß einem Abkommen mit Armenien im Rahmen der Gemeinschaft Unabhängiger Staaten seit 1992 auch die armenische Außengrenze zur Türkei und nun auch stellenweise zu Aserbaidschan. Mehr noch, nach Artikel 4 des Vertrags über kollektive Sicherheit sind Russland und die anderen Staaten der Vertragsorganisation (OVKS) dazu verpflichtet, Armenien im Falle einer Aggression zu schützen!*

Sukiasyan: Die Friedenstruppen haben einige Berichte über Waffenstillstandsverletzungen an den Grenzen zu Karabach erstellt, in manchen wird auch dargelegt, dass Aserbaidschan die Verletzung begangen hat. Bei den Angriffen auf armenisches Territorium hielt sich Russland mit Kommentaren sehr zurück. Dies hat große Irritation bei der armenischen Regierung wie bei der Bevölkerung ausgelöst. Russland hat vorgeschlagen, bei der Demarkation der Grenze als Vermittler aufzutreten. Damit sind die armenischen Sicherheitsbedenken jedoch nicht wirklich beseitigt. Es ist offensichtlich, dass Russland fürchtet, dass es mit einer klareren Position seine Rolle als Vermittler zwischen den beiden Staaten gefährdet, anders gesagt: dass Aserbaidschan noch weiter dem Moskauer Einfluss entgleitet.

Die Präsenz der russländischen Friedenstruppen in Karabach wie der Grenztruppen in Armenien hat zwar vermutlich in einigen Fällen ein weiteres Vordringen der aserbaidschanischen Kräfte verhindert. Eine Rückkehr auf die ursprünglichen Positionen vor dem jeweiligen Gefecht haben sie aber nicht erwirkt.

Was die OVKS betrifft, so ist die Lage für Armenien noch schlechter, denn Staaten wie Belarus und Kasachstan haben deutlich engere Beziehungen mit Baku als mit Erevan. Sie legen gegen jede kollektive Reaktion, die Aserbaidschan Schranken aufzeigen würde, Veto ein. Der belarussische Präsident Lukašenka nannte Alijew auf einer Sitzung der OVKS sogar „unseren Mann", als es nach der Aggression vom September 2022 darum ging zu erklären, warum die Organisation sich nicht an die Seite ihres Mitglieds Armenien stellt, das von einem Nicht-Mitglied angegriffen wird.[5]

OSTEUROPA: *Wie erklären Sie die Position Russlands?*

5 „Aliev – naš čelovek": Lukašenko na zasedanii ODKB, <www.youtube.com/watch?v=gNfaPRn6z0k>.

Sukiasyan: Russland hat in den vergangenen 30 Jahren stets darauf geachtet, nicht eindeutig für eine der beiden Seiten Partei zu ergreifen. Das Ziel war klar: Weder Baku noch Erevan sollten sich von Moskau abwenden. Armenien war jedoch viel abhängiger von Russland als Aserbaidschan, das mit seinen im Westen begehrten Öl- und Gasvorkommen und den engen Beziehungen zur Türkei Russland viel mehr entgegensetzen konnte. Dies führte dazu, dass Russland sich seiner Dominanz im Verhältnis zu Armenien sicher war, umgekehrt aber Aserbaidschan etwas bieten musste, um in der Konkurrenz mit dem Westen die Loyalität Bakus zu erkaufen.
In den 1990er Jahren war die Situation noch ein wenig anders. Damals spielten neben den institutionellen Faktoren und der übergeordneten globalen Lage auch persönliche Faktoren noch eine wichtige Rolle. Einige armenische und russländische Generäle standen sich sehr nahe, Russlands Präsident Boris El’cin und der aserbaidschanische Präsident Heydar Alijew hatten ein sehr schlechtes persönliches Verhältnis. Heute hält Russland sich schon deswegen mit Druck auf Baku zurück, weil die Stationierung der Friedenstruppen über das Jahr 2025 hinaus von Alijews Zustimmung abhängt. Aber natürlich auch, weil Aserbaidschan und die Türkei Russland einen Zugang zu internationalen Märkten verschaffen, den es in vielen Bereichen wegen der westlichen Sanktionen verloren hat. Es geht sowohl um den Import von Waren, die auf Sanktionslisten stehen oder nur noch als Parallelimport nach Russland gelangen können, als auch um den Export von Erdgas. Nicht zufällig beliefert Gazprom seit November 2022 den aserbaidschanischen staatlichen Gaskonzern SOCAR über eine aus Dagestan kommende, zuvor nicht genutzte Pipeline mit Erdgas. Ganz allgemein gesprochen kann man sagen, dass Russland bei seinem Streben nach einer multipolaren Weltordnung Baku in seinem Lager haben möchte.

OSTEUROPA: *Die Europäische Union hat angesichts des mangelnden Willens oder der mangelnden Fähigkeit Russlands, Armenien ausreichend Schutz zu gewähren, auf Bitten der armenischen Regierung Ende Februar 2023 eine zivile Mission zur Beobachtung der armenisch-aserbaidschanischen Grenze nach Armenien geschickt. Welche Kompetenzen hat die EUMA?*

Sukiasyan: Das Mandat ist beschränkt. Es handelt sich um 100 unbewaffnete Beobachter aus nahezu allen EU-Staaten unter Leitung eines deutschen Beamten, die ihr Hauptquartier in Yeghegnadzor haben. Sie sind lediglich mit Ferngläsern und Kameras ausgestattet und haben nicht zu allen Abschnitten der Grenze Zugang. Aserbaidschan lässt auf seiner Seite der Grenze überhaupt keine Beobachter zu. Die Berichte der Mission werden auch nicht veröffentlicht, sondern lediglich nach Brüssel gesendet. Exekutive Kompetenzen hat sie keine, sie kann und darf im Falle gewaltsamer Auseinandersetzungen nicht einschreiten. Sie muss sich in einem solchen Fall sogar zur Gewährleistung der eigenen Sicherheit sofort zurückziehen. Und dennoch trägt die EU-Fahne auf den Jeeps der Beobachter vielleicht ein klein wenig dazu bei, Aserbaidschan von weiteren Aggressionen abzuhalten, was für das mit wenig Sicherheitsgarantien und Selbstverteidigungskapazitäten ausgestattete Armenien durchaus von Bedeutung ist.

Osteuropa: *Russlands offizielle Reaktion auf die EU-Mission ist eindeutig von der Konfrontation mit dem Westen und der EU wegen des Angriffskriegs auf die Ukraine geprägt. Hat Armenien die EU tatsächlich gegen den Willen Moskaus um Entsendung einer Mission gebeten oder handelt es sich um einen erfolgreichen Versuch, die mit dem eigenen Land verbundenen Fragen aus dem übergeordneten Konflikt zwischen Russland und dem Westen auszuklammern?*

Sukiasyan: Armenien versucht seit jeher, gute Beziehungen zu allen wichtigen internationalen Akteuren aufrecht zu erhalten. In einer so prekären Sicherheitslage kann man sich nicht erlauben, in eine geopolitische Auseinandersetzung gezogen zu werden. Armenien braucht Russland für seine Sicherheit und den Westen für die wirtschaftliche Entwicklung und den Aufbau demokratischer und rechtsstaatlicher Institutionen. Die Konfrontation zwischen Russland und der EU schadet Armenien enorm.
Russland ist in der aktuellen Situation natürlich nicht glücklich mit einer EU-Mission in einem verbündeten Land. Die Sprecherin des Moskauer Außenministeriums Maria Zacharova warf der EU Heuchelei vor, die Mission sei im Rahmen der gemeinsamen Sicherheits- und Verteidigungspolitik entsendet, und somit mitnichten zivil.[6] Gleichzeitig haben Moskau und Brüssel im Grunde ein wichtiges gemeinsames Interesse: Sie wollen beide eine weitere Zunahme der Aggressionen gegen Armenien vermeiden.
Eigentlich sollte Russland sich auch eher Sorgen um die sicherheitspolitische Kooperation Aserbaidschans mit dem NATO-Mitglied Türkei machen. In Armenien sind 100 zivile Beobachter mit einem auf zwei Jahre begrenzten Mandat, in Aserbaidschan befinden sich seit 2020 eine signifikante Anzahl türkischer Militärangehöriger samt Gerätschaft. Vor kurzem wurde sogar ein General der türkischen Armee zum Berater des aserbaidschanischen Verteidigungsministeriums ernannt. Früher hieß es zum türkisch-aserbaidschanischen Verhältnis immer „Zwei Länder, eine Nation“, heute heißt es „Eine Nation, eine Armee“.[7] Aber die Türkei hat natürlich eine besondere Position in der NATO, und die Beziehungen Moskaus zu Ankara folgen nicht der Logik der Ost-West-Konfrontation.

Osteuropa: *Wie steht Aserbaidschan zu der EU-Mission?*

Sukiasyan: Baku positioniert sich eindeutig dagegen. Dabei hatte Alijew bei einem Treffen mit dem armenischen Ministerpräsidenten Nikol Paschinjan, dem Präsidenten des Europäischen Rates Charles Michel und dem französischen Präsidenten Emanuel Macron in Prag im Oktober 2022 sogar noch eine Stationierung von Beobachtern auf der aserbaidschanischen Seite zugesagt. Doch bald wollte Baku nichts mehr davon wissen. Im Januar bezeichnete Alijew die Mission als „Betrug“, sie würde sich negativ auf die Sicherheit im Südkaukasus und die von der EU begleiteten Verhandlungen zwischen Armenien und Aserbaidschan auswirken.[8]

---

[6] Maria Zakharova comments on the deployment of EU civilian observation mission in the border regions of Armenia. Armenpress, 20.2.2023.
[7] Azerbaijan-Türkiye military cooperation: One nation, one army. Daily Sabah, 23.12.2022.
[8] Azerbaijan criticizes EU's decision to establish mission in Armenia. mediamax.am, 24.1.2023.

Osteuropa: *Welche weiteren Vorschläge hat Armenien, um seine prekäre Sicherheitslage zu verbessern?*

Sukiasyan: Die Entsendung einer EU-Mission – etwas, was noch vor wenigen Jahren undenkbar gewesen wäre – zeigt, wie verzweifelt die Lage Armeniens ist. Die eigenen militärischen Fähigkeiten sind schwach, und Russland ist auf die Ukraine konzentriert. Es gibt natürlich noch die Minsk-Gruppe der OSZE, die grundsätzlich weiter das Mandat zur Vermittlung zwischen Baku und Erevan hat. Vor dem Februar 2022 war diese vermutlich das einzige Format auf der Welt, in dem Russland, die USA und Frankreich an einem Strang zogen. Washington und Paris hatten sogar Moskau die Führungsrolle übergeben, da sie Russland in der besten Position für Vermittlungen sahen. Das war essentiell für die Sicherheitsarchitektur in der Region. Doch dies ist nun auch vorbei. Für Baku ist das nur zum Vorteil. Je tiefer die Risse zwischen diesen Staaten, desto leichter kann Aserbaidschan sie gegeneinander ausspielen. In Moskau versucht Alijew die Vorstellung zu verbreiten, Armenien drifte nach Westen ab, in Brüssel behauptet er, Armenien sei ein Satellit Russlands und plane einen Angriff auf Aserbaidschan. Was Armenien braucht, ist eine internationale Koalition, die sich den Expansionsplänen Aserbaidschans entgegenstellt.

Osteuropa: *Ist der Versuch der Regierung von Nikol Paschinjan, mit der EU einen zusätzlichen Sicherheitsgaranten zu gewinnen, in Armenien unumstritten?*

Sukiasyan: Es gibt prorussländische Stimmen, die sich eindeutig dagegen positionieren. Wie groß deren Einfluss ist, lässt sich nicht genau abschätzen. Wichtiger ist aber die Fraktion derjenigen, die keine direkte Kritik üben, aber vor den Folgen warnen. Die Politik Paschinjans führe zu einer Entfremdung von Moskau und dies werde Konsequenzen haben. Die wichtigste Oppositionspartei, das vom vormaligen armenischen Präsidenten der Jahre 1998–2008 Robert Kotscharjan angeführte „Bündnis Armenien“ (Hajastan Daschink) vertritt diese Position. Es gibt aber auch laute Stimmen, die die Bedeutung der Mission überschätzen und die Regierung zu einem Austritt aus der Organisation des Vertrags über kollektive Sicherheit aufrufen, weil der Westen Armenien alle benötigten Sicherheitsgarantien gebe. Es ist leider offensichtlich, dass dies nicht der Fall ist.

Osteuropa: *Was kann denn Armenien jenseits von Garantien anderer Staaten selbst für seine Sicherheit tun?*

Sukiasyan: Armenien ist dabei, seine Armee neu aufzustellen. Aber die Schwierigkeiten sind riesig. Die aserbaidschanischen Truppen stehen seit Ende 2020 im gesamten Abschnitt von Nord nach Süd an der armenischen Grenze. Das bedeutet, dass es viel mehr Truppen bedarf als zuvor und diese ausgerüstet werden müssen. Missmanagement macht die Sache nur schlimmer. Zudem schickt Russland alles verfügbare Gerät an die ukrainische Front, so kann Armenien die Verluste, die es 2020 erlitten hat, nicht kompensieren. Die westlichen Staaten sind nicht bereit, Armenien Waffen zu verkaufen.

Davon abgesehen könnte Armenien sich diese ohnehin nicht leisten. Kostenlose Waffenlieferungen sind noch illusionärer. Armenien hat daher nach dem Krieg versucht, seine Beziehungen zu Indien zu verbessern, und das hat auch auf militärischem Gebiet zu einigen kleinen Erfolgen geführt. Aber substantielle Veränderungen bringt auch dies nicht.

Die Regierung versucht aber ohnehin, einen anderen Weg zu gehen und Aserbaidschan mit Zugeständnissen von einer Aggression abzuhalten, der es wenig entgegenzusetzen hat. Paschinjan hat im April 2022 erklärt, dass Armenien seine Erwartungen in Bezug auf Karabach zurückschraubt. Es geht um Sicherheit und Schutz der Rechte der Karabach-Armenier. Armenien bringt in den Verhandlungen das Selbstbestimmungsrecht der Völker, ein grundsätzlich international anerkanntes völkerrechtliches Prinzip, nicht auf. Armenien hat alle Punkte der Waffenstillstandserklärung strikt eingehalten, also alle dort erwähnten Gebiete fristgerecht an Aserbaidschan übergeben, bietet die Öffnung von Straßenverbindungen nach Nachitschewan an und hat alle Kriegsgefangenen freigelassen. Aserbaidschan aber blockiert die Freilassung von Kriegsgefangenen, indem es Strafprozesse gegen sie fabriziert und sie, wie Human Rights Watch dokumentiert, schwerer Folter und Misshandlungen aussetzt.[9] Hinzu kommen die neuen Gebietsforderungen und die gezielt herbeigeführte Notlage der Menschen in Karabach, mit der Armenien dazu gezwungen werden soll, den erwähnten exterritorialen „Zangezur-Korridor" über sein Staatsgebiet zu akzeptieren. Man sieht: Appeasement funktioniert nicht. Churchill sagte den wahren Satz: „Wer Appeasement betreibt, füttert ein Krokodil und hofft, dass er als letzter gefressen wird."

Osteuropa: *Wir haben fast ausschließlich über Sicherheit gesprochen. Dies ist natürlich der Situation geschuldet. Wie wirkt sich diese Lage auf die demokratischen Reformen aus, die mit der Revolution von 2018 begannen?*

Sukiasyan: Die permanente existentielle Bedrohung führt dazu, dass weite Teile der Bevölkerung in einem dauerhaften Angstzustand leben. Apathie und Gleichgültigkeit sind die Folge. Warum soll man am Aufbau einer besseren Zukunft arbeiten, wenn diese derart bedroht ist? Nach der Revolution 2018 gab es unglaublich viel Hoffnung. Einige Reformen wurden sehr rasch umgesetzt, andere jedoch auch nicht, aus Mangel an politischer Unterstützung oder wegen Inkompetenz. Gleichwohl herrschte bis zu dem Krieg 2020 großer Optimismus. Seitdem ist vieles anders. Ein großes Problem ist, dass viele Menschen die demokratische Revolution 2018 und die Niederlage im Krieg in einen kausalen Zusammenhang bringen. Das ist falsch, aber es gibt dieses Gefühl.

Osteuropa: *Sie würden also nicht sagen, dass Russland Armenien für die demokratische Revolution bestraft, indem es nicht mehr als Sicherheitsgarant auftritt? Oder dass das Putin-Regime demokratische Aufbrüche in Russlands Nachbarschaft nicht duldet, weil es seine eigene Herrschaft gefährdet sieht?*

Sukiasyan: Dies ist ein gängiges Interpretationsmuster für Georgien und die Ukraine. Für Armenien passt es nicht wirklich. Der Krieg im Jahr 2020 wurde Aserbaidschan vor

---

[9] Azerbaijan: Armenian POWs Abused in Custody, <www.hrw.org/news/2021/03/19/azerbaijan- armenian-pows-abused-custody>.

allem von der Türkei ermöglicht. Jede neue Eskalation wird Russlands Stellung in der Region weiter schwächen und die Türkei sowie Aserbaidschan auf Kosten Russlands stärken. Und natürlich spielt die Frage der inneren politischen Ordnung eine Rolle. Aber es ist ein Fehler, Sicherheit und Demokratie als Alternativen zu denken. Sicherheit ist nicht alles, aber ohne Sicherheit ist alles nichts.

Gespräch und Übersetzung aus dem Englischen von Volker Weichsel, Berlin

Schlagwörter:
Armenien, Aserbaidschan, Bergkarabach-Konflikt, Lachin-Korridor, Ilham Alijew, Exklave Nachitschewan, Türkei

Mit aller Macht

Armenien unter aserbaidschanischem Druck

Aserbaidschan hat seit dem Zweiten Bergkarabach-Krieg im Herbst 2020 weitgehend unbemerkt von der Weltöffentlichkeit eine außenpolitische Kurswende vollzogen. Nach dem ersten Bergkarabach-Krieg 1988–1994 hatte Baku für 25 Jahre im Konflikt mit den Karabach-Armeniern und der Republik Armenien stets auf der territorialen Integrität der aus der Konkursmasse der Sowjetunion hervorgegangenen Staaten gepocht. Die Republik Armenien dagegen unterstützte die Karabach-Armenier, die sich auf das Selbstbestimmungsrecht der Völker beriefen, und eroberte auch weitere Regionen rund um Karabach; Aserbaidschan warf Armenien Irredentismus vor.

Seit dem Sieg im Zweiten Bergkarabach-Krieg[1] bezieht Aserbaidschan – neben dem fortgesetzten Pochen auf territoriale Integrität – aus einer Position der militärischen Stärke selbst irredentistische Positionen und erhebt verschiedene Territorialforderungen an Armenien. Diese reichen von der Anerkennung kleinerer Gebietseroberungen auf armenischem Staatsgebiet entlang der Staatsgrenze über die Einrichtung eines Transportkorridors unter aserbaidschanischer Kontrolle, der Armenien von seinem südlichen Nachbarland und wichtigen Handelspartner Iran abschneiden würde. Mittlerweile erhebt Baku sogar mit historischen Argumenten untermauerte Ansprüche auf ein großes Gebiet im Süden Armeniens und mitunter auf ganz Armenien.

Das gesamte Spektrum dieser seit Ende 2020 immer lauter erhobenen Forderungen[2] entfaltete – unterlegt mit Drohungen und eingebettet in eine panturkische Ideologie – Staatspräsident Ilham Alijew in einer Rede auf einem von ihm selbst initiierten Treffen der Staatschefs der Organisation der Turkstaaten Mitte März 2023 in Ankara. Wir dokumentieren die Rede auf den folgenden Seiten.

Offen ist, ob diese Forderungen taktischer Natur sind und vor allem eine beschleunigte Übergabe des seit Ende 2020 von knapp 2000 russländischen Soldaten einer Friedensmission geschützten Gebiets der selbstproklamierten „Republik Arzach" befördern sollen. Kommt es zu dieser, wäre ungeachtet der Versprechungen Bakus zur Wahrung individueller Bürgerrechte der dort lebenden ca. 100 000 Armenier unzweifelhaft eine vollständige Flucht und Vertreibung dieser Menschen die Folge. Oder nutzt das semitotalitäre Regime in Baku, das seit Jahren eine nationalistische Stimmung im Land anheizt, die geopolitischen Verschiebungen, die Russlands Angriff auf die Ukraine ausgelöst haben, um ohne Eingreifen des militärisch geschwächten und ideologisch auf den Kampf gegen den Westen fixierten Russland gewaltsam eine den Süden Armeniens durch- oder abschneidende Landbrücke zur Exklave Nachitschewan und damit zum „Bruderstaat" Türkei zu schaffen?

---

[1] Siehe dazu Otto Luchterhandt: Zeitenwende im Südkaukasus. Armeniens Niederlage im Krieg um Bergkarabach, in: OSTEUROPA, 12/2020, S. 59–79. – Egbert Jahn: Aufgetaut und wieder eingefroren. Kontinuität und Wandel im Bergkarabach-Konflikt, in: ebd., S. 81–104.

[2] Siehe etwa Joshua Kucera: What's the future of Azerbaijan's „ancestral lands" in Armenia? Eurasia.net, 16.6.2021. – Azerbaijan will return to Zangezur 101 years later – Ilham Aliyev. turan.az, 21.4.2021.

 doi: 10.35998/oe-2023-004

Armenien scheint dieser Bedrohung nahezu wehrlos gegenüberzustehen. Seine bisherige Schutzmacht Russland macht zwar Aserbaidschan für konkrete Scharmützel verantwortlich, gibt aber Armenien die allgemeine Schuld an den Spannungen.[3] Damit bestraft Moskau die demokratische Regierung des armenischen Ministerpräsidenten Nikol Paschinjan, der in einer friedlichen Revolution im Jahr 2018 an die Macht kam und dessen Partei trotz Massenprotesten gegen die Regierung nach der Niederlage im 44-Tage-Krieg um Bergkarabach im Herbst 2020 bei einer vorgezogenen Parlamentswahl im Juni 2021 zum zweiten Mal nach 2018 die absolute Mehrheit in der Nationalversammlung erzielte.
Die armenische Regierung sucht keinen Konflikt mit Moskau, sondern enthält sich selbst im Angesicht des brutalen Kriegs gegen die Ukraine jeglicher Kritik am dortigen Vorgehen Russlands. Aus Sorge, dass auf Moskaus Sicherheitsgarantien kein Verlass mehr ist, hat Paschinjan gleichwohl eine zivile Beobachtermission der Europäischen Union (EUMA) ins Land gelassen, die die Vorgänge an der Grenze zu Aserbaidschan aufzeichnet. Moskau, das sich in einem umfassenden Konflikt mit dem „kollektiven Westen“ sieht, klammert den Brüsseler Versuch zur Wahrung des Friedens im Südkaukasus nicht aus dieser Wahrnehmung aus, sondern will auch in dieser mit nahezu keinen Kompetenzen ausgestatteten Mission ein geopolitisches Vordringen der EU erkennen. Die Absicht ist offensichtlich: Zum einen übt Moskau Druck auf die armenische Regierung aus und unterstützt jene Kräfte in Erevan, die trotz gegenteiliger Evidenz weiter hoffen, durch noch stärkere Anbindung an Moskau Sicherheitsgarantien für Armenien und die in Aserbaidschan in der „Republik Arzach“ lebenden Armenier zu erhalten. Zum anderen kaschiert Moskau seine Schwäche und rechtfertigt seinen schleichenden, bislang von Widersprüchen gekennzeichneten, aber doch sichtbaren Positionswechsel vom Sicherheitsgaranten des schwachen und weitgehend isolierten Armenien zum „pragmatischen“ Kooperationspartner des ressourcenreichen und darüber hinaus mit der Türkei, einem weiteren Moskauer Partner „pragmatischer Kooperation“, verbündeten Aserbaidschan.[4]
Die Lösung des Karabach-Knotens scheint so einfach: Aserbaidschan gewährt nach der Rückgewinnung aller besetzten Gebiete im 44-Tage-Krieg 2020 aus einer Position der Stärke den Karabach-Armeniern Sicherheitsgarantien und Minderheitenrechte entsprechend dem Rahmenabkommen zum Schutz nationaler Minderheiten des Europarats. Vertrauensbildung und Demilitarisierung führen dazu, dass Erevan und Baku im Konsens die Stationierung der russländischen Friedenstruppen dem Abkommen gemäß zum 10. November 2025 auslaufen lassen. Zum allseitigen Vorteil öffnen Armenien, Aserbaidschan und die Türkei alle gemeinsamen Grenzen und entwickeln die Verkehrsinfrastruktur.
Doch dass es dazu kommt, ist nahezu ausgeschlossen. Die äußeren Mächte, die einen solchen Prozess garantieren könnten – die EU, die USA, Russland, die Türkei und der Iran – sind zu schwach, haben Interessen mit höherer Priorität und liegen untereinander in Konflikt über diese und insbesondere über andere Fragen. Dennoch sollte es mit allen Mitteln versucht werden. Denn was sonst geschieht, liegt auf der Hand: Entweder kommt es zu

---

[3] Siehe dazu die Meldung „O situacii v Nagornom Karabache“ vom 17.3.2023 im Telegramkanal Rybar', der als Lautsprecher des russländischen Militärgeheimdiensts gilt, <https://t.me/rybar/ 44745>.

[4] Am 22.2.2022, zwei Tage vor dem Überfall auf die Ukraine, unterzeichneten Russland und Aserbaidschan ein umfangreiches Abkommen über „Bündniskooperation“. Deklaracija o sojuzničeskom vzaimodejstvie meždu Rossijskoj Federaciej i Azerbajdžanskoj Respublikoj, <http://kremlin.ru/supplement/5777>. Im November 2022 folgte ein weiteres Abkommen über grenzüberschreitenden Verkehr. – Russia, Azerbaijan sign agreement on development of border crossing points, other documents. Interfax, 17.11.2022. Zu den anhaltenden Widersprüchen und Konflikten sowie der stockenden Umsetzung der Vereinbarungen siehe: Lavrov, in Baku, tries to shore up shaky Russia-Azerbaijan „alliance“. Eurasia.net, 1.3.2023.

einer unblutigen, aber durch massiven Druck herbeigeführten Bevölkerungsverschiebung, da die Armenier teils schleichend aus Karabach abwandern, teils gegen ihren Willen deportiert werden. Oder die ethnische „Bereinigung“ findet gewaltsam im Zuge eines ungleichen Krieges statt, der Aserbaidschan in die Versuchung bringen könnte, die irredentistischen Forderungen nicht mehr nur als Druckmittel in der Karabach-Frage einzusetzen, sondern militärisch umzusetzen. So oder so – eine weitere menschliche Katastrophe und ein weiteres Debakel für die europäische Sicherheitsordnung.

Volker Weichsel, Berlin

Der aserbaidschanische Präsident Ilham Alijew und der türkische Präsident Recep Tayyip Erdoğan auf dem Außerordentlichen Gipfel der Turkstaaten in Ankara, 16.3.2023. Quelle: <https://azertag.az/>

Tischgespräche: Putin & Scholz. Moskau, 15.2.2022

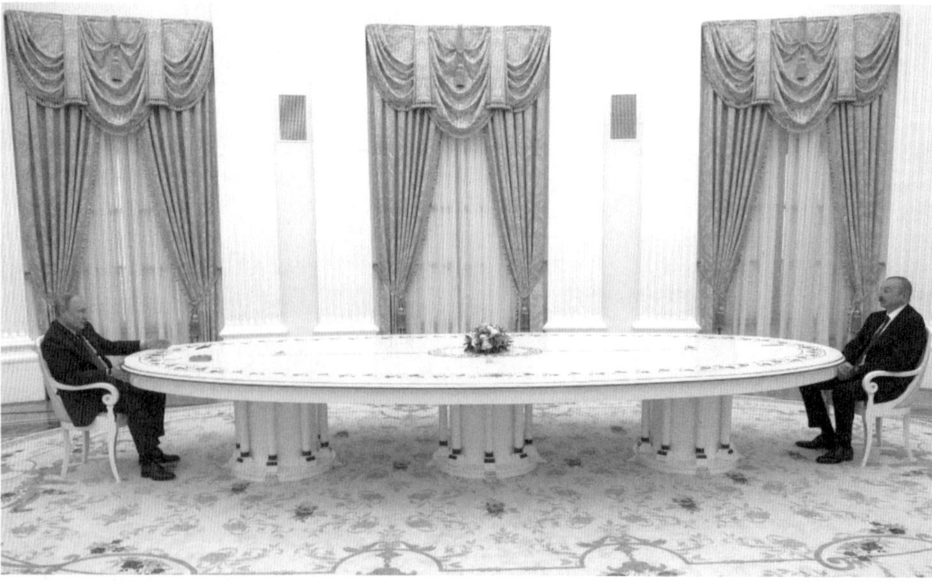

Tischgesellen: Putin & Alijew. Moskau, 22.2.2022

Ansprache des aserbaidschanischen Präsidenten Ilham Alijew auf dem Außerordentlichen Gipfel der Organisation der Turkstaaten am 16.3.2023 in Ankara

Mein lieber Bruder, sehr verehrter Präsident Recep Tayyip Erdoğan,
sehr verehrte Staats- und Regierungschefs, liebe Freunde, [1]

wir sind tief betroffen von den Folgen des schweren Erdbebens, bei dem in unserem Bruderland Türkei so viele Menschen zu Tode gekommen sind oder verletzt wurden. [. . .][2]

Aserbaidschan und die Türkei haben immer zusammengestanden, in guten wie in schlechten Zeiten. Und das wird auch in Zukunft so sein.

Ich bin davon überzeugt, dass die Türkei dank der Führung meines lieben Freundes, des verehrten Präsidenten Recep Tayyip Erdoğan die Folgen dieses Erdbebens erfolgreich überwinden wird.

Die politische und moralische Unterstützung, die Präsident Recep Tayyip Erdoğan Aserbaidschan im Jahr 2020 von den ersten Stunden bis zum letzten Tag des Zweiten Karabach-Kriegs erwiesen hat, gab uns zusätzliche Kraft.

Das gesamte türkische Volk stand während dieses 44 Tage währenden Krieges an der Seite Aserbaidschans. Tausende Unterstützungs- und Glückwunschschreiben haben uns während des Kriegs und nach unserem historischen Sieg aus der Türkei erreicht.

Im Juni 2021 haben die Türkei und Aserbaidschan in der Stadt Şuşa, dem Kronjuwel von Karabach, die Şuşa-Erklärung unterzeichnet, mit der unsere Beziehungen offiziell auf den Status einer Allianz gehoben wurden.[3]

In den vergangenen 20 Jahren hat die Türkei unter der Führung von Präsident Recep Tayyip Erdoğan einen langen und ruhmreichen Weg zurückgelegt, sie hat sich international Autorität und Einfluss erkämpft. Heute wird die Türkei überall in der Welt ernst genommen und geachtet.

Die ganze Welt sieht die Militärmacht der Türkei und die riesigen Erfolge ihrer Rüstungsindustrie. Die weitere Entwicklung der Türkei, ihre Kontinuität und Stabilität, sind wichtig für die gesamte Turkwelt.[4]

---

1 Türk Dövlətləri Təşkilatının Dövlət Başçılarının Fövqəladə Zirvə görüşündə İlham Əliyevin nitqi, <https://president.az/az/articles/view/59195>. Auf der Seite finden sich auch Übersetzungen ins Russische und Englische, die dieser Übersetzung zugrunde liegen.
Das Treffen fand auf Initiative Aserbaidschans statt, Teilnehmer waren die Präsidenten der Türkei, Aserbaidschans, Kasachstans, Kirgistans, Turkmenistans und Usbekistans sowie der ungarische Ministerpräsident Viktor Orbán, der Präsident der „Türkischen Republik Nordzypern“ und der Generalsekretär der Organisation der Turkstaaten. <www.tccb.gov.tr/assets/dosya/bildiri/2023-03-16-bildiri-en.pdf>.

2 Es folgen drei Absätze, in denen Alijew sein Beileid ausdrückt und über die humanitäre Hilfe Aserbaidschans an die Türkei spricht.

3 Şuşa Bəyannaməsinin, <https://report.az/xarici-siyaset/susa-beyannamesinin-tam-metni/>. – Šušinskaja deklaracija, <www.kavkaz-uzel.eu/articles/365007/>.

4 Das Aserbaidschanische und das Türkische unterscheiden nicht zwischen dem staats- und ethnonationalen Begriff „türkisch“ (engl.: turkish, russ.: tureckij) und dem pannationalen Begriff „Turk-“ (Turkstaaten, Turksprachen; engl.: turkic, russ.: turkskij). Türkische Staatsangehörigkeit (Staatsangehörigkeit der Türkei) heißt „Türk vatandaşlık“, die türkische Sprache „Türk dili“, Turksprachen „Türk dilləri“ und die Organisation der Turkstaaten „Türk Dövlətləri Təşkilatı“.

Die Verleihung des Höchsten Ordens der Turkwelt an Präsident Recep Tayyip Erdoğan auf dem Gipfel der Organisation der Turkstaaten in Samarkand im Jahr 2022 beweist einmal mehr, welche Verdienste er sich um die Stärkung der Turkwelt erworben hat. Ich bin sicher, mein lieber Bruder wird über viele weitere Jahre neue große Beiträge zur weiteren Stärkung der auf der Bruderschaft zwischen unseren Ländern fußenden Turkwelt leisten.

Liebe Freunde,
in den 30 Jahren der Besatzung hat Armenien gezielt Hunderte Städte und Dörfer, historische und religiöse Stätten und Friedhöfe zerstört. Ausländische Experten nennen die Stadt Ağdam ein „Hiroshima des Kaukasus".[5] Die Armenier haben 65 von 67 Moscheen in Karabach und Ost-Zangezur zerstört, die übrigen beiden wurden als Schweine- und Kuhstall verwendet.[6]
Unsere natürlichen Ressourcen wurden geplündert, die Umwelt massiv geschädigt.
Seit dem Ersten Karabach-Krieg gelten 4000 unserer Staatsbürger als verschollen, sie wurden fast ausnahmslos gefoltert und umgebracht. Nach der Befreiung unserer Gebiete haben wir an mehreren Orten Massengräber entdeckt. Armenien weigert sich immer noch, Informationen über das Schicksal der vermissten Aserbaidschaner zur Verfügung zu stellen.
Aufgrund der armenischen Besatzung ist Aserbaidschan eines der am meisten mit Landminen kontaminierten Länder der Welt. Nach dem Zweiten Karabach-Krieg, also seit November 2020, wurden fast 300 Aserbaidschaner durch Landminen getötet oder verwundet.
Obwohl Armenien im Jahr 2022 in Soči und Prag die territoriale Integrität und Souveränität Aserbaidschans anerkannt hat,[7] hat es seine Truppen noch nicht vollständig vom Territorium Aserbaidschans abgezogen. In Karabach befinden sich weiter illegale armenische Gruppierungen und kriminelle Elemente.
Armenien weigert sich ebenfalls, seiner Verpflichtung nachzukommen, den Zangezur-Korridor zu öffnen. Damit verstößt es grob gegen die am 10. November 2020 unterzeichnete Erklärung und muss dafür zur Verantwortung gezogen werden.[8]

---

[5] Alijew bezieht sich auf Thomas de Waal: The Black Garden. Armenia and Azerbaijan through Peace and War. New York, London 2013 [2003], S. 6, S. 135.

[6] Die Wirtschaftsregion Ost-Zangezur (Şərqi Zəngəzur iqtisadi rayonu) wurde im Juli 2021 im Zuge einer Verwaltungsreform geschaffen, die die Ergebnisse des Kriegs vom Herbst 2020 festschreibt und weitere Territorialansprüche formuliert. Ost-Zangezur umfasst die zwischen der armenischen Grenze und Bergkarabach gelegenen Gebiete, die völkerrechtlich zu Aserbaidschan gehören und im Zuge des 44-Tage-Kriegs teils zurückerobert, teils auf der Basis des in Moskau unterzeichneten Abkommens vom 9. November 2020 nach knapp 30-jähriger Besatzung an Aserbaidschan übergeben wurden. Zur Implikation des Begriffs „Ost-Zangezur" siehe Fn. 8.

[7] Gemeint ist zum einen ein Treffen von Alijew, dem armenischen Ministerpräsidenten Nikol Paschinjan, dem französischen Präsidenten Emanuel Macron und dem Präsidenten des Europäischen Rates Charles Michel am 6.10.2022 am Rande der Tagung der Europäischen Politischen Gemeinschaft in Prag, <www.consilium.europa.eu/de/press/press-releases/2022/10/07/statement-following-quadrilateral-meeting-between-president-aliyev-prime-minister-pashinyan-president-macron-and-president-michel-6-october-2022/>. – Zum anderen ein Treffen von Alijew und Paschinjan mit dem Präsidenten Russlands Vladimir Putin in Soči am 31.10.2022, <http://kremlin.ru/supplement/5860>.

[8] Baku reklamiert seinen Anspruch auf einen von Aserbaidschan kontrollierten Transportkorridor zwischen dem aserbaidschanischen Kernland und der Exklave Nachitschewan entlang der armenisch-iranischen Grenze. Anders als Alijew behauptet, ist in der Moskauer Erklärung vom

Nach der Befreiung von Karabach und Ost-Zangezur von armenischer Besatzung im Jahr 2020 hat Aserbaidschan umfangreiche Wiederaufbauarbeiten in diesen Gebieten begonnen.[9] Aserbaidschan bringt Leben zurück in riesige Gebiete, die Armenien vollständig zerstört hatte. Wir errichten neun Städte von Grund auf neu sowie – in einer ersten Phase – 300 Dörfer und Siedlungen.

Es handelt sich um einen einzigartigen, präzedenzlosen Wiederaufbau nach einem Konflikt durch eine nationale Regierung auf eigene Rechnung.

Wir haben mit der Umsetzung des Programms „Die Große Rückkehr" zur Wiederansiedelung von Zwangsumgesiedelten in ihrer angestammten Heimat begonnen.

Türkische Unternehmen sind als Vertragspartner an vielen Infrastrukturprojekten dieses Wiederaufbauprogramms beteiligt. Bis zum heutigen Tag wurden bereits Verträge im Wert von über drei Milliarden US-Dollar unterzeichnet. Mein teurer Bruder Recep Tayyip Erdoğan hat die befreiten Gebiete bereits drei Mal besucht, er war in Şuşa, Füzuli, Zəngilan und Cəbrayıla.[10]

Ich nutze die Gelegenheit, um dem Präsidenten Usbekistans Shavkat Mirziyoyev und dem Präsidenten Kasachstans Kassym-Jomart Tokayev meine Dankbarkeit für die von Usbekistan im befreiten Bezirk Füzuli errichtete Schule und das von Kasachstan in der befreiten Stadt Füzuli errichtete Kulturzentrum auszudrücken.

Ebenso möchte ich Ihnen mitteilen, dass kürzlich ein aserbaidschanisch-usbekischer Investmentfonds eingerichtet wurde sowie ein aserbaidschanisch-kirgisischer Entwicklungsfonds.

9.11.2020 nicht von einem „Zangezur-Korridor" die Rede. Dort heißt es in Punkt 9: „Alle Wirtschafts- und Transportverbindungen in der Region werden geöffnet. Die Republik Armenien garantiert die Sicherheit des Transportwegs zwischen den westlichen Bezirken Aserbaidschans und der Autonomen Republik Nachitschewan, damit Personen sowie Fahrzeuge des Personen- und Gütertransports ungehindert in beide Richtungen verkehren können. Verantwortlich für die Kontrolle der Transportverbindung ist der Grenzschutz des Russländischen Föderalen Sicherheitsdiensts (FSB). Gemäß Übereinkommen aller Seiten werden neue Transportwege zur Anbindung der Autonomen Republik Nachitschewan an die westlichen Bezirke Aserbaidschans errichtet." <http://kremlin.ru/events/president/news/64384>. – Dieser Punkt ist bislang nicht umgesetzt. Die Wortwahl Alijews stützt die armenische Auffassung, dass Aserbaidschan an einer Öffnung von grenzüberschreitenden Verkehrsverbindungen kein Interesse hat, sondern einen Korridor unter seiner Kontrolle auf armenischem Staatsgebiet erzwingen will.

9 Die 2021 von Aserbaidschan geschaffene Wirtschaftsregion Qarabağ umfasst neben 2020 übergebenen Gebieten (Bezirk Agdam) auch die karabach-armenisch kontrollierte „Republik Arzach" (Teile des ehemaligen Autonomen Gebiets Bergkarabach), die gemäß dem Moskauer Abkommen von russländischen Friedenstruppen geschützt wird. Mit der Schaffung der Wirtschaftsregionen markiert Baku nicht nur den territorialen Anspruch auf das Gebiet von Arzach, sondern macht auch deutlich, dass dieses nach einer Übergabe oder Eroberung keine territoriale Autonomie erhalten wird.

10 Şuşa, armenisch Schuschi, und das nahegelegene Füzuli (armenisch: Waranda) lagen auf dem Gebiet des ehemaligen Autonomen Gebiets Bergkarabach und waren von 1992–2020 unter karabach-armenischer Kontrolle. Anfang November wurden sie von aserbaidschanischen Truppen erobert und liegen seitdem außerhalb der von den russländischen Friedenstruppen geschützten Zone. 1920 war die Stadt Şuşa/Schuschi Schauplatz eines großen Pogroms, das türkische und aserbaidschanische Truppen an der dortigen armenischen Bevölkerung begingen, 1992 wurde die zu diesem Zeitpunkt die große Mehrheit stellende aserbaidschanische Bevölkerung vertrieben, im Jahr 2020 musste die armenische Bevölkerung fliehen. Zəngilan und Cəbrayıla lagen hingegen außerhalb des Autonomen Gebiets Bergkarabach, waren aber von 1992–2020 von der „Republik Arzach" besetzt.

Sehr geehrte Kollegen, die Turkwelt endet nicht an den Grenzen der Turkstaaten. Die Turkwelt umfasst ein viel größeres Gebiet. Auf der Welt leben mehr als 50 Millionen Aseri. Nur zehn Millionen von ihnen leben in der unabhängigen Republik Aserbaidschan.[11]
Mit der Entscheidung der sowjetischen Regierung vom November 1920 wurde West-Zangezur, das historisch unser Land ist, von Aserbaidschan abgetrennt und an Armenien übergeben, was zu einer geographischen Teilung der Turkwelt geführt hat.[12] Bis 1991 wurden alle Aserbaidschaner gewaltsam aus dem Gebiet des heutigen Armenien vertrieben.
Wie in Karabach und Ost-Zangezur hat Armenien unser kulturelles Erbe, Moscheen und historische Stätten im heutigen Armenien – in West-Aserbaidschan – zerstört. Die aserbaidschanische Öffentlichkeit hat sich mehrfach an die UNESCO gewandt und gebeten, eine Fact-Finding-Mission zu entsenden, die das kulturelle Erbe des aserbaidschanischen Volks im heutigen Armenien überwacht – und wartet bis heute auf eine positive Antwort der UNESCO.[13]
Unsere Landsleute, die in West-Aserbaidschan Opfer ethnischer Säuberungen wurden, haben sich nun zur West-Aserbaidschanischen Landsmannschaft zusammengeschlossen.[14] Sie haben sich das Ziel einer friedlichen Rückkehr in ihre historischen Länder gesetzt. Gemäß dem Rückkehr-Konzept, das die West-Aserbaidschanische Landsmannschaft

---

[11] Neben unterschiedlich großen Diasporagruppen in vielen Staaten des postsowjetischen Raums und in östlichen Provinzen der Türkei leben zwischen 12 und 20 Millionen Aseri im Norden des Iran. Wenn Alijew von mehr als 40 Millionen Aseris außerhalb von Aserbaidschan spricht, muss er eine deutlich höhere Zahl von Aseri im Iran zugrunde legen.

[12] Alijew bezieht sich auf die historische Region Zangezur oder auf den Bezirk (uezd) Zangezur im Gouvernement Elizovetopol' des Russländischen Reichs (1868–1918). Die Region war in den Jahren 1918–1920 Schauplatz eines brutal geführten Kriegs zwischen armenischen und aserbaidschanischen Verbänden. Jener Teil des Bezirks, der nach dem Sieg der Bolschewiki in Baku und Erevan Ende 1920 in die Sowjetrepublik Armenien einging, entspricht in etwa dem Territorium des mit einer Verwaltungsreform 1994 geschaffenen Gebiets (arm.: marz) Sjunik im Süden Armeniens. Auf dieses Gebiet, von Alijew „West-Zangezur" genannt, erhebt Aserbaidschan seit Ende 2020 immer offener Anspruch. Bei drei Angriffen auf armenisches Territorium im Mai 2021, November 2021 und September 2022 hat Aserbaidschan dort und im nördlich angrenzenden Gebiet Geghardunink drei militärische Außenposten auf armenischem Staatsgebiet etabliert.

[13] Die UNESCO hat unmittelbar nach dem Zweiten Karabach-Krieg am 18. November 2020 beide Seiten an die Verpflichtung zum Kulturgüterschutz erinnert und die Entsendung einer Mission vorgeschlagen. Nagorno-Karabakh: Reaffirming the obligation to protect cultural goods, UNESCO proposes sending a mission to the field to all parties, <https://en.unesco.org/ news/nagorno-karabakh-reaffirming-obligation-protect-cultural-goods-unesco-proposes-sending-mission>. – Da lediglich Aserbaidschan über neue, zuvor (karabach-)armenisch kontrollierte Gebiete die Kontrolle übernommen hat, erging der Aufruf formal an beide Seiten, faktisch aber an Baku. Bei der „Bitte der aserbaidschanischen Öffentlichkeit" handelt es sich um einen staatlich gesteuerten Antrag, der die Zerstörung armenischen Kulturerbes (Klöster) nach November 2020 mit Verweis auf die Zerstörung aserbaidschanischen Kulturerbes in den 1920er Jahren (Alijew: „bis 1991") kontern soll.

[14] Anfang März 2023 fand in Baku eine Anhörung des „Ausschusses für Menschenrechte" des Parlaments unter dem Titel „Die Berge überwinden. Friedliche und rechtliche Rückkehr nach West-Aserbaidschan" statt. Der Abgeordnete Fazil Mustafa erklärte: „Wir haben Karabach mit der Kraft unserer Armee zurückerobert. Jetzt müssen wir offen den Kampf mit Armenien führen. In der West-Aserbaidschan-Frage müssen wir uns auf konkrete Punkte konzentrieren." <https://apa.az/ru/zapadnyi-azerbaidzan/predlozeno-prinyat-zakon-ob-obshhine-zapadnogo-azerbaidzana-513309>.

entwickelt hat, soll für die Heimkehr der Aserbaidschaner, die gewaltsam aus ihrer Heimat auf dem Gebiet des heutigen Armeniens deportiert wurden, ein völkerrechtlich verbindliches Abkommen mit einem dazugehörigen Überprüfungs- und Garantiemechanismus erreicht werden.
Ebenso wie wir, der aserbaidschanische Staat, die individuellen Rechte und die Sicherheit der in Karabach lebenden Armenier garantieren, muss auch Armenien nach dem Prinzip der Reziprozität die Rechte und die Sicherheit der West-Aserbaidschaner garantieren.

Ich danke für Ihre Aufmerksamkeit.

Übersetzung und Annotierung: Volker Weichsel, Berlin

Mit oder ohne Rosatom? Das tschechische AKW Temelín. Fotos: Betreibergesellschaft ČEZ

Ihor Pylypenko, Daria Malchykova

Der Kachovka-Stausee

Wirtschaftsmotor und Kriegsschauplatz

Der in den 1950er Jahren geschaffene Kachovka-Stausee im Südosten der Ukraine hat erhebliche Bedeutung für die Energie- und die Agrarwirtschaft des Landes. Das mit Wasser aus dem See gekühlte Atomkraftwerk Zaporižžja und ein nahegelegenes Kohlekraftwerk produzierten vor Russlands Überfall auf die Ukraine knapp 30 Prozent des in der Ukraine erzeugten Stroms. Auch hat der Stausee seit den 1960er Jahren die Errichtung eines weitverzweigten Kanalsystems ermöglicht, das der Wasserversorgung von Millionen Menschen und der Bewässerung riesiger Agrarflächen dient. Russland hat den von der Ukraine nach der Krimannexion im Jahr 2014 gesperrten Nord-Krim-Kanal unmittelbar nach dem Einmarsch im Februar 2022 wieder geöffnet. Jetzt lassen die Besatzungstruppen jedoch in großen Mengen Wasser aus dem Kachovka-Stausee ab. Es steht zu befürchten, dass sie im Falle eines erzwungenen Rückzugs die Staumauer bei Nova Kachovka sprengen werden.

Die Schaffung künstlicher Seen ist ein massiver Eingriff in die natürliche Umwelt und schafft zugleich zentrale Lebensgrundlagen moderner Gesellschaften. Der in den 1950er Jahren im Südosten der Ukraine durch den Bau einer Staumauer am Dnipro geschaffene Kachovka-Stausee erfüllt mehrere solcher Funktionen. Das gestaute Wasser dient direkt wie indirekt der Erzeugung von Strom. In einem Wasserkraftwerk treibt es Turbinen an, zugleich wird es als Kühlwasser für das größte Atomkraftwerk Europas genutzt. Zudem dient das Wasser des Stausees der Bewässerung landwirtschaftlicher Flächen und der Versorgung von Haushalten und Industrie in einem durch Kanäle erschlossenen Einzugsgebiet mit drei Millionen Menschen.

Dieser Stausee, das an seinem Ufer stehende AKW Zaporižžja und die Staumauer bei Nova Kachovka sind seit Russlands Überfall auf die Ukraine im Februar 2022 Schauplätze des Kriegsgeschehens. Der Stausee ist im Schnitt neun Kilometer breit, seine maximale Breite von 25 Kilometern erreicht er im Gebiet Zaporižžja. Von der Straße über den Staudamm bis zum nächsten stromaufwärts gelegenen Übergang über den Dnipro, der Preobražens'kij-Brücke in Zaporižžja, sind es 255 Straßenkilometer. Der Stausee stellt daher eine Barriere dar, die die Truppen der Ukraine und Russlands voneinander trennt. Auch bestimmte er die Stoßrichtung der russländischen Invasionstruppen im Süden der Ukraine. Von der Krim kommend stießen diese zum einen über Melitopol' auf das am Nordende des Stausees gelegene Zaporižžja zu, zum anderen auf die stromabwärts des Sees gelegenen Städte Nova Kachovka und Cherson.

Ihor Pylypenko, Prof. Dr., Professor am Lehrstuhl für Geographie und Ökologie der staatlichen Universität Cherson

Daria Malchykova, Prof. Dr., Professorin am Lehrstuhl für Geographie und Ökologie der staatlichen Universität Cherson

In den Wochen vor der Rückeroberung des rechts des Dnipro gelegenen Teils des Gebiets Cherson durch die ukrainische Armee im November 2022 war die Sorge groß, russländische Truppen könnten die Staumauer sprengen und diese Tat mit verheerenden Folgen womöglich der Ukraine anlasten. Obwohl russländische Truppen weiter das gesamte linke Ufer des Stausees kontrollieren, war nach der Befreiung von Cherson von dieser Gefahr seltener die Rede. Es gibt jedoch Anzeichen, dass sie sehr real ist.

Zahlreiche via Telegram verbreitete Fotos und Videos aus den ersten drei Monaten des Jahres 2023 zeigen, dass der Wasserspiegel des Stausees in kurzer Zeit um ungefähr zwei Meter gesunken ist.[1] Der Pegel ist damit so niedrig wie niemals zuvor seit Abschluss der Füllung des Stausees Anfang der 1960er Jahre. Der Wasserstand wird durch Schieber, sogenannte „Schütze“, am Wehr geregelt. Je tiefer die Schütztafeln abgesenkt werden, desto schneller fällt der Wasserstand. Das Steuerhaus ist seit Ende Februar 2022 unter Kontrolle der russländischen Besatzer. Nur zu Zeit des Frühjahrshochwassers kann einem gezielten Leerlaufen des Sees in begrenztem Maß entgegengewirkt werden, indem aus den stromaufwärts am Dnipro gelegenen Stauseen mehr Wasser abgelassen wird, als durch das Wehr bei maximal abgesenkten Schiebern abfließen kann.

Der Rückgang des Pegels begann unmittelbar nach dem Rückzug der russländischen Truppen vom rechten Ufer des Stausees und der Aufgabe des Brückenkopfs am westlichen Ende des Damms. Mit Hilfe von Satellitenbildern lässt sich zeigen, dass neben der Turbinenhalle des Wasserkraftwerks Kachovka über mehrere Wochen hinweg riesige Wassermengen abgelassen wurden. Ausgehend von der Geschwindigkeit, mit der der Wasserspiegel sank, wurden hier zwischen 600 und 1500 Kubikmeter Wasser pro Sekunde aus dem Stausee abgelassen. Bei einer Fläche des Stausees von 2155 km^2 bedeutet ein Pegelrückgang von rund zwei Metern einen Verlust von etwa drei Kubikkilometern Wasser. Das entspricht 45 Prozent des nutzbaren und etwa 16 Prozent des Gesamtvolumens des Stausees. Hätte sich der Wasserrückgang im März 2023 wie in den Vormonaten mit einer Geschwindigkeit von zwei Zentimetern pro Tag fortgesetzt, wäre das gesamte nutzbare Volumen des Stausees bereits Anfang April abgelassen gewesen. Seit Anfang März hat sich der Wasserstand zunächst bei 13,8–14,0 Metern stabilisiert, was 2,0–2,2 Meter unter dem Normalniveau liegt, und ist bei weiter geöffneten Schiebern wegen des Frühjahrswassers bis Ende April auf 14,4 Meter gestiegen.

Es gibt Grund zu der Annahme, dass die gezielte Absenkung des Wasserspiegels der Vorbereitung einer Sprengung des Damms dient, die dann erfolgt, wenn Russland gezwungen wird, auch den links des Dnipro gelegenen Teil der Gebiete Zaporižžja und Cherson zu verlassen. Bislang greift Russland nicht zu diesem Schritt, da die Flutwelle besonders stark das noch besetzte Gebiet links des Dnipro treffen würde.

Wasser für Industrie und Landwirtschaft

Um sich zu vergegenwärtigen, welche Folgen eine Sprengung der Staumauer über die verheerende Flutwelle hinaus hätte, muss man die Funktion des Stausees betrachten. Der Kachovka-Stausee ist der sechste und letzte Stausee der Dnipro-Kaskade.[2]

---

1 Russia is Draining a Massive Ukrainian Reservoir, Endangering a Nuclear Plant. Npr.org, 10.2.2023.

2 Die Kaskade beginnt mit dem „Kiewer Meer“, einem nördlich der Hauptstadt gelegenen Stausee mit der doppelten Fläche des Bodensees (922 km^2), es folgt der Kaniv-Stausee südlich von Kiew (675 km^2), der Kremenčuk-Stausee (2252 km^2), der Kamjans'k-Stausee (567 km^2) und der Zaporižžja-Stausee (410 km^2) mit dem großen Dnipro-Wasserkraftwerk.

Okkupationspatrouille. Wasserkraftwerk Kachovka, 20.5.2022

Okkupationsobjekt. AKW Zaporižžja am Ufer des Kachovka-Stausees

Die Errichtung des Staudamms beschloss der Ministerrat der UdSSR per Erlass vom 20. September 1950. Das Dekret trägt den Titel: „Über den Bau des Wasserkraftwerks Kachovka am Dnepr, des Südukrainischen Kanals, des Nord-Krim-Kanals und die Bewässerung in der Südukraine und auf der Nord-Krim".[3] Damit waren die beiden zentralen Ziele genannt: Stromerzeugung und Bewässerung großer landwirtschaftlicher Flächen in der Trockensteppe. Errichtet wurde der Staudamm an einer schmalen Stelle des Dnipro, die bereits zu Zeiten des Großfürstentums Litauen zur Überquerung des Flusses genutzt wurde.

Der Kachovka-Stausee, der oft als „Meer" bezeichnet wird, hat das Leben der Menschen an seinen Ufern von Grund auf verändert. Er liefert Trink- und Brauchwasser, ermöglicht die Gewinnung von Strom, beherbergt Fischbestände und dient als Transportkorridor. Seit der Schaffung des Sees sind mindestens vier neue Städte entstanden: Nova Kachovka, Tavrijs'k, Dniprorudne und Ėnerhodar. Im Gebiet Cherson wurden Bewässerungssysteme mit einer Gesamtlänge von mehr als 12 000 Kilometern errichtet. Alleine der von 1961 bis 1971 gebaute Nord-Krim-Kanal, der den Hauptarm des Dnipro mit der Krim verbindet, ist 402 km lang. Über ihn wurden bis zum Jahr 2014 zu 85 Prozent des Süßwasserbedarfs der Halbinsel gedeckt. Nach der Annexion der Krim durch Russland sperrte die Ukraine den Nord-Krim-Kanal.[4]

Wasserkraft und Wasserkühlung: die Stromerzeugung

Nach der Fertigstellung des Damms stieg der Wasserstand des Dnipro an der Mauer auf eine Stauhöhe von 16 Metern. Das damit erhöhte Wasserkraftpotenzial ermöglichte die Errichtung eines Wasserkraftwerks mit einer installierten Leistung von 330 MW. Im Jahr 2016 begannen Planungen und eine öffentliche Debatte über den Bau eines zweiten Wasserkraftwerks Kachovka-2, das es ermöglichen soll, bislang ungenutzten Wasserabfluss aus dem Stausee zur Stromgewinnung einzusetzen. Wie die meisten Wasserkraftwerke in der Ukraine spielt auch jenes in Nova Kachovka eine wichtige Rolle beim Abdecken von Verbrauchsspitzen. Im Jahr 2021 wurden in dem Kraftwerk rund 1,4 Mrd. Kilowattstunden (kWh) Strom erzeugt, rund ein Prozent der ukrainischen Gesamtproduktion.

Eine viel größere Bedeutung haben die zwei riesigen Kraftwerke in Ėnerhodar, deren Errichtung durch die Schaffung des Stausees möglich wurde, da aus diesem das Kühlwasser für ihren Betrieb entnommen wird: das AKW Zaporižžja und das Kohle- und Gaskraftwerk Zaporižžja. Auf sie entfallen knapp 23 Prozent der installierten Kapazität in der Ukraine, und im Jahr 2021 wurden dort knapp 30 Prozent des in der Ukraine erzeugten Stroms produziert.

Das AKW Zaporižžja ist mit einer installierten Gesamtleistung von 6000 MW das größte Kernkraftwerk Europas. 15 Prozent der installierten Leistung aller ukrainischen Kraftwerke entfallen auf die sechs Blöcke in Ėnerhodar. Noch höher ist der Anteil an der Stromproduktion. Mit rund 40 Mrd. kWh im Jahr lag dieser bei etwa 25 Prozent. Das erhitzte Kühlwasser des Kraftwerks wird in einem Kühlteich auf seine ursprüngliche Temperatur zurückgebracht. Das Wasser dieses Kühlteichs wird dem Stausee

---

[3] Erlass des Ministerrats der UdSSR vom 20. September 1950, <http://docs.historyrussia.org/ru/nodes/246656#mode/inspect/page/1/zoom/4>.

[4] Siehe dazu Roland Götz: Wasserblockade. Die Ukraine, die Krim und Russland, in: OSTEUROPA, 7/2021, S. 117–131.

entnommen, erwärmtes Wasser in diesen zurückgeleitet. Anfang Februar 2023 sprach die Internationale Atomenergie-Organisation davon, dass ein weiteres Sinken des Pegels Anlass zur Sorge über die Sicherheit des AKW geben würde.[5] Das in unmittelbarer Nähe zu dem AKW stehende Kohle- und Gaskraftwerk Zaporižžja hat eine installierte Leistung von 3600 KW. Es erzeugt ca. sechs Mrd. kWh Strom pro Jahr, etwa vier Prozent der ukrainischen Stromproduktion und benötigt ebenfalls Wasser aus dem Kachovka-Stausee. Fällt der Wasserstand an der Staumauer in Kachovka von 16 Metern in den kritischen Bereich, der bei ca. 12,5–13,1 Meter beginnt, ist eine Kühlwasserversorgung aus dem Stausee nicht mehr möglich. Seit dem Überfall Russlands auf die Ukraine steht das Kraftwerk allerdings ohnehin still, weil es nicht mehr mit Kohle versorgt wird.

Strukturprägende Bewässerungslandwirtschaft

Der Kachovka-Stausee ist in der sonnenreichen südostukrainischen Trockensteppe von entscheidender Bedeutung für die Landwirtschaft. Über ein weitverzweigtes Kanalsystem wird Wasser aus dem Stausee an seinen Bestimmungsort gebracht. Der älteste große Bewässerungskanal ist der Nord-Krim-Kanal, der am linken Ufer des Stausees in der unmittelbar neben Nova Kachovka gelegenen Kleinstadt Tavrijs'k seinen Ausgang nimmt. Der Bau begann 1957, nachdem der Stausee den vorgesehenen Wasserstand erreicht hatte. Bereits 1963 versorgte der Kanal die nördliche Krim mit Wasser. Eine Verlängerung des Kanals sorgte dafür, dass seit 1975 Wasser aus dem Dnipro bis nach Kerč ganz im Osten der Krim geleitet werden kann. Von diesem Hauptkanal, der jedes Jahr nach Ende der Landwirtschaftssaison trockengelegt wird, zweigen zahlreiche kleinere Kanäle ab, die auch der Bewässerung großer landwirtschaftlicher Flächen im links des Dnipro gelegenen Teil des Gebiets Cherson dienen.

Bereits am dritten Tag nach Beginn der großangelegten Invasion in die Ukraine sprengten die russländischen Truppen den Damm, der den Nord-Krim-Kanal abgesperrt hatte. Vier Wochen später erreichte die Krim wieder in gleichem Umfang Wasser über den Kanal wie vor dem Jahr 2014. Die rasche Zerstörung des Damms spricht dafür, dass die Beseitigung des Wasserproblems auf der Krim eine der Aufgaben der Invasionstruppen in der Südukraine war.[6] Ein vierminütiges Video, das die Sprengung des Damms zeigt, ist mit den Sätzen untertitelt:

> Russländische Soldaten haben den Damm gesprengt, der den Weg des Dnepr-Wassers auf die Krim versperrte. Der Nord-Krim-Kanal wird schon bald wieder die wichtigste Wasserader der Halbinsel sein. Den Damm hatten im Jahr 2014 ukrainische Nationalisten zum Zweck einer Wasserblockade der Krim errichtet. Russland hat den Abzweig des Nord-Krim-Kanals im Gebiet Cherson unter seinen Schutz gestellt.[7]

---

[5] Update 145 – IAEA Director General Statement on Situation in Ukraine, <www.iaea.org/ newscenter/pressreleases/update-145-iaea-director-general-statement-on-situation-in-ukraine>.

[6] „Bol'šaja kraža“: kak Rossija pustila dneprovskuju vodu v Krym i čem ėto črevato, <www.bbc.com/russian/news-62053284>.

[7] <www.youtube.com/watch?v=0rDoJSUo75c>.

Ende der 1960er Jahre begannen erste Arbeiten für die Errichtung eines weiteren großen Bewässerungssystems: der Kachovka-Kanal. Er nimmt seinen Ausgang ebenfalls am linken Stauseeufer, 18 km stromaufwärts vom Ursprung des Nord-Krim-Kanals. Während dieser in einem Erdbett verläuft und jedes Jahr nach Ende der Bewässerungssaison trockengelegt wird, verfügt der Kachovka-Kanal über ein Betonbett und ist ganzjährig mit Wasser gefüllt. Nach der Inbetriebnahme des Hauptkanals 1980 und der Errichtung von Verteilungskanälen konnten etwa 220 000 Hektar Land zusätzlich bewässert werden, davon 190 000 im Gebiet Cherson und 30 000 im Südwesten des Gebiets Zaporižžja.[8] Auch ist der Kanal von zentraler Bedeutung für die Süßwasserversorgung der wasserarmen ukrainischen Küstengebiete am Asowschen Meer. Dies gilt insbesondere für die Industriestadt Berdjans'k mit ihren gut 100 000 Einwohnern (vor dem 24.2.2022), die seit 2004 über eine 175 Kilometer lange unterirdische Rohrleitung an den Kanal angebunden ist,[9] aber auch für weitere 300 000 Menschen im Süden des Gebiets Zaporižžja.

Der Ausbau der Bewässerungssysteme seit den frühen 1960er Jahren hat im Süden der Ukraine zu grundlegenden Veränderungen geführt. Mit der Überwindung der Wasserknappheit im sonnenreichen Gebiet Cherson ist eine agroindustrielle Kulturlandschaft entstanden.[10] Die Zunahme der bewässerten Flächen ging mit einem Bevölkerungszuwachs einher. Die Bewässerungsfeldwirtschaft schafft Arbeitsplätze, etwa weil Personal zur Instandhaltung der Bewässerungssysteme benötigt wird ober weil die Bewässerung den Anbau von Kulturen ermöglicht, deren Aussaat, Ernte und Verarbeitung vergleichsweise arbeitsintensiv ist.[11]

Besonders deutlich zeigt sich der Zusammenhang zwischen Bewässerung und Bevölkerungsentwicklung im Gebiet Cherson, wenn man die Entwicklungen auf der Ebene der Landkreise betrachtet.[12] In jenen Kreisen, in denen der Anteil bewässerter landwirtschaftlicher Flächen zwischen 1959 und 2001 besonders stark stieg, nahm auch die Bevölkerung stark zu. In Kreisen, in denen kaum Bewässerungsfeldwirtschaft betrieben wird, schrumpfte hingegen die Bevölkerung.[13]

---

8 Kachovs'kyj mahistral'nyj kanal, in: Encyklopedija Sučasnoji Ukrajiny, <https://esu.com.ua/article-11150>.

9 Zur Geschichte der Rohrleitung, deren Bau bereits 1988 begann, siehe: Istoria odnoj truby. zn.ua, 12.2.2010.

10 I. Gukalova, D.S. Malchykova, I.O. Pylypenko: Irrigation of the Steppe Regions in Ukraine: Geographical Features of Nature-Society Co-Adaptation (on Example of Kherson Region), in: Scientific Herald of Chernivtsi University. Geography Nr. 762-763/2015, S. 15–23. – R.S. Molikevych: Some Aspects of the Latest Flooding in the Kherson Region. Bulletin of Odessa National University. Geographical and Geological Sciences, Ausgabe 24, Bd. 2(41), 2022, S. 44–66.

11 Daria Malchykova, Ihor Pylypenko, Olena Shelukhina: Spatial Analysis of Environmental and Ameliorative Factors of Rural Area Development. International Multidisciplinary Scientific Geo Conference: SGEM, 18(5.2), 2018, S. 889–896. – O. Maškova: Suspil'no-heohrafične doslidžennja heoprostorovoji neodnoridnosti umov žyttjedijal'nosti sil's'koho naselennja rehionu. Odesa 2008. – Siehe auch Brian Kuns: „In These Complicated Times“: An Environmental History of Irrigated Agriculture in Post-Communist Ukraine, in: Water Alternatives, 3/2018, S. 866–892. – Ders.: Beyond Coping: Smallholder Intensification in Southern Ukraine, in: Sociologia Ruralis, 4/2017, S. 481–506.

12 Bis zur Verwaltungsreform im Jahr 2020 bestand das Gebiet aus 18 Kreisen und den vier kreisfreien Städten Cherson, Kachovka, Nova Kachovka und Hola Prystan', von denen zwei umfangreiche Agrargebiete auf dem Stadtgebiet hatten. Seit 2020 ist das Gebiet in fünf Kreise gegliedert. Die alte Verwaltungsstruktur eignet sich jedoch besser, um die regional unterschiedliche Entwicklung zu verdeutlichen.

13 Herangezogen werden die Daten der gesamtsowjetischen Volkszählung 1959, als die großflächige Bewässerung noch in den Anfängen steckte, und der Volkszählung in der Ukraine im

Ursprünglich sollte die Schaffung von Bewässerungssystemen eine Ausweitung des Getreideanbaus ermöglichen. Doch im Laufe der Jahre stellten immer mehr Agrarbetriebe auf den Anbau von Gemüse und Melonen um. Dieser Trend begann zu sowjetischen Zeiten und verstärkte sich mit dem Ende der Planwirtschaft. Mit diesen Kulturen lässt sich ein höherer Ertrag erzielen, zugleich sind sie arbeitsintensiver. Beim Getreideanbau werden rund 40 Personenstunden pro Jahr und Hektar benötigt, bei Freiland-Gemüsekulturen mindestens 1000. Mittels einer Korrelationsanalyse lässt sich auch hier zeigen, dass die Spezialisierung eines Landkreises auf den Gemüseanbau zu einer höheren Bevölkerungsdichte geführt hat.[14] In den fünf Landkreisen mit dem höchsten Anteil bewässerter Agrarflächen liegt die durchschnittliche Dorfgröße zwischen 730 und 1300 Einwohnern. In den fünf Kreisen, in denen die Bewässerungsfeldwirtschaft die geringste Rolle spielt, liegt die Dorfgröße hingegen zwischen 280 und 325 Personen. Im Mittel leben im Gebiet Cherson 650 Personen in einem Dorf.

Auf den Gemüseanbau folgte die Lebensmittelindustrie. Im Kreis Kachovka etwa hat sich der größte Tomatenverarbeitungsbetrieb Ostmittel- und Osteuropas angesiedelt. Das Mitte der 1990er Jahre von zwei jungen Schweden gegründete Unternehmen *Čumak* hatte vor der Besatzung durch russländische Truppen ca. 1500 Beschäftigte. Allein für die Ketchup- und Soßenproduktion wurden über 60 000 Tonnen Tomaten pro Jahr verarbeitet.[15] Nach dem Einmarsch der russländischen Truppen wurden die Betriebe geplündert und Teile der Anlagen offenbar nach Russland verbracht. Kaum anders erging es vermutlich dem Unternehmen *Agrofusion*, für das in Hola Prystan' vor 2022 in der Fabrik *Južnyj zavod* rund 900 Menschen bis zu 15 000 Tonnen Tomaten pro Jahr vor allem zu Tomatenmark verarbeiteten.[16] Die Produktion ist eingestellt; verlässliche Informationen über den Zustand liegen nicht vor.

Katastrophale Folgen einer Sprengung der Staumauer

Leider besteht Grund zu der Annahme, dass Russlands Besatzungstruppen den Wasserspiegel des Kachovka-Stausees in den ersten Monaten des Jahres 2023 gezielt abgesenkt haben, um bei bestimmten Entwicklungen des Kriegsgeschehens die Staumauer zu sprengen. Es steht zu befürchten, dass dieser Moment gekommen wäre, wenn Russland zu einem vollständigen Rückzug seiner Truppen aus den Gebieten Cherson und Zaporižžja gezwungen wird. Die Flutwelle in den zum Zeitpunkt der Sprengung vielleicht noch nicht vollständig geräumten Gebieten links des Dnipro wären mit dem aktuellen Wasserstand

---

Jahr 2001, als der Anteil der bewässerten Flächen auf dem Höchststand war, bevor er mit der Agrarreform aus demselben Jahr, bei der die Kollektivwirtschaften abgeschafft wurden, zu sinken begann. In den vier Kreisen mit dem größten Anteil bewässerter Fläche im Jahr 2001 (zwischen 26,7 und 41,2 Prozent) nahm die Bevölkerungszahl in den vorausgehenden 40 Jahren um das 1,5- bis 3,5-fache zu. In den vier Kreisen mit dem geringsten Anteil (0,2–3 Prozent) schrumpfte hingegen die Bevölkerung um 10 bis 20 Prozent. Insgesamt zeigt sich mit einem Korrelationskoeffizient von 0,867 ein starker Zusammenhang.

[14] Herangezogen wurde ein Lokalisationskoeffizient, der angibt, wie stark die Gemüseproduktion pro Kopf in den untersuchten Landkreisen von dem entsprechenden Wert im gesamten Gebiet Cherson abweicht. Die Korrelation zwischen diesem Lokalisationskoeffizienten und der Bevölkerungsdichte beträgt 0,944, es liegt also ein starker unmittelbarer Zusammenhang vor.

[15] Internetseite des Unternehmens, <https://en.chumak.com/about>.

[16] Internetseite des Unternehmens, <www.inagro.ua/about-us/>.

weniger verheerend als im Falle einer Zerstörung der Staumauer bei vollem Füllstand des Sees. Die Folgen für die Menschen im Südosten der Ukraine und die gesamte ukrainische Wirtschaft wären jedoch katastrophal. Drei Kraftwerke, auf die vor Russlands Überfall 30 Prozent der ukrainischen Stromproduktion entfielen, könnten nicht mehr betrieben werden. Das bisherige System der Trinkwasserversorgung von etwa 400 000 Menschen im ukrainischen Küstengebiet des Asowschen Meers, einschließlich der Städte Melitopol' und Berdjan'sk, würde zerstört. Zudem könnte die seit Jahrzehnten etablierte Bewässerungslandwirtschaft nicht mehr fortgeführt werden. Damit wäre die Existenzgrundlage von 280 000 bis 420 000 Menschen in den südostukrainischen Agrargebieten zerstört. Auch auf der Krim würde wieder der Wassernotstand der Jahre 2014–2022 herrschen. Russland würde von der Sonne verbrannte Erde hinterlassen.

Aus dem Russischen von Anselm Bühling, Berlin

Schlagwörter:
Ukrainekrieg, Besatzung, Kachovka-Stausee, Atomkraftwerk Zaporižžja, Nord-Krim-Kanal, Agrarwirtschaft, Energieversorgung, Bewässerungssystem

Angelina Davydova, Oleksii Vasil'juk

Ökozid

Die Umweltfolgen des Kriegs gegen die Ukraine

Russlands Krieg gegen die Ukraine bringt Tod und Zerstörung. Er trifft nicht nur Menschen und Infrastruktur. Der Krieg ist auch ein Angriff auf Flora und Fauna. Mit Vorsatz oder als Folge der Militäroperationen wird die Umwelt massiv geschädigt. Wertvolle Waldbestände sind verbrannt, einzigartige Naturlandschaften wie die Kreideberge im Tal des Sivers'kij Donec' wurden zerstört. Naturschutzgebiete und Biosphärenreservate an den Küsten des Asowschen und Schwarzen Meeres sind zu Kriegsschauplätzen geworden. Verlässliche Daten über das Ausmaß der Schädigung gibt es noch nicht. Doch besteht Anlass zur Sorge, dass bei einigen endemischen Arten irreversible Verluste zu beklagen sind.

Seit dem 24. Februar 2022 führt Russland einen umfassenden Krieg gegen die Ukraine. Die frontnahen Gebiete der Ukraine sind vollständig verwüstet, auch im Hinterland gibt es massive Zerstörungen der Industrie- und Energieinfrastruktur. Ein Drittel der Ukraine war zeitweise besetzt, ein Sechstel ist es bis heute. Die befreiten Gebiete sind vermint, teilweise wurden sie erst nach der Befreiung zum Ziel von russländischen Angriffen. Etwa 14 Millionen Menschen, über ein Drittel der Bevölkerung, sind vor dem Krieg geflohen, rund acht Millionen ins Ausland, rund sechs Millionen sind Binnenvertriebene.

Die Angriffe auf die ukrainische Infrastruktur haben auch erhebliche Umweltschäden verursacht. Vom ersten Tag an griff Russland Treibstoffdepots und Tankstellen an. Bald wurden auch Gaspipelines, Ammoniaklager, Lagerhäuser für Agrochemikalien und kommunale Kläranlagen zum Ziel von Artilleriegranaten, Marschflugkörpern und Drohnen. In der Umgebung von Severodonec'k, Liman und Izjum sind bei Militäroperationen bis zu 30 000 Hektar Wald verbrannt, in den radioaktiv kontaminierten Wäldern des Biosphärenreservats Tschernobyl brannte es auf etwa 24 000 Hektar und im Gebiet Cherson gibt es massive Schäden in Schutzgebieten auf einer Fläche von etwa 8000 ha.

Doch es lässt sich nicht sagen, welche Tiere und Pflanzen von Verseuchung der Böden, Bränden oder anderen Auswirkungen des Kriegs betroffen sind und in welchem Ausmaß. Es fehlen bereits verlässliche Zahlen über die Vorkriegsbestände von großen Säugetieren oder Insekten, von Pilzen, Pflanzen und Mikroorganismen.

Angelina Davydova, Umweltjournalistin, Climate Projects Coordinator, n-ost e.V., Expertin der Ukraine War Environmental Consequences War Group

Von Angelina Davydova erschien in OSTEUROPA: Keine Bananen aus Sibirien! Klimawandel und Klimapolitik in Russland, in: OE, 7–9/2020, S. 33–44.

Oleksii Vasil'juk, Experte der Ukraine War Environmental Consequences War Group

OSTEUROPA, 73. Jg., 1–2/2023, S. 61–68 **doi: 10.35998/oe-2023-007**

Verdichtung und Kontamination von Böden

Am stärksten von allen Ökosystemen ist der Boden mit seinen Gräsern, Moosen, Flechten, Pilzen und einer unendlichen Zahl der Kleinstlebewesen von den Kriegshandlungen betroffen. Im Frontgebiet kommt es großflächig bis in erhebliche Tiefe zu Zerstörung der Bodenschichten durch Panzer und andere schwere Fahrzeuge. Auch die Druckwellen von Detonationen lösen Bodenverdichtungen aus.

Im Durchschnitt bewegt die Explosion von einem Kilogramm Sprengstoff 1,5 Kubikmeter Boden. Eine 250 kg-Bombe hinterlässt einen Krater von bis zu acht Meter Durchmesser und vier Meter Tiefe, 375 Kubikmeter Erde werden bewegt.

In den Kratern ist der Boden hochgradig verdichtet –und verdichteter Boden ist degradierter Boden, in dem der gesamte Feuchtigkeitskreislauf gestört ist. Es dauert Jahre, wenn nicht Jahrzehnte, bis der Boden sich regeneriert und die zerstörte Vegetation und dann langsam auch die vertriebenen Tiere zurückkehren.[1]

Besonders gravierend ist es, wenn bei Explosionen auch die wasserdichte Schicht des Grundgesteins zerstört wird. Dann kann der Boden Wasser nicht mehr oder nur noch in geringerem Maße Oberflächenwasser speichern, Versauerung von Böden ist eine häufige Folge.[2]

Zur Bodenverdichtung kommt die langfristige Belastung der Böden mit den Überresten von Kampfmitteln. Bei der Detonation von Munition entstehen neben Kohlenstoffdioxid und Wasserdampf Schwefeldioxid, Stickoxide, Kohlenmonoxid sowie hochgiftige aromatische Kohlenwasserstoffe. Sie kontaminieren die Atmosphäre und gelangen über den Niederschlag in die Böden.

Eine besondere Gefahr stellen Kleinstsplitter von Artilleriegranaten dar. Geschosse des Kalibers 120 mm und 152 mm hinterlassen 1600–2350 bzw. 2700–3500 Splitter mit einem Gewicht von einem Gramm. Die Granaten bestehen häufig aus einer Gusseisenlegierung, der neben Eisen und Kohlenstoff auch Schwefel und Kupfer zugesetzt sind. Bei der Oxidation der Splitter gelangt etwa das Schwermetall Kupfer in den natürlichen Kreislauf. Es hemmt das Wachstum von vielen Mikroorganismen oder zerstört sie sogar. Gleichzeitig gelangen die teils toxischen Stoffe in die Nahrungsketten.[3]

Je stärker die Bodenstruktur zerstört ist, desto größer ist die Gefahr, dass toxische Stoffe über den Grundwasserleiter und Wasserläufe über weite Distanzen transportiert werden und auch dort Ökosysteme schädigen, wo keine unmittelbaren Kriegshandlungen stattgefunden haben.

Der Krieg verschärft somit Probleme, die in der Ukraine bereits lange bekannt waren. Fast 16 Millionen Hektar Land, knapp ein Viertel der Fläche der Ukraine, waren von Erosion beeinträchtigt. Wie groß die beeinträchtigten oder schwer geschädigten Flächen nach dem Krieg sind, wird sich erst in langjähriger Arbeit bei der Dokumentation der Kriegsfolgen erweisen.

---

1 <https://ceobs.org/geodiversity-also-needs-protection-during-armed-conflicts/>.

2 Drew Heiderscheidt: The Impact of World War one on the Forests and Soils of Europe, in: Ursidae: The Undergraduate Research Journal at the University of Northern Colorado: 3/2018, <https://digscholarship.unco.edu/cgi/viewcontent.cgi?article=1175&context=urj>.

3 Oleksii Vasyliuk, Valeriia Kolodezhna: Future of munitions-damaged Ukrainian lands: Ukraine War Environmental Consequences Work Group, 27.6.2022, <https://uwecworkgroup.info/future-of-munitions-damaged-ukrainian-lands/>.

Zerstörung von Wald

Zu großen Waldbränden kam es überall dort, wo intensive Gefechte stattfanden, so etwa in der Gegend von Severodonec'k und Lyman im Norden des Gebiets Donec'k und bei Izjum in Südosten des Gebiets Charkiv. Mindestens 44 000 Hektar der verbrannten Wälder lagen in Naturschutzgebieten. Betroffen sind unter anderem der Nationalpark *Svjati Hory* (Heilige Berge) im Norden des Gebiets Donec'k zwischen Slovjan'sk, Lyman und Bachmut. Dort sind mehr als ein Viertel des Waldbestands verbrannt. Großflächige Waldbrände gab es aber auch im Gebiet Cherson und in der Tschernobyl-Zone nördlich von Kiew. Bereits in den Jahren 2014–2022 wurden durch den Krieg im Osten der Ukraine etwa 60 000 Hektar Wald in der Steppenzone durch Brände zerstört. Für die Steppe sind diese Wälder, die vor 90 Jahren unter enormen Anstrengungen geschaffen wurden, äußerst wichtig. Weitere 24 000 Hektar Wald wurden während des Rückzugs der russländischen Truppen aus der Tschernobyl-Zone vernichtet.

Die Sperrzone von Tschernobyl war nach der Explosion im Kernkraftwerk im April 1986 eingerichtet worden.[4] Etwa 116 000 Menschen wurden damals zwangsevakuiert. Seit der Katastrophe ist die Sperrzone das am stärksten radioaktiv belastete Gebiet der Erde. Die Natur hat ehemalige Kolchosen, Dörfer und Felder erobert, es ist ein natürlicher Wald entstanden, der größte zusammenhängende in Ostmitteleuropa. An dem Ort einer vom Menschen verursachten Katastrophe ist eine Oase der Tierwelt entstanden. Seit 2016 ist die Zone als Biosphärenreservat ausgewiesen. Dort gelten besondere Sicherheitsvorschriften. Damit die im Boden lagernden radioaktiven Isotope nicht aufgewirbelt werden, ist es verboten, dort zu graben. Es darf kein Holz geerntet und kein offenes Feuer gemacht werden. Die russländischen Truppen haben sich an keine der Sicherheitsregeln gehalten. Bei den von ihnen verursachten Waldbränden wurden strahlende Partikel freigesetzt und großflächig verbreitet.

Brennendes Land am linken Dnipro-Ufer im Gebiet Cherson

[4] Tschernobyl. Vermächtnis und Verpflichtung. Berlin 2006 [= OSTEUROPA, 4/2006].

Schädigung von Schutzgebieten

Im Süden der Ukraine liegen mehrere Schutzgebiete von europäischer Bedeutung. An der Nordküste des Schwarzen und des Asowschen Meeres befindet sich der Syvaš. Dieses spezielle Ökosystem aus flachen Buchten mit stark salzhaltigem Wasser trennt die Krim vom ukrainischen Festland. Im Gebiet Cherson befinden sich die UNESCO-Biosphärenreservate Schwarzes Meer und Askanija Nova, die 1984 bzw. 1985 als erste der mittlerweile acht Reservate in der heutigen Ukraine diese Klassifizierung erhielten.
Entlang der ukrainischen Küste des Asowschen und des Schwarzen Meeres gibt es 22 Feuchtgebiete von internationaler Bedeutung, acht nationale Naturparks und etwa 30 Gebiete des europäischen Emerald Network.[5] Diese Schutzgebiete umfassen die gesamte Nordküste des Schwarzen Meeres und des Asowschen Meeres in der Ukraine: von der Donaumündung im Westen bis zur Kryvaja Nehrung im Asowschen Meer im Osten. Es handelt sich um einzigartige Ökosysteme wie Nehrungen, Buchten, Lagunen, ausgedehnte Flussdeltas und einzigartige flache Landschaften mit Salzseen: All diese Merkmale haben die nördliche Schwarzmeerküste seit Tausenden von Jahren zu einem der wichtigsten Sammelplätze und Lebensräume von Wasservögeln in Europa gemacht.
Askanija Nova wurde bereits 1919 zur Zeit der Ukrainischen Volksrepublik zum Naturschutzgebiet erklärt. Dem ging eine fast hundertjährige Geschichte voraus. 1828 gründete Herzog Friedrich Ferdinand von Anhalt-Köthen eine Kolonie in der Steppenzone und baute in den folgenden Jahren eine große Schafzucht auf. 1874 schuf die Familie einen Zoo, 1887 kam ein Botanischer Garten hinzu. Vor allem aber begann der Urenkel des Herzogs Friedrich von Fein-Falz in den 1890er Jahren zuerst Elenantilopen und später Przewalski-Pferde dort anzusiedeln, später kamen auch Bisons und Zebras hinzu. Die Oktoberrevolution und die beiden Weltkriege hinterließen auch in dem Reservat ihre Spuren. Doch die natürliche Steppenvegetation, der Dendropark und die Vielzahl der an die speziellen Lebensbedingungen angepassten Tiere haben die Zerstörungen überlebt und sich später erholt.[6]
Askanija Nova ist ein wichtiger Ort für die Erhaltung bedrohter Arten unter halbfreien Bedingungen. Askanija war an der Rettung des europäischen Wisents beteiligt und spielt heute eine wichtige Rolle bei der Stabilisierung und Regeneration der weltweiten Saiga-Population. In dem Reservat gibt es auch ein Arboretum mit jahrhundertealten Bäumen. Die Tiere, die hier leben, sind heute nicht mehr einfach Exoten aus anderen Ländern. Die askanischen Zebras, Przewalski-Pferde und Bisons wurden seit über 100 Jahren unter wissenschaftlicher Begleitung an einen neuen Lebensraum gewöhnt.
Ende Februar 2022 geriet die Gegend, in der Askanija Nova liegt, unter russländische Besatzung. Gleichwohl konnte das Reservat unter schwierigen Bedingungen als ukrainische Einrichtung weiterarbeiten. Eine wichtige Rolle spielten Spenden aus dem von der Ukraine kontrollierten Gebiet, aus der EU und aus den USA. Trotz des erzwungenen Rückzugs aus den rechts des Dnipro gelegenen Teils des Gebiets Cherson hat Russland

---

5 <https://emerald.eea.europa.eu/>.
Siehe dazu die Karte in diesem Band.

6 In der Pflanzen- und Tierzucht versteht man unter Akklimatisierung die genetische Adaptation von Kulturpflanzen und Haustieren durch Auslese und Züchtung nach der Umsiedlung in klimatisch unterschiedliche Gebiete.

Ukraine
Kachovka-Stausee
Kirovohrads'ka
Dnipro
Dnipropetrovs'ka
Donec'k
Kryvyi Rih
Zaporižžja
Donec'ka
Kachovka-Stausee
Enerhodar
Mykolaïvs'ka
Odes'ka
Zaporiz'ka
Mariupol'
Mykolaïv
Melitopol'
Berdjans'k
Rohrleitung
Moldova
Nova Kachovka
Kachovka-Kanal
Chersons'ka
Azovsches Meer
Russland
Schwarzes Meer
Nord-Krim-Kanal
Kerč
Autonome Republik Krim
Simferopol'
Sevastopol'
Atomkraftwerk Zaporižžja
VVER-Reaktor (1000 MW)
Gas-/Kohlekraftwerk Zaporižžja
Kohle (300 MW)
Erdgas (800 MW)
Wasserkraftwerk (300 MW)
Kanal, Rohrleitung
seit 2014 von Russland besetzt
nach dem 24.2.2022 besetzt
Einwohnerzahl in Tsd.
500 - 1000
250 - 500
100 - 250
sonstige Stadt
Staatsgrenze
Gebietsgrenze
0 100 km
Kartographie: S. Dutzmann Leipzig, 2023
Quelle: eigene Zusammenstellung
osteuropa 1-2 | 2023

Ukraine
Schutzgebiete des Emerald Network
Belarus
Polen
Russland
SK
H
Rumänien
Moldova
Volyn's'ka
Luc'k
Rivnens'ka
Rivne
Žytomyrs'ka
Žytomyr
KIEW
Černihiv
Černihivs'ka
Sums'ka
Sumy
L'viv
L'vivs'ka
Ternopil'
Ternopil's'ka
Chmel'nyc'ka
Chmel'nyc'kyi
Vinnycja
Vinnyc'ka
Kyïvs'ka
Čerkasy
Čerkas'ka
Poltavas'ka
Poltava
Charkiv
Charkivs'ka
Luhans'ka
Luhans'k
Užhorod
Ivano-Frankivs'k
Ivano-Frankivs'ka
Zakarpats'ka
Černivci
Černivec'ka
Kirovohrad
Kirovohrads'ka
Dnipropetrovs'k
Dnipropetrovs'ka
Donec'ka
Donec'k
Zaporižžja
Zaporiz'ka
Mykolaïvs'ka
Mykolaïv
Odes'ka
Odesa
Chersons'ka
Cherson
Izmaïl
Azovsches Meer
Schwarzes Meer
Autonome Republik Krim
Simferopol'
0
100 km
Schutzgebiete nach dem Übereinkommen über die Erhaltung der europäischen wildlebenden Pflanzen und Tiere und ihrer natürlichen Lebensräume (Berner Konvention)
ausgewiesene Gebiete
vorgeschlagene Gebiete
Staatsgrenze
Gebietsgrenze
Hauptstadt
Gebietshauptstadt
Quelle: Europäische Umweltagentur
Kartographie: S. Dutzmann Leipzig, 2023
osteuropa 1-2 | 2023

hier, am linken Ufer des Dnipro, seine Besatzungspolitik fortgesetzt. Ende März 2023 kam der erste stellvertretende Leiter der russländischen Präsidialverwaltung Sergej Kirijenko in das Reservat und stellte einen „neuen Direktor“ des Reservats vor, der von den russländischen Behörden eingesetzt wurde.[7] Seit diesem Zeitpunkt ist der Erhalt des Biosphärenreservats Askanija Nova durch die Ukraine nicht mehr gewährleistet. Auch die Unterstützung der Arbeit des Reservats durch Spenden, auch internationale Spenden, ist nicht mehr möglich, solange die Region Cherson besetzt ist.

Schädigung von Flora und Fauna

Die ukrainischen Küstengebiete am Schwarzen Meer sind wichtige Stationen für zahlreiche Zugvögel, deren Routen über diese Gegenden führen. Flache Gewässer, die auch im Winter nur selten zufrieren, bieten Millionen Vögeln Nahrung, darunter Eiderenten oder Austernfischer. Die Bevölkerungsdichte ist in diesen Gegenden gering, und die Zugvögel stoßen auf nur wenige natürliche Feinde. Manche Arten finden im Dnipro-Bug-Liman, etwa auf der Kynburn-Halbinsel im Nationalpark Biloberežžja Svjatoslava oder im Nationalpark Tuzlovs’kyj Liman im Gebiet Odessa ihre Winterquartiere. Andere verbringen den Winter in Südeuropa oder Afrika und rasten im Frühjahr und im Herbst in der Südukraine.

Doch auch hier kam es zu Kriegshandlungen. Sie erstreckten sich über fast die gesamte ukrainische Meeresküste und betrafen die wichtigen Vogelschutzgebiete. Auf der Kynburn-Nehrung, auf der drei Schutzgebiete liegen, gab es großflächige Brände, ebenso im Nationalpark Unterer Dnipro (Nižn’odneprovs’kyj) vor den Toren der Stadt Cherson. Die Kämpfe begannen während der Überwinterung der Vögel und hielten über die Brutzeit hinweg an. Auch wenn seit Beginn der Invasion Vogelzählungen nicht mehr möglich sind, lässt sich mit Sicherheit sagen, dass die Kampfhandlungen gravierende Folgen für die Populationen haben.

Dies gilt nicht nur für die verschiedenen Zugvögel, sondern umso mehr für endemische Arten, die an die ganz spezifischen Bedingungen lokaler Biotope angepasst sind. Das Überleben einer solchen Art hängt davon ab, dass ihr spezieller Lebensraum erhalten bleibt. In den Gebieten Cherson und Mykolajiv sind 21 Pflanzenarten nachgewiesen, die es nur dort und sonst nirgendwo auf dem Planeten gibt.[8] Einige dieser Pflanzen haben ein Habitat von gerade einmal 15 Hektar, entsprechend klein ist die Population. Vor dem Krieg standen die meisten von ihnen nicht auf der „Roten Liste“ der „weltweit gefährdeten“ Arten. Wo die Lebensräume solcher Pflanzen zum Schauplatz von Stellungskämpfen mit ununterbrochenem Artilleriebeschuss geworden sind, könnten einzigartige Spezies bereits jetzt für immer verloren sein. Bedroht ist ein einzigartiges Erbe, das über viele Jahrtausende durch komplexe natürliche Prozesse und Millionen von Zufällen entstanden ist – das Ergebnis der Evolution.

---

7 Oleksii Vasyliuk: Askania Nova Biosphere Reserve captured by invaders, in: Ukraine War Environmental Consequences Work Group, 10.4.2023, <https://uwecworkgroup.info/askania-nova-biosphere-reserve-captured-by-invaders/>.

8 Oleksii Vasyliuk: 20 plants that could disappear because of Russia’s invasion of Ukraine. Ukraine War Environmental Consequences Work Group, 29.6.2022.

Ein solcher Ort ist das „Tal der Hügel" (Dolina kurhaniv) im Kreis Hola Prystan' am linken Ufer des Dnipro-Ästuars. Dort gibt es nicht nur zahlreiche Grabhügel aus verschiedenen Epochen der Menschheitsgeschichte. Das Tal, in dem früher der Dnipro verlief, ist Schwemmland mit einem einzigartigen Reichtum geschützter Arten. Nur die Kuppen der Hügel werden nicht vom Salzwasser erreicht. Entsprechend groß ist der Artenreichtum in diesem sehr speziellen Biotop.[9] Vor dem Krieg gab es Pläne, dort ein Schutzgebiet einzurichten. Heute haben dort die russländischen Besatzungstruppen Verteidigungsstellungen errichtet.

Noch schlimmer ist die Lage im Nationalpark Svjati Hory am linken Ufer des Sivers'kij Donec' im Norden des Gebiets Donec'k zwischen Severodonec'k und Slov'jans'k. In den dortigen Kreidefelsen wächst etwa die Kreidekiefer, eine voreiszeitliche Reliktpflanze. Von fast 1000 Pflanzenarten stehen 50 auf der roten Liste der Ukraine, viele davon sind endemisch und finden sich nur an diesem Ort. Arten wie die Wüstenrennmaus, der Grauhamster und andere Kleintiere stehen auf der globalen Roten Liste. Dort befindet sich auch das bekannte Kloster Svjatohirs'k, das im Frühjahr und Sommer 2022 mehrfach von der russländischen Armee beschossen wurde.

Heute sind viele der Kreidehänge von Artilleriegeschossen zerstört, Panzer und andere schwere Militärfahrzeuge haben die Steppenzone fast vollständig zerfurcht. Panzergräben und Schützengräben durchziehen eine zuvor nahezu unberührte Landschaft.

Bedrohung durch Dammbrüche

Staudämme sind in Kriegszeiten sensible Objekte. In der Ukraine gilt die Sorge den Dämmen der Dnipro-Kaskade. Zwei Drittel der Bevölkerung werden mit Wasser aus den sechs Stauseen des Dnipro versorgt. Bräche einer der Dämme der Kaskade, würde dies zu einer Katastrophe führen. Im Jahr 2022 waren einige Staudämme der Dnipro-Kaskade bereits in den ersten Tagen der Invasion Orte des Kriegsgeschehens. Am 26. Februar versuchten russländische Truppen, die Staumauer des nördlich von Kiew gelegenen Kiewer Stausees zu überschreiten, wurden jedoch zurückgeschlagen. Am gleichen Tag gab die ukrainische Armee an, eine Rakete abgefangen zu haben, die auf die Staumauer gezielt habe.[10]

Keine der großen Staumauern am Dnipro wurde bislang beschädigt. Dass die Befürchtungen nicht aus der Luft gegriffen sind, zeigen die Zerstörung eines Staudamms am Irpen' bei Kiew sowie am Fluss Oskil an der Grenze zwischen den Gebieten Charkiv und Donec'k.[11] Die historische Erfahrung gibt der Sorge Nahrung. Während des Zweiten Weltkriegs sprengten sowjetische Truppen 1941 beim Rückzug vor der herannahenden Wehrmacht die Staumauer des Dnipro-Wasserkraftwerks bei Zaporižžja. Die Zahl der Toten ist unbekannt, die Schätzungen unterscheiden sich sehr stark, oft ist von 20 000 Menschen die Rede, die ihr Leben verloren, gelegentlich sogar von 100 000, manche halten aber auch die kleinere Zahl für viel zu hoch.[12]

---

9 Dolina kurhaniv – buti, <https://khoda.gov.ua/dolin%D1%96-kurgan%D1%96v----buti%21>.

10 Okupanty choteli znyščyty Kyivs'ke vodoschovišče. Dyvys.info, 26.2.2022.

11 Na dambe čerez reku Irpen' vzorvany šljuzy: voda zataplivaet dolinu reki. Unian, 26.2.2022.

12 Ukrainian Activists Draw Attention To Little-Known WWII Tragedy. Radio Free Europe, 23.8.2013. – Zweifel an den hohen Zahlen äußert: V.A. Linikov: Pidriv Dniprovskoji hrebli 18 serpnja 1941 r., in: Muzejnyj Visnyk. Naukovo-teoretičnyj ščoričnik. Nr. 12. Zaporižžja 2012, S. 226–230.

Staumauer des Zaporižžja-Sees nach der Sprengung durch sowjetische Truppen 1941

9000 Hektar verlandet. Stausee am Oskil im Dezember 2022

Die größte Sorge bereitet heute der Kachovka-Staudamm. Der gleichnamige Stausee versorgt mehrere Großstädte mit Trinkwasser. Vor allem für die Landwirtschaft im Südosten der Ukraine spielt das Wasser eine enorm wichtige Rolle. Am Ufer des Kachovka-Stausees befindet sich auch das größte Atomkraftwerk Europas, das AKW Zaporižžja, dessen sechs Blöcke für die Kühlung auf Wasser aus dem See angewiesen sind.[13] Allerdings verfügt das AKW über einen Kühlteich mit einem Volumen von 40 Millionen Kubikmetern.[14] Mittelfristig würde ein starkes Sinken des Pegels des Kachovka-Stausees jedoch durchaus Probleme bei der Kühlwasserversorgung der sechs Reaktoren bereiten.
Sollte es zu einer Zerstörung des Damms durch eine gezielte Sprengung oder in Folge von Kriegshandlungen kommen, würde bereits nach einem Absinken des Wasserspiegels um vier Meter kein Wasser mehr in den Nord-Krim-Kanal fließen. Die Folge wäre, dass die Wasserversorgung der Krim, welche die Ukraine nach der Annexion der Halbinsel 2014 unterbrochen hatte und die die russländischen Invasionstruppen im Frühjahr 2022 wiederhergestellt hatten, erneut zum Erliegen käme.

Schlagwörter:
Ukrainekrieg, Ökosystem, Naturschutzgebiet, Nationalpark, Askanija Nova, Kachovka-Stausee, Naturzerstörung, Umweltverschmutzung

In Askanija Nova geschützt: Saiga tatarica

[13] Siehe dazu den Beitrag von Ihor Pylypenko und Daria Malchykova in diesem Band, S. 53–60. Siehe auch: Vojna i reki. Interv'ju s Evgeniem Simonovym. Ukraine War Environmental Consequences Work Group, 22.9.2022, <https://uwecworkgroup.info/ru/war-and-rivers-a-conversation-with-eugene-simonov/>.

[14] Gosudarstvennaja inspekcija jadernogo regulirovanija Ukrainy: Nacional'nyj otčet Ukrainy. Rezul'taty provedenija „stress-testov". Kiev 2011, <https://snriu.gov.ua/storage/app/uploads/public/5ed/0e1/545/5ed0e1545f03c241500484.pdf>.

Mykola Homanyuk

Unter Besatzung

Eine Chronik aus Cherson

Gebiet und Stadt Cherson im Südosten der Ukraine standen von März 2022 bis Oktober 2022 vollständig unter russländischer Okkupation. Fast zwei Monate kontrollierten die Besatzer das Gebiet ausschließlich militärisch. Kommunale Behörden, Krankenhäuser, Schulen, Banken und Unternehmen arbeiteten mit unverändertem Leitungspersonal im ukrainischen System. Ende April wurden führende Amtsträger verhaftet, Kollaborateure auf ihre Posten gesetzt. Die Besatzer versuchten, den Rubel als Zahlungsmittel durchzusetzen und erzwangen eine Neuregistrierung von Unternehmen. Ende Juli bereiteten die Kollaborateure mit einer Deklaration die Annexion vor. In ihr wurde das Gebiet Cherson zum Rechtsnachfolger des Gouvernements Taurien des Zarenreichs erklärt und daraus ein ausschließlich im Rahmen der Russländischen Föderation auszuübendes Selbstbestimmungsrecht des Volks von Cherson abgeleitet. Dies war der Weg zur Eingliederung des Gebiets in die Moskauer staatlichen Strukturen und zu den Pseudoreferenden Ende September 2022. Doch bereits im Oktober zogen sich die Besatzer und die Kollaborateure unter dem Druck der ukrainischen Armee schrittweise aus dem rechts des Dnipro gelegenen Teil des Gebiets Cherson zurück. Die Ukraine hofft, im Frühsommer 2023 den weiter unter Besatzung stehenden linksufrigen Teil des Gebiets zu befreien.

Am 24. Februar 2022 überfiel Russland in den frühen Morgenstunden die Ukraine. Weniger als eine Woche später standen russländische Truppen im südostukrainischen Cherson. Für die Stadt und das gleichnamige Gebiet begann eine mehrmonatige Besatzungszeit. Sie endete für den rechts des Dnipro gelegenen Teil des Gebiets einschließlich der Gebietshauptstadt Cherson in den ersten Novembertagen 2022. Das linke Dnipro-Ufer ist weiter unter Besatzung, doch auch dort zeichneten sich in den ersten Monaten des Jahres 2023 Veränderungen ab.

Die Analyse der achtmonatigen Besatzungszeit in ihren verschiedenen Phasen gibt Aufschluss über die wechselnden Ziele der russländischen Okkupanten und ihre Methoden. Sie zeigt, dass die Besatzer nie wirklich Fuß fassen konnten. Auf die militärische Kontrolle folgte keine zivile. Sie hatten nahezu keinen Rückhalt in der Bevölkerung, bauten

---

Mykola Homanyuk (1974), Dr. rer. soc., Soziologe, Geograph, wissenschaftlicher Mitarbeiter am Lehrstuhl für Geographie und Ökologie der Staatsuniversität Cherson, 2022/2023, Gastwissenschaftler im „Prisma Ukraine“-Programm des Forums Transregionale Studien

Von Mykola Homanyuk ist in OSTEUROPA erschienen: Reich, Nation, Rossija. Die Symbolpolitik der Besatzer in der Ukraine, in: OSTEUROPA, 12/2022, S. 13–45.

Der Autor dankt Nikolay Mitrokhin, Ihor Pylypenko, Dementij Belyj, Oleksandr Moshniahul, Ivan Mojsienko und Aršavir Sarkisov für ihre Hilfe bei der Vorbereitung dieses Artikels.

 doi: 10.35998/oe-2023-008

mit wenigen Kollaborateuren und aus Russland nach Cherson gebrachtem Personal Scheininstitutionen auf. Ein wesentlicher Faktor war, dass das besetzte Gebiet Teil des ukrainischen digitalen Raums blieb. Dies trifft nicht zuletzt für die regionalen und kommunalen Behörden, den Zahlungsverkehr einschließlich der Überweisung von Sozialleistungen und das Bildungswesen zu. Hinzu kam die Widerstandsfähigkeit der Zivilgesellschaft, die trotz eines Exodus von über der Hälfte der Bevölkerung an den Besatzern vorbei Basisfunktionen des öffentlichen Lebens aufrecht erhielt.

Die Beschreibung und Analyse der rund acht Monate dauernden Besatzung basiert auf persönlichen Beobachtungen des Autors, der sich bis zum ersten Tag des Referendums im September 2022 dort aufhielt und auch anschließend fortlaufend Informationen über die Aktivitäten der Besatzer, die Widerstandsbewegung, sowie den Alltag der Menschen in Cherson sammelte.[1] Da die Bewegung im Gebiet Cherson eingeschränkt war, beziehen sich die meisten Beobachtungen auf die Gebietshauptstadt. Abweichende Entwicklungen an einzelnen kleineren Orten sind möglich, waren jedoch eher von lokaler Natur.

Chronologie der Besatzung

Am frühen Morgen des 24. Februar 2022 begannen in den sozialen Medien erste Bilder von Rauchschwaden über dem Flughafen von Cherson zu zirkulieren. Es folgten rasch Videoaufnahmen von Militärfahrzeugen, die über den Staudamm des Kachovka-Sees auf das rechts des Dnepr gelegene Cherson zurollten. Kampfjets flogen über der Stadt. Über Monate hatten sich immer mehr Gerüchte über einen bevorstehenden Krieg verbreitet, und doch war die Stadt in keiner Weise auf eine Invasion vorbereitet. Niemand hatte geglaubt, dass so etwas wirklich möglich war. Erst nach Beginn der Angriffe, als von der Brücke her immer wieder Explosionen zu hören waren, kauften die Bewohner der Stadt Lebensmittelvorräte, versuchten trotz kilometerlanger Schlangen an den Tankstellen Benzin aufzutreiben, richteten baufällige sowjetische Luftschutzbunker und weitere mögliche Schutzräume her, klebten Fenster mit Papier und Klebeband ab. Zugleich begann auch ein Exodus aus Cherson, sehr viele Menschen verließen einfach die Stadt. Erst jetzt wurde klar, dass es in Cherson schon lange vor der Invasion von Saboteuren gewimmelt hatte. Zuvor hatten die meisten Menschen in der Stadt den geometrischen Zeichen an vielen Häusern und den jungen Männern in Zivil mit auffälligen roten Details an der Kleidung keine Aufmerksamkeit geschenkt. In der Nähe der Antonivka-Brücke entdeckten Einheimische einen Sabotage- und Aufklärungstrupp, aber zu diesem Zeitpunkt wusste noch niemand, dass diese Soldaten mit den weißen Armbinden aus Russland kamen.

---

[1] Siehe ergänzend den Telegram-Kanal <https://t.me/kherson_tut> sowie verschiedene Interviews und Dokumentationen mit dem Autor: Vlad Stoicescu, Diana Oncioiu: Captivi în Herson: „Ne permit să trăim. Deocamdată“. Dela0.ro, 16.3.2022. – Chersoń okupowany przez Rosjan. Mieszkaniec: Polecam unikać centralnych ulic. Tu jest niebezpiecznie. Fakty po faktach. TVN24, Polska, 16.4.2022. – Giancarlo Capozzoli: Guerra in Ucraina. Una testimonianza da Kherson. L#Espresso, 26.3.2022. – The Voice. Documentary performance by Shamil Dyikanbaev. 2022, <www.youtube.com/watch?v=TL_dpkkK0PU>. – Roma tai marimo. Documentary performance by Tetiana Kitsenko and Mykyta Poliakov, <www.youtube.com/ watch? v=eI10GI_cOvQ>. Siehe auch: Tatiana Zhurzhenko: Terror, Kollaboration und Widerstand. Russlands Herrschaft in den neu besetzten Gebieten der Ukraine, in: OSTEUROPA, 6–8/2022, S. 179–200.

„Raschisten! Haut ab, bevor es zu spät ist“. Cherson, Platz der Freiheit, März 2022

In Cherson standen nur schlecht organisierte, unterbesetzte Einheiten der Territorialverteidigung. Das einzige, was den Vormarsch hätte aufhalten können, wäre eine Sprengung der Antonivka-Brücke gewesen, die die Stadt mit dem linken Dnipro-Ufer verbindet. Zugleich wurde spätestens am dritten Tag nach Beginn der Invasion klar, dass die russländischen Truppen auf Schwierigkeiten stoßen. Die verbreitete Vorstellung, Cherson und das umliegende Gebiet seien kampflos aufgegeben worden, entspricht nicht den Tatsachen. Im Gebiet Cherson gab es durchaus Gefechte. Die ukrainische Armee konnte die Offensive der russländischen Truppen bremsen. Am 24. Februar wurde die Brücke bei Heničes'k gesprengt, es gab Kampfhandlungen in der Nähe des Dorfes Velyki Kopani, drei Tage lang wurde um die Antonivka-Brücke gekämpft.[2]
Videos von brennenden Fahrzeugen und Fotos von toten russischen Soldaten zirkulierten im Internet. Der zivile Verkehr auf der Antonivka-Brücke war in diesen Tagen nicht völlig unterbrochen; ukrainische Bürger konnten verbrannte russländische Militärfahrzeuge fotografieren und so dazu beitragen, dass sich das Gefühl verbreitet, dass eine Niederlage nicht unausweichlich ist. Solche Posts wurden mit großer Begeisterung verbreitet. Bereits am 27. Februar tauchte eine Meldung auf, einige Roma hätten im Gebiet Cherson den Russen einen Panzer gestohlen. Bald darauf zirkulierte ein Sieben-

2 Vgl. den CNN-Bericht „See aftermath of battle over key bridge in Ukraine“, <www.youtube.com/watch?v=dSCYjnwJtfk>.

Sekunden-Video von einem Traktor, der einen gepanzerten Mannschaftswagen abschleppt.[3] Auf dem Video war kein Kampfpanzer, sondern ein gepanzertes Fahrzeug zu sehen; es war unklar, wem der Traktor gehörte, wohin er fuhr und wer da hinterherrannte – aber kaum ein Betrachter zweifelte daran, dass die Geschichte mit dem Panzer tatsächlich passiert war. Die Sympathien lagen von der ersten Stunde an auf der ukrainischen Seite.

Erst nach mehreren Tagen gelang es den russländischen Truppen, Cherson einzukesseln. In der Nacht zum 1. März drangen sie nach Kämpfen mit Einheiten der Territorialverteidigung, die mit Schusswaffen und Molotowcocktails bewaffnet waren, in die Stadt ein. Die Besetzung von Cherson begann.

Über die tatsächlichen Ereignisse dieser Tage und die Gründe für die schnelle Aufgabe des Gebiets Cherson gibt es unterschiedliche, teils widersprüchliche Berichte. Die öffentlich zugänglichen Quellen beruhen teils auf Interviews mit Politikern, die nichts mit den Sicherheitskräften zu tun hatten, oder mit regulären Soldaten.[4] Es zirkulierten Gerüchte, hochrangige Beamte der Polizei und des Inlandsgeheimdienstes SBU hätten von Anfang an auf der Seite der Invasoren gestanden. Aber auch der militärischen Führung wurde die Schuld gegeben – ein Indiz dafür sah man in der Meldung über den Selbstmord eines der Generäle der ukrainischen Streitkräfte.[5] Verteidigungsminister Oleksij Reznikov kündigte an, nach dem Krieg werde es eine Untersuchung geben.[6]

Die erste Besatzungsphase (März–April 2022)

Bereits am vierten Tag der Besatzung begannen die Proteste gegen die Okkupanten. Am 5. März folgten etwa tausend Menschen einem Aufruf von Serhij Pavljuk, dem Leiter des Chersoner Schauspielhauses, und versammelten sich auf dem Platz vor dem besetzten Gebäude der Gebietsverwaltung, um gegen den Einmarsch zu demonstrieren. Von diesem Tag an fanden täglich spontane Protestversammlungen an diesem Ort statt, zu denen niemand Konkretes aufgerufen hatte. Bemerkenswert ist, dass überwiegend Menschen demonstrierten, die sich an den Protesten von 2003–2004 und 2013–2014 nicht aktiv beteiligt hatten. Proukrainische Kundgebungen fanden in diesen Tagen auch in nahezu allen größeren und kleineren Städten des Gebiets Cherson statt. Die Initiative ging durchweg von der Bevölkerung aus.

An Wochentagen protestierten jeweils einige hundert, am Wochenende mehrere tausend Menschen. „Okkupanten", „Geht nach Hause, solange ihr noch lebt", „Russisches Kriegsschiff, verpiss dich" , „Einen Dreck kriegt ihr statt Cherson", „Russische Soldaten

---

3 Mykola Homanjuk, Janush Panchenko: From a Pilfered Nail to a Stolen Tank: The Role of a Media Event in the Consolidation of the Ukrainian Political Nation. Forum Transregionale Studien, 4.4.2023, <https://trafo.hypotheses.org/46010>.

4 Cherson. Čto uvidela speckor „Novoj" Elena Kostjučenko svoimi glazami. Novaja gazeta, 28.3.2022. Zugänglich über <https://meduza.io/feature/2022/03/30/herson-reportazh-spetskora-novoy-gazety-eleny-kostyuchenko>. – „Snaiper streljal nam v pach". Kak v načale vtorženija RF ukrainskie voennye proryvali oceplenie v Chersone. nv.ua, 14.12.2022. – Bitva za Antonovskij most i pobeda VSU pod Nikolaevom. BBC, 22.2.2023.

5 Der stellvertretende Leiter der SBU-Direktion in der Region Cherson Ihor Sadochin, wurde im März 2022 unter dem Verdacht des Hochverrats verhaftet. Polkovnyk SBU na Chersonščyni zlyvav Rosiji dani pro evakuaciju svojich koleg i koryguvav vogon' po nych. Novynarnja, 2.3.2022. – Siehe auch: An interview with General Valery Zaluzhny, head of Ukraine's armed forces. The Economist, 15.12.2022.

6 Ministr oborony Reznikov: Rosija vykorystovuje taktyku m'jasorubky. U nas nemaje resursu zasypaty tilamy terytoriji. Ukrajins'ka pravda, 11.8.2022.

= Faschisten und Besatzer", „Bayraktar macht Schaschlik" lauteten die Losungen jener Tage. Die größte Massenkundgebung fand am 13. März statt, dem Tag der Befreiung Chersons im Zweiten Weltkrieg. Rund 10 000 Menschen nahmen teil. Auf ihrem Weg zur Ewigen Flamme in der Gedenkstätte *Park Slavy* (Park des Ruhmes) trafen die Demonstranten auf eine Kolonne von Militärfahrzeugen. Die Soldaten gaben Warnschüsse ab und setzten Gummigeschosse ein, aber der Demonstrationszug löste sich nicht auf.

Am 5. März fanden auch Pro-Russland-Kundgebungen statt. Am Morgen setzte ein mit dem Z-Symbol gekennzeichneter Armeetransporter eine Besuchergruppe mit sowjetischen Flaggen am *Park Slavy* ab. Das Generalthema der anschließenden Kundgebung war die Wiederbelebung der „richtigen" Erinnerung an den Großen Vaterländischen Krieg, der in der Ukraine falsch dargestellt werde; unter den Rednern der Kundgebung waren mehrere prominente Figuren der späteren Besatzungsverwaltung. Wenige Tage zuvor hatte derselbe Personenkreis im besetzten Gebäude der Gebietsverwaltung die Gründung eines „Rettungskomitees für Frieden und Ordnung" (Komitet spasenija za mir i porjadok) bekanntgegeben. Zu den Gründern gehörte u.a. Volodymyr Sal'do, der von 1998–2002 Stadtrat und von 2002–2010 direktgewählter Bürgermeister in Cherson gewesen war. Seit 2002 gehörte er der *Partei der Regionen* von Viktor Janukovyč an, für diese zog er 2012 in das ukrainische Parlament ein. 2015 wurde er erneut in den Stadtrat gewählt, bei den Bürgermeisterwahlen konnte er sich aber nicht mehr durchsetzen. Im April 2022 ernannten die Besatzer ihn zum Leiter der Militär- und Zivilverwaltung des Gebiets Cherson, in dieser Funktion nahm er an der Zeremonie anlässlich der „Aufnahme" der vier annektierten ukrainischen Gebiete im Kreml Ende September 2022 teil. Neben Sal'do gehörten der Blogger Kirill Stremousov, die Pro-Russland-Aktivistin Tat'jana Kuz'mič sowie mehrere ehemalige und amtierende Beamte und Abgeordnete des Stadtrats von Cherson wie etwa Ihor Semenčev und Serhij Čerevko zu den Gründern des „Rettungskomitees für Frieden und Ordnung".[7]

Die erste Phase der Besatzung ging mit der gewaltsamen Auflösung der täglichen Proteste am 21. und 22. März zu Ende. Vier Wochen waren die Kundgebungen stets nach einem ähnlichen Schema abgelaufen: Gegen elf Uhr fuhren Einheiten der Russländischen Nationalgarde (Rosgvardija) und der schnellen Eingreiftruppe SOBR in Polizeitransportern und gepanzerten Fahrzeugen auf den Platz und bildeten einen Ring um das Gebäude der Gebietsverwaltung. Die Demonstranten versammelten sich gegen 12 Uhr gegenüber dem Gebäude, skandierten Parolen und hielten Plakate hoch. Um die Sprechchöre zu übertönen, schaltete die Nationalgarde manchmal laute Musik ein – sowjetische Lieder, die sowjetische Hymne, Filmmusik.

Am 21. März fanden die Demonstranten auf dem Denkmal für die „Himmlische Hundertschaft" und die Gefallenen der Anti-Terror-Operation (ATO)[8] Schmierereien wie „Mörder der Kinder des Donbass", „Verflucht und vergessen" und „Schande" vor. Während sie versuchten, diese zu entfernen, wurden sie von Soldaten der Nationalgarde

---

[7] Serhij Vodotyka: Misto, jake ne bojalos': Cherson u perši misjaci rosijs'koji okupaciji. Ukrajina Moderna, 25.12.2022.

[8] Als Himmlische Hundertschaft (Nebesna sotnja) werden in der Ukraine die rund 100 Menschen bezeichnet, die bei den Protesten im Jahr 2014 in Kiew umkamen, die meisten davon wurden von Scharfschützen erschossen. Anti-Terror-Operation war ab 2014 die ukrainische Bezeichnung für den Einsatz zur Wiederherstellung der Kontrolle über die von Russland besetzten Gebiete im Osten des Landes.

attackiert. Die Einheiten gaben Warnschüsse ab, setzten Blendgranaten und Tränengas ein, prügelten mit Schlagstöcken auf die Teilnehmer der Kundgebung ein und nahmen sie fest. Derselbe Ablauf wiederholte sich auch am nächsten Tag. Immer mehr Demonstranten wurden verhaftet, entführt, geschlagen und gefoltert.

Während der ersten Phase der Besatzung bis zum 21. März stand die Region ausschließlich militärisch unter der Kontrolle der russländischen Armee. Während dieser Zeit gab es in den meisten Siedlungen der Region entweder keine kontinuierlich besetzte Garnison, oder Russlands Armee ließ sich dort gar nicht sehen, denn die Besatzungstruppen rückten entlang der großen Straßen vor. In manchen Orten hielt diese Lage bis in den Mai an. In der früheren Kreisstadt Novotrojic'ke zum Beispiel wurde bei der Festveranstaltung zum Tag des Sieges am 9. Mai noch die ukrainische Nationalhymne gespielt, die Leute trugen ukrainische Fahnen.

In Cherson dagegen war bis zum Ende der ersten Phase der Besatzung nicht nur eine Garnison eingerichtet, sondern auch eine Kommandantur. Es galt eine Ausgangssperre, auf den Straßen patrouillierten Militärpolizei und Geheimdienst. Die Dienste fahndeten nach ukrainischen Soldaten, die im Donbass gekämpft hatten, nach Mitgliedern der Territorialverteidigung, nach Polizisten, Beamten und Mitgliedern rechtsradikaler Organisationen.

Zum einen hatten die Geheimdienste offenbar Adresslisten, die jedoch wenig systematisch waren. Zum anderen wurden auf der Straße Stichproben durchgeführt, bei denen die Smartphones von Passanten auf Fotos mit Militärfahrzeugen, Telefonnummern von zur Fahndung ausgeschriebenen Personen und „antirussischen" Content überprüft wurden; außerdem suchte man nach Tätowierungen, die auf eine Zeit in der Armee oder patriotische Ansichten schließen ließen. Die Tattoo-Studios von Cherson hatten Hochbetrieb, die Kundschaft ließ alte Tätowierungen mit neuen überdecken. Wer aus dem Haus ging, ohne zuvor den Telegram-Cache auf seinem Telefon zu löschen, begab sich in Lebensgefahr. Mit der Zeit entwickelten die Chersoner eine ganze Reihe entsprechender Regeln für die „digitale Sicherheit". Die russländischen Soldaten waren derweil ausschließlich motorisiert unterwegs, und wenn sie Militärfahrzeuge nutzten, dann saßen meist ein oder zwei Scharfschützen auf dem Dach. Zu Fuß bewegten sich allenfalls Soldaten der „Volksrepublik Donezk" (DNR) durch die Stadt, und auch dies nur selten. Man erkannte sie leicht an ihren sowjetischen Helmen und den minderwertigen Uniformen.

Davon abgesehen blieb Cherson jedoch ukrainisch. An allen Verwaltungsgebäuden mit Ausnahme des Inlandsgeheimdienstes SBU hingen ukrainische Flaggen. Sämtliche städtischen Behörden, medizinischen Einrichtungen und Schulen (die wie während der Pandemie auf Online-Unterricht umgestellt hatten) unterstanden weiter dem Bürgermeister und dem Magistrat. Auch die Filialen der meisten ukrainischen Banken waren geöffnet, die Hryvnja war die einzige Währung im Umlauf. Angestellte im Öffentlichen Dienst bekamen ihre Gehälter ausgezahlt, Rentner ihre Rente – entweder per Überweisung oder bar in den Filialen der Ukrainischen Post. Anders als die kommunalen Behörden arbeiteten die staatlichen Strukturen hingegen nicht mehr, weder Behörden noch Gerichte. An die Stelle der Polizei trat ein ehrenamtlicher kommunaler Sicherheitsdienst, die sogenannte Stadtwache, die vor und während der ersten Phase der Besatzung in Cherson patrouillierte und städtische Gebäude vor Plünderungen durch

Einheimische schützte.[9] Der staatliche Katastrophenschutz funktionierte allerdings ebenso weiter wie der Strafvollzug. Sogar Notariate blieben in eingeschränktem Umfang geöffnet und stellten Urkunden mit ukrainischem Dienstsiegel aus.

Die zweite und dritte Besatzungsphase (21. März – Ende Juli 2022)

In der kurzen zweiten Phase der Besatzung ab dem 21. März 2022 verschärfte sich die Lage zusehends. Es gab nur noch sporadische Kundgebungen, der Freiheits-Platz, wo die Proteste stattgefunden hatten, wurde engmaschig überwacht. Kaum hatte sich eine kleine Gruppe dort versammelt, wurden alle Teilnehmer verhaftet. Die Demonstranten wichen mehrmals auf andere Orte aus, doch auch dort rückten stets nach kürzester Zeit Einheiten der russländischen Nationalgarde an. Die letzte Protestkundgebung fand am 27. April auf dem Freiheits-Platz statt, auch sie wurde aufgelöst.[10] Damit war der öffentliche Widerstand gebrochen, die vor allem durch Unsicherheit geprägte zweite Phase der Besatzung endete.

Ende April begann die Eingliederung des Gebiets Cherson in russländische Strukturen. In dieser dritten Phase der Besatzung wurde die ukrainische kommunale Selbstverwaltung ausgeschaltet, die gewählten Vertreter in den Gemeinden durch Kollaborateure ersetzt. Auf Kreisebene wurde die sowjetische Verwaltungsgliederung wieder eingeführt.[11]

Am 25. April besetzten russländische Truppen das Chersoner Rathaus, enthoben den rechtmäßigen Bürgermeister Ihor Kolychajev seines Amtes und erklärten Oleksandr Kobec', einen vom Moskauer Geheimdienst FSB angeworbenen ehemaligen KGB- und SBU-Offizier, zum neuen Stadtoberhaupt. Kolychajev wurde am 28. Juni verhaftet. Am 26. April setzten die Besatzungstruppen eine Militär- und Zivilverwaltung für das Gebiet Cherson unter Volodymyr Sal'do ein.

Für Belustigung sorgte, dass die Besatzer die ukrainischen ländlichen Gemeinden in ihren Medien als „derevnja" bezeichneten: Dieses in Russland gebräuchliche Wort für „Dorf" nimmt man in dem in der Ukraine gesprochenen Russisch[12] als Vokabel aus dem 19. Jahrhundert wahr, die Assoziationen mit Tolstoj-Romanen, gottverlassenen Provinznestern mit windschiefen Holzhütten und Bauern in Bastschuhen wachruft.

Die proukrainischen Kräfte in der Stadt rechneten damit, dass die Okkupanten bald ein Referendum über die Gründung einer Volksrepublik Cherson abhalten würden. Allerdings machten die Besatzer keine entsprechenden Ankündigungen; vielmehr erklärte der Sprecher der Besatzungsbehörden Kirill Stremousov mehrfach, die Region werde ohne Referendum direkt in die Russländische Föderation eingegliedert werden.[13] Einstweilen lief die Schaffung neuer Strukturen jedoch ohne rechtliche Grundlage.

---

[9] Einmal verhaftete die „Stadtwache" einen russischen Piloten, der sich verirrt hatte, und da sie nicht wussten, was sie mit ihm machen sollen, übergaben sie ihn den Russen – wofür der Leiter der Wache, Illja Karamalikov, später von den ukrainischen Behörden wegen Verrat angeklagt wurde. He Returned a Dazed Soldier to the Russians. Ukraine Calls it Treason. New York Times, 3.12.2022.

[10] Očerednoj nasil'stvennyj razgon okkupantami učastnikov proukrainskogo mitinga v Chersone – načato proizvodstvo, <https://t.me/hueviyherson/17723>.

[11] „Hromad bil'še ne bude": likvidovanyj Nyžn'osirohoz'kyj rajon „očolyv" gauljajter Petro Zbarovs'kyj. Nyžni Sirogozy.City, 5.9.2022.

[12] Mykola Homanjuk: Social'no-lingvistyčni aspekt formuvannja terytorial'noho variantu rosijs'koji movy v Ukrajini, in: Ukrajins'kyj sociolohičnyj žurnal, 1–2/20212, S.74–78.

[13] Kherson's military administrators to call for Russian annexation, in: The Guardian, 11.5.2022.

Am 9. Mai wurde mit viel Aufwand der Tag des Sieges gefeiert. Bald darauf erschienen erste Besatzungszeitungen sowie Plakate einer Werbekampagne: „Cherson – eine Stadt mit russischer Geschichte“; am 23. Mai wurde die Region offiziell zur Doppelwährungszone erklärt. Die verbliebenen ukrainischen Behörden wurden nun durch russländische ersetzt. Im Mai begann die Ausstellung russländischer Pässe; am 25. Mai unterzeichnete Russlands Präsident Vladimir Putin einen Erlass, der es Einwohnern der ukrainischen Gebiete Zaporižžja und Cherson ermöglichte, in einem vereinfachten Verfahren die russländische Staatsbürgerschaft anzunehmen.[14] Ohne jegliche rechtliche Grundlage – selbst nach russländischem Recht – wurden Polizeikräfte von der Krim und aus der DNR in Cherson eingesetzt, russländische Banken eröffneten Filialen,[15] Unternehmen mussten eine Registrierung bei der Moskauer Steuerbehörde beantragen. Die Schüler von Cherson erhielten zum Ende des Schuljahres Abschlusszeugnisse nach russländischem Muster, Fahrzeughalter mussten ihr Auto neu anmelden und erhielten russländische Nummernschilder.

Die vierte und fünfte Phase der Besatzung (August–November 2022)

Eine vierte Phase der Besatzung begann am 30. Juli mit einem Kongress unter dem Titel „Wir stehen zusammen mit Russland“[16], bei dem eine Erklärung zum „Russischen Cherson“ verabschiedet wurde. Darin heißt es:

> Das Gebiet Cherson ist Rechtsnachfolger des Russischen Reiches in Teilen der Gouvernements Cherson und Taurien. Daraus folgt, dass die Selbstbestimmung und Subjektwerdung des Volks des Gebiets Cherson im Bestand Russlands als Subjekt der Föderation erfolgen muss.[17]

Die Deklaration, so heißt es weiter, „eröffnet uns den Weg zur Durchführung eines Referendums“. In anderen Städten des Gebiets liefen Kongresse nach ähnlichem Muster ab: Ein Besatzungsbeamter trat auf, ein orthodoxer Priester sowie Vertreter von Organisationen, die die Besatzer ins Leben gerufen hatten: Sprecher eines „Bürgerrates“ des Gebiets Cherson, eines „Gewerkschaftsverbands“, verschiedener Veteranenorganisationen, eines Mütterbunds usw. In Cherson selbst nahm an dem Kongress auch der Abgeordnete der Moskauer Staatsduma Igor Kastukevič teil, der offenbar in Russland für das Gebiet Cherson zuständig ist. Bald liefen Vorbereitungen zur Bildung von Wahlkommissionen für das geplante Referendum an, das nach damaliger Erwartung parallel zu den Russländischen Regionalwahlen am 11. September stattfinden sollte.

---

[14] Ukaz Prezidenta Rossijskoj Federacii ot 25.5.2022 № 304 „O vnesenii izmenenij v Ukaz Prezidenta Rossijskoj Federacii ot 24 aprelja 2019 g. № 183 ‚Ob opredelenii v gumanitarnych celjach kategorij lic, imejuščich pravo obratit’sja s zajavlenijami o prieme v graždanstvo Rossijskoj Federacii v uproščennom porjadke‘“, <http://publication.pravo.gov.ru/Document/View/0001202205250004>.

[15] Die erste war die Promsvjaz’bank, es folgte die südossetische MRB-Bank. Novye vlasti v Chersonskoj oblasti zajavili, čto pervym rossijskim bankom tam stanet Meždunarodnyj rasčetnyj bank. Kommersant, 23.5.2022.

[16] V Chersone otkrylsja forum „My vmeste s Rossiej“. RIA Novosti, 30.7.2022.

[17] Deklaracija „Russkij Cherson“, <https://khogov.ru/wp-content/uploads/2022/08/6_m_doc-24-print_0208.pdf>.

Tatsächlich wurde es auf „Vorschlag“ des erwähnten Bürgerrats, den die Besatzungsverwaltung mit temporären gesetzgeberischen Vollmachten ausgestattet hatte, vom 23. bis 27. September durchgeführt.[18]

Nach dem Referendum und der offiziellen Eingliederung der neuen Gebiete in die Russländische Föderation erhielten die Besatzungsbehörden neue Bezeichnungen. Der „Leiter der Militär- und Zivilverwaltung“ wurde nun zum „kommissarischen Gouverneur des Gebiets Cherson“ ernannt, und die Besatzungsinstitutionen erhielten nach russländischem Recht einen Anstrich von Legalität. Doch dies geschah bereits unter veränderten Vorzeichen: Am 4. Oktober eroberte die ukrainische Armee die strategisch wichtige Ortschaft Davydiv Brid am linken Ufer des Inhulec’ zurück und leitete damit die Befreiung des gesamten rechts des Dnipro gelegenen Teils von Cherson ein. Am 20. Oktober verhängte Russland das Kriegsrecht im Gebiet Cherson. Immer mehr Besatzungsbehörden und Truppen wurden vom rechten Dnipro-Ufer abgezogen. Zugleich übten die abziehenden Okkupanten Druck auf die Bewohner der Stadt Cherson und der rechtsufrigen Siedlungen aus, um sie dazu zu bewegen, in andere besetzte Gebiete oder nach Russland überzusiedeln. Auf dem Rückzug entwendeten die Besatzer modernes Gerät aller Art sowie Kulturgüter aller Art aus Cherson. Am 11. November marschierten ukrainische Truppen in Cherson ein.

Phase	**Zeitraum**	
I Angriff	24.2. – 4.3.2022	Überfall auf die Ukraine, Einmarsch der russländischen Truppen in Cherson, militärische Kontrolle über weite Teile des Gebiets Cherson
II Unbestimmtheit	5.3. – 24.5.2022	Demonstrationen gegen die Besatzung, gewaltsame Auflösung des Protests
III Aufbau einer Besatzungsverwaltung	25.4. – 29.7.2022	Schaffung einer Besatzungsverwaltung, Einführung des Rubel, Kampf um den Informationsraum
IV Eingliederung in russländische Strukturen	30.7. – 3.10.2022	Vorbereitung und Durchführung eines Referendums, verwaltungstechnische Eingliederung in die RF
V schrittweiser Rückzug der Besatzer	4.10. – 10.11.2022	Zerfall der Besatzungsverwaltung im rechts des Dnipro gelegenen Teil des Gebiets, Bevölkerungstransfer in Richtung Osten
VI	seit 11.11.2022	Ende der Besatzung rechts des Dnipro, Aufbau einer neuen Besatzungsverwaltung im linksufrigen Teil des Gebiets

[18] V Chersonskoj oblasti sozdadut obščestvennyj sovet kak odin iz organov upravlenija. Tass.ru, 30.5.2022. – Hersonskaja oblast’ provedet referendum o vchoždenii v sostav Rossii. Izvestija, 7.6.2022.

Leben unter Besatzung: Wirtschaft und Soziales

Das Gebiet Cherson blieb während der gesamten Besatzungszeit Teil des ukrainischen Währungsraums, es gelang den Besatzern nicht, die Hryvnja zu verdrängen. Zunächst legten sie einen Wechselkurs von zwei Rubel für eine Hryvnja fest, was ungefähr dem amtlichen Kurs entsprach. Doch rasch wurde dieser auf 1,5 Rubel pro Hryvnja, dann auf 1,2 Rubel gesenkt, schließlich wurde 1:1 getauscht. Und trotzdem blieb die Hryvnja bis zum Ende der Besatzung das Hauptzahlungsmittel in Cherson.

Die letzten Filialen der ukrainischen *Akcent-Bank* wurden erst am 31. Juli geschlossen.[19] Aber auch nach der Schließung aller ukrainischen Banken und Geldautomaten blieb die Hryvnja im Umlauf: Die im Besatzungsgebiet vorhandene Bargeldmenge reichte für den dortigen Zahlungsverkehr aus. Dazu kam der elektronische Zahlungsverkehr: Dank Internetbanking konnten die Einwohner weiterhin ihre ukrainischen Gehälter und Renten beziehen, Überweisungen tätigen und entgegennehmen, sie konnten Einkäufe bargeldlos bezahlen, Wasser-, Gas- und Stromgebühren an ukrainische Versorger und Steuern an das ukrainische Finanzamt entrichten.

Die Besatzer versuchten zwar grundsätzlich, dies zu unterbinden, drückten aber aus Furcht vor den ökonomischen Konsequenzen oft ein Auge zu. So wollten sie das Online-Banking aushebeln, indem sie die SMS-Autorisierung blockierten. Doch die ukrainischen Banken wichen auf alternative Verfahren wie Pin-Codes oder Messenger-Nachrichten aus. Die Menschen im besetzten Gebiet konnten sich zu jedem Zeitpunkt Hryvnja-Guthaben in Geschäften, vor allem aber in Wechselstuben bar auszahlen lassen. Anfangs verlangten die Inhaber der Wechselstuben noch eine Kommission von 10–15 Prozent, bald aber nur noch 2–5 Prozent, und ab Juli erhielt man sogar gelegentlich einen Aufschlag von 1–2 Prozent: die elektronische Hryvnja wurde höher bewertet als Bargeld.

Parallel dazu führten die Besatzer ab Mai den Rubel ein. Dies geschah vor allem über die Auszahlung von Gehältern, Renten und Sozialleistungen. Dennoch blieb die ukrainische Währung weiterhin im Umlauf. Der Rubel wurde unter anderem deshalb schlecht angenommen, weil nur Banknoten mit hohen Denominationen von 1000 Rubel und mehr in die Region gebracht wurden. Auf Märkten und im Einzelhandel gab es für diese Beträge selten ausreichend Wechselgeld in Rubeln. Insgesamt waren nicht genügend Rubel im Umlauf, um die Hryvnja zu verdrängen, zumal ukrainische Unternehmer, die zu diesem Zeitpunkt begonnen hatten, vermehrt Waren von der Krim einzuführen, Rubel aus dem Gebiet ausführten. Dies führte dazu, dass der Rubel auf dem Schwarzmarkt deutlich unter dem offiziellen Kurs gehandelt wurde: In der letzten Phase der Besatzung fiel der inoffizielle Kurs auf zehn Rubel je Hryvnja. Im noch besetzten Teil des Gebiets Cherson ist der Zahlungsverkehr in Hryvnja seit dem 1. Januar 2023 verboten und wird polizeilich verfolgt.

Die öffentlichen und privaten Unternehmen, die die Lebensfähigkeit der Städte des Gebiets garantierten, hielten die Versorgung während der gesamten Besatzungszeit aufrecht.

---

[19] V Chersone bol'še ne rabotaet ni odin ukrainskij bank: poslednie tri otdelenija razgrabili. TSN, 31.7.2022.

Breites Angebot: „Wi-Fi, Bier, Grill-Menü, Billiard. Jeden Dienstag Hüpfburg kostenlos. Wir zahlen [gegen digitale Überweisung] Bargeld [Hryvnja] aus.“ Cherson, Juni 2022

In den ersten beiden Phasen unterstanden sie uneingeschränkt den ukrainischen Behörden; Zahlungen für die jeweiligen Dienstleistungen gingen auf den ukrainischen Konten dieser Unternehmen ein.[20]

Die Erfahrung von Cherson zeigt, dass Widerstand auch in militärisch besetztem Gebiet möglich ist. Widerstand leisteten nicht nur Aktivisten, die Flugblätter aufhängten, Partisanen oder Personen, die Informationen über lohnende militärische Ziele an die ukrainische Armee weitergaben. Widerstand leisteten alle, die weitere Anbindung des besetzten Gebiets an die Ukraine sowie das Funktionieren öffentlicher Dienste aufrechterhielten. Denn dies war die Voraussetzung dafür, dass lokale Behörden selbst unter militärischer Besatzung eine gewisse Autonomie behielten.

Für die Versorgung der Stadt mit Lebensmitteln und notwendigen Gütern sorgten vor allem private Unternehmen. In den ersten zwei Monaten bezogen sie ihre Waren sowohl aus den besetzten Teilen der Gebiete Cherson und Zaporižžja als auch aus den ukrainisch kontrollierten Gebieten, danach überwiegend von der Krim. Ab Juni 2022 wurde die Lieferung von Waren aus der Ukraine zunächst eingeschränkt und dann ganz verboten.

---

[20] Sophie Lambroschini bezeichnet die Aufrechterhaltung kritischer Infrastruktur in ihrem Blog als eine Form des ukrainischen Widerstands gegen die Invasion: Sophie Lambroschini: Infrastructure, Rubble, and Resistance in the Current War. Focus Ukraine, 25.3.2022, <www.wilsoncenter.org/blog-post/infrastructure-rubble-and-resistance-current-war>.

Das sind wir, wir haben Eier aus Stahl. Mit Hoden verzierter ukrainischer Dreizack. Cherson, 3.8.2022

Humanitäre Hilfe spielte für die Versorgung der Bevölkerung von Cherson gleichfalls eine wichtige Rolle. In der ersten und zweiten Phase der Besatzung kam sie hauptsächlich aus der Ukraine und der EU, danach wurden diese Kanäle unterbrochen, die Hilfslieferungen kamen nun aus Russland.

Von zentraler Bedeutung waren daneben ehrenamtliche Helfer. Gleich zu Beginn des Krieges fanden sie sich überall dort zusammen, wo es bereits eine minimale Organisationsstruktur gab: in Schulen und Universitäten, Vereinen, Kirchengemeinden, Betrieben und Firmen. In den ersten drei bis vier Monaten der Besatzung waren es diese freiwilligen Helfer, die die Region mit Medikamenten und anderen knappen Gütern versorgten. Die meisten Beteiligten waren vor dem Krieg nicht ehrenamtlich aktiv gewesen; wie auch im Fall der Proteste gegen die Besatzung waren es neue Leute, die sich der Bewegung anschlossen, obwohl die Einsätze oft lebensgefährlich waren, insbesondere wo es darum ging, Versorgungsgüter über die Frontlinie zu liefern oder Menschen aufs „Festland" (in den ukrainisch kontrollierten Teil des Landes) zu evakuieren. Bei jeder dieser Reisen waren 200–250 Kilometer auf Landstraßen mit 40 bis 50 Kontrollpunkten zurückzulegen, mit Durchsuchungen und Leibesvisitationen bei winterlichen Temperaturen, Drohungen und Erpressungen seitens der russländischen Soldaten, und jedes Mal lief man Gefahr, erschossen zu werden. Allein der Begriff *volontër* (freiwilliger Helfer) war für die Besatzer ein Reizwort, denn tatsächlich war er gleichbedeutend mit „proukrainisch".

Insgesamt entstand während der Besatzung eine „Parallelgesellschaft, die versuchte, Kontakte mit dem Besatzungsregime weitgehend zu begrenzen und Kommunikation mit dem Feind zu vermeiden".[21] Möglich war dies dank eines von den Besatzern unabhängigen Wirtschafts- und Soziallebens, das sich hauptsächlich online abspielte.

Informationskontrolle

Bis zum 30. Mai 2022 lag die Telekommunikation im Gebiet Cherson in den Händen ukrainischer Anbieter, unter ihnen sowohl große Mobilfunkunternehmen (*Vodafone*, *KyivStar*, *Life*) als auch lokale Anbieter für Kabelinternet. Gelegentlich kam es zu Unterbrechungen, aber dank des nationalen Roamings – der Möglichkeit, sich kostenlos in andere Netze einzuwählen – und der „virtuellen Karte" – mit der man ohne eine physische SIM-Karte eine neue Nummer erhalten konnte – gelang es anfangs, die Kommunikation in Cherson im Wesentlichen aufrechtzuerhalten.

Nach dem 30. Mai änderte sich die Lage radikal. Mehrere Tage lang gab es weder Mobilfunk noch Internet in der Stadt. Die Besatzer gaben mit Lautsprecherdurchsagen bekannt, dass die ukrainische Seite die Verbindungen abgeschaltet habe. Am Morgen des 1. Juni tauchten auf dem Freiheits-Platz Verkaufsstellen für SIM-Karten einer unbekannten Firma auf, die einen Kombitarif „Online" anboten; die Nummern begannen mit der russländischen Vorwahl +7 99 00. Dahinter stand, wie sich später herausstellte, das russländische Unternehmen *K-Telekom* mit Sitz auf der Krim, das

[21] Mižnarodnyj Fond Vidroždennja: Transformacija hromadjans'koho suspil'stva Chersonščyny v umovach vijny. Vyklyky vidnovlennja, <https://drive.google.com/file/d/1v5KAuRX6OC9AxDwUxGbM2BkEDk7TIn0d/view>.

unter dem Markennamen *Win Mobile* operierte.[22] Der angebotene Dienst entpuppte sich als eine Art VoIP (Voice over Internet Protocol)-Telefonie, und bei Anrufen wurde die russländische Vorwahl unterdrückt bzw. hinter einer ukrainischen, britischen o.ä. versteckt. Die Karten kosteten 70 Hryvnja und wurden gegen Vorlage eines Reisepasses verkauft, pro Pass maximal drei Karten. Der Pass wurde fotografiert. Hunderte von Menschen standen dafür Schlange: Kommunikation war, wie sich herausstellte, ein wichtigeres Gut als Essen, Medikamente oder Zigaretten.

Nach einiger Zeit gab es auch wieder Kabelinternet, die Verbindung lief jetzt jedoch über die Krim. Für die Mehrheit der Bevölkerung waren ukrainische Politik- und Nachrichten-Websites damit zunächst nicht mehr zugänglich, was sich über VPN-Zugänge jedoch schnell lösen ließ. Auch die anhaltenden Bemühungen der Besatzer, gängige VPN-Anwendungen zu blockieren, konnten durch gelegentliche Wechsel der App umgangen werden. Die Besatzer versuchten vergeblich, die Bevölkerung der besetzten Gebiete von ukrainischen und internationalen Informationsquellen abzuschneiden. In den Städten des Gebiets Cherson arbeiteten Online-Korrespondenten ukrainischer Medien, Studien wurden durchgeführt, Unterricht abgehalten, Prüfungen abgelegt, Kulturprojekte umgesetzt – zum Unabhängigkeitstag der Ukraine gab es sogar eine Ausstellung mit Werken von Künstlern aus Cherson, mit einer Vernissage per *Zoom*.

Aktuelle Informationen wurden vor allem via Telegram kommuniziert;[23] Blogger verbreiteten Analysen auf YouTube. Die Telegram-Kanäle der Besatzer hatten deutlich weniger Reichweite als die proukrainischen Kanäle.[24] Diesen Rückstand bei elektronischen Medien versuchte das Besatzungsregime durch Fernsehen und Printmedien auszugleichen: Schon in den ersten Tagen der Okkupation wurde das Chersoner Sendezentrum besetzt, kurze Zeit später wurden von hier aus russländische Sender ausgestrahlt, daneben der lokale Privatsender VTV, der sich zur Zusammenarbeit mit den Besatzern bereiterklärt hatte. Der Sender *Krym-24* brachte unter dem Titel „Cherson-24" spezielle Nachrichtensendungen für die besetzten Gebiete. Die Chersoner Niederlassung des ukrainischen Senders *Suspil'ne* nutzten die Besatzer, um die staatliche TV- und Rundfunkanstalt „Tavrija" aufzubauen, die unter Aufsicht der Geheimdienste stand. Behindert wurde die Verbreitung der Propaganda allerdings dadurch, dass die russländischen TV-Kanäle analog sendeten und die ukrainischen Zuschauer für den Empfang daher ein eigenes Zusatzgerät brauchten, denn das ukrainische Fernsehen hatte vor dem Krieg ausschließlich digital gesendet.

Die Schwierigkeiten bei der Verbreitung ihrer Propaganda via Fernsehen und Internet führten dazu, dass die Besatzer auf Printmedien setzten. So erschienen im besetzten Gebiet Cherson ab Sommer lokale Ableger mehrerer russländischer Zeitungen; sie wurden kostenlos verteilt, die Artikel waren meist nicht namentlich gekennzeichnet. Den Anfang machte die *Komsomol'skaja Pravda,* die erst eine gemeinsame Regionalausgabe für die Gebiete Zaporižžja und Cherson unter dem Titel *Komsomol'skaja Pravda. Osvoboždennye territorii* herausbrachte, dann eine zweite

---

[22] Krymskij operator Win Mobile načal prodavat' sim-karty v Chersone. Vedomosti, 26.5.2022.

[23] Die wichtigsten Telegramkanäle hießen „Chuevyj Cherson" (467 000 Abonnenten), „Nikolaevs'kyj Vanjok" (341 000), „Trucha Cherson" (129 000), „Cherson: war without fakes" (69 000), „Konstantin Ryženko – žurnalist" (55 000), „Jaroslav Januševyč/Chersons'ka ODA" (22 000). (Zahlen Stand 20. Januar 2023).

[24] Zu den bekanntesten gehörten „Kirill Stremousov" (65 000 Follower), „Administracija Chersonskoj oblasti" (25 000), „Tavrija" (16 000), „Svobodnyj Cherson" (11 000).

Ausgabe für die Stadt Cherson. Insgesamt erschienen 18 Ausgaben. Die höchste Auflage erreichte die *Naddneprjanskaja Pravda*, deren Name und Erscheinungsbild die seit 1927 erscheinende *Nadniprjans'ka Pravda,* das Organ des Gebietssowjets von Cherson nachahmte.[25] Zu den Inhalten dieser Zeitung, die nun wieder sowjetische Symbole zierten, gehörten üblicherweise die jeweils anstehenden Feiertage, Neuerungen der Besatzungsbehörden, ideologische Botschaften vom Typ „Ukrainer sind einfach Russen mit ukrainischem Pass", Berichte über die Normalisierung des Lebens in der Region, die Instandsetzung sowjetischer Denkmäler und die Verbrechen von „Ukronazis" sowie Stellenanzeigen, aus denen man Rückschlüsse darauf ziehen konnte, in welchen Bereichen die Besatzer besonders mit Fachkräftemangel zu kämpfen hatten (Lehrer, IT-Spezialisten, Polizisten, Buchhalter). In Cherson erschien auch eine kommunale Zeitung namens *Točka Otčeta*, die vor allem lange Artikel – manchmal über zwei Ausgaben verteilt – über russische Heeres- und Flottenkommandeure veröffentlichte. Auch in anderen Städten des Gebiets Cherson begannen die Besatzer, lokale Zeitungen herauszugeben: *Golopristanskij Vestnik*, *Naša Kachovka*, *Černomorec* usw. waren die Titel.

Kollaboration und Widerstand: Der Aufbau der Besatzungsverwaltung

In den ersten Wochen der Besatzung arbeiteten die ukrainischen kommunalen Behörden unverändert weiter. Wer die Polizeigewalt hatte, war unklar. Es gab in der Stadt Cherson eine Militärkommandantur, über die aber nichts weiter bekannt war. Erst im April drang der Name des Militärkommandanten der Region Cherson an die Öffentlichkeit: Oberst Viktor Bedrik.[26] Die Kommandantur war im Gebäude des Berufungsgerichts untergebracht; hier fanden sich vor allem Menschen ein, die nach vermissten Angehörigen suchten – meist vergeblich.

Ein im März gegründetes „Rettungskomitee für Frieden und Ordnung" erfüllte ausschließlich propagandistische Zwecke. Der Leitung dieses Komitees wiesen die Besatzer die Aufgabe zu, die Schaffung einer Militär- und Zivilverwaltung zu verkünden. Diese wurde am 26. April eingesetzt. Sie war anfangs analog zu der entmachteten ukrainischen Gebietsverwaltung aufgebaut. An der Spitze wurde der ehemalige Bürgermeister von Cherson Volodymyr Sal'do installiert, sein zunächst einziger Stellvertreter war Kirill Stremousov. Später kamen weitere Stellvertreter hinzu: Für den Bereich Finanzen und Wirtschaft war Vitalij Buljuk verantwortlich, für Energie, Industrie und Handel Ihor Semenčev, der auch das Liegenschaftsamt (Fond imuščestva) leitete, und für Bildung, Wissenschaft, Kultur, Gesundheit und Soziale Sicherheit Serhij Čerevko. Stremousovs Position wurde neu definiert, er war nun nur noch für Familie, Jugend, Sport und Informationsarbeit zuständig. An die Spitze der verschiedenen Abteilungen der Militär- und Zivilverwaltung wurden kollaborationswillige Bürger der Stadt oder des Gebiets Cherson gesetzt.

---

[25] Die historische Zeitung hieß auf Russisch „Pridneprovskaja Pravda", das Wort „Naddneprjanskij" ist eine hybride Neubildung, die es zuvor im Russischen nicht gab.

[26] Polkovnyk Bedryk: propagandysty „zasvtyly" jmovirnoho okupacijnoho komendanta Chersons'koji oblasti. Centr žurnalistskich rassledovanij, <https://investigator.org.ua/ua/news-2/242154/>.

Russen und Ukrainer sind ein Volk. In der Feuerwehr und im Rettungsdienst Russlands und der Ukraine zu dienen ist eine große Ehre und eine Möglichkeit, die Sicherheit des Volks des Gebiets Cherson zu gewährleisten. Cherson, September 2022

Unsere Prioritäten: das Gesundheitswesen. Kostenlose Medizin für die Bewohner des Gebiets Cherson. Propagandaplakat vor dem Pseudoreferendum. Cherson, September 2022

Die Lehrerin Tetjana Kuz'myč, die schon Mitglied des „Hilfskomitees" gewesen war, wurde zur Leiterin der Abteilung Bildung und Wissenschaft ernannt; Vadym Ilmijev, vormals Leiter einer des Betrugs verdächtigten Krankenkasse, wurde zum Abteilungsleiter für Gesundheit, den Posten der Ressortchefin Arbeit und Sozialpolitik erhielt die aus Kachovka im Gebiet Cherson stammende Ekaterina Gubareva. Es handelt sich um die Ehefrau von Pavel Gubarev, der sich im Frühjahr 2014 zum „Volksgouverneur" des Gebiets Donec'k erklärt hatte – und seine Gattin zur „Außenministerin".

Um die rechtmäßigen Bürgermeister zu verdrängen oder auf ihre Seite zu ziehen, gingen die Besatzer oft gewaltsam vor. Die Bürgermeister von Cherson, Beryslav, Tavrijs'k, Skadovs'k und Hola Prystan' wurden entführt; einige von ihnen sind nach wie vor in der Gewalt der Besatzer.[27] Alle anderen Bürgermeister von Städten im Gebiet Cherson und die meisten Gemeindevorsitzenden verließen das Gebiet und versahen – soweit möglich – ihre Amtspflichten von ukrainisch kontrolliertem Territorium aus.

In den ländlichen Kommunen des Gebiets wurden von einer Ausnahme abgesehen sämtliche Gemeinderatsvorsitzende abgesetzt. In zahlreichen Orten wurden die leitenden Positionen mit Politikern besetzt, die Kontakte zu verschiedenen prorussländischen Organisationen und Unternehmen hatten, darunter Parteien, die in der Ukraine teils bereits vor dem Überfall vom 24.2.2022 verboten gewesen waren (Partei der Regionen, Oppositionsplattform – Für das Leben, Unser Land, Kommunistische Partei der Ukraine, Union der Linken Kräfte); und die zu vom Oligarchen Viktor Medvedčuk geführte Bewegung *Ukrains'kij vybor – Pravo naroda*. Viele dieser neuen Regionalpolitiker waren vorbestraft, hatten bereits in Strafprozessen auf der Anklagebank gesessen oder waren in Korruptionsskandale verwickelt gewesen. Dies setzte sich auch nach der Befreiung des rechtsufrigen Teils des Gebiets Cherson in dem weiter unter Besatzung stehenden Gebiet fort. Im Februar 2023 wurde etwa Ėduard Repilevskij zum Landwirtschaftsminister in der Regierung des annektierten Gebiets ernannt. Er war vor dem Überfall auf die Ukraine Abgeordneter der *Oppositionsplattform* im Gebietsparlament von Cherson gewesen.[28]

Zugleich stellte sich aber die Parteibasis in keinem der genannten Fälle auf die Seite der Besatzer. Die Fraktionsvorsitzenden der *Oppositionsplattform* in Cherson verurteilten im Februar 2022 öffentlich die Aggression und lösten die Fraktion auf; dasselbe tat auch die Fraktion der Partei *Blok Vladimira Sal'do*, nachdem sie am 13. März 2022 im Chersoner Gebietsparlament der Initiative zur Gründung einer „Volksrepublik Cherson" und der Durchführung eines Referendums eine Absage erteilt hatte. So konnten zwar hohe Posten mit Kollaborateuren besetzt werden, die Zahl der zur Zusammenarbeit mit den Besatzern bereiten Personen mit auch nur annähernd ausreichender Qualifikation reichte jedoch nicht aus, um eine funktionierende Verwaltung aufzubauen.

Am 4. Juli 2022 gaben die Besatzer die Gründung eines weiteren Gremiums bekannt – eines Ministerrats des Gebiets Cherson. Dieses neue Exekutivorgan war mehrheitlich mit russländischen Staatsbürgern besetzt – der einzige Ukrainer in dem neuen Kabinett war ein ehemaliger Abgeordneter von Zelens'kyjs Partei *Diener des Volkes* (Sluha

---

[27] V poloni 4 misjaci holova Hornostajivs'koji OTH Ljachno: ščo pro ce vidomo. Nyžni Sirohozi City, 3.12.2022.

[28] Rossijane naznačili Ėduarda Repilevskogo „ministrom sel'skogo chozjajstva" Chersonščiny. IPC Cherson, 10.2.2023.

narodu), Oleksij Koval'ov, der das Ressort Landwirtschaft erhielt. Alle anderen Mitglieder dieser Scheinregierung hatten zuvor nie mit der Region Cherson zu tun gehabt: Ministerpräsident wurde Sergej Eliseev, ein Funktionär des russländischen Geheimdienstes FSB, der zuvor als stellvertretender Ministerpräsident im Gebiet Kaliningrad amtiert hatte.[29] Innenminister wurde mit Vladimir Bespalov ein Mann aus Eliseevs Kaliningrader Team, dort war er für die Wahlaufsicht zuständig gewesen. Der neue Bildungsminister Michail Rodikov war seit 2015 Leiter der Abteilung Bildung im besetzten Sevastopol' gewesen, ab 2018 hatte er einen hohen Verwaltungsposten im Gebiet Moskau innegehabt.[30]

Im Lauf der Zeit kamen weitere Ministerien und Posten hinzu. Am 17. Juni wurde Ekaterina Gubareva zur Stellvertretenden Ministerin für Digitalisierung und Sozialpolitik und zugleich zur Stellvertretenden Premierministerin ernannt. Im August übernahm der russländische ehemalige FSB-Offizier Aleksej Kateriničev das Amt des Sicherheitsministers; kurz darauf wurde er bei einem Angriff auf Cherson getötet und postum mit dem Titel „Held Russlands" ausgezeichnet. Industrieminister wurde Semen Maškaucan, Finanzminister Evgenij Nemtinov – auch sie russländische Staatsbürger.[31] Am 1. September wurde die Abteilung Arbeit und Sozialpolitik in ein gleichnamiges Ministerium umgewandelt; zur Ministerin wurde Alla Barchatnova ernannt, eine ehemalige Parlamentsabgeordnete in der „Volksrepublik Doneck".[32] Auch die Abteilungen für Gesundheit, Kultur und Landwirtschaft wurden nun zu Ministerien. Der Anteil hochrangiger Beamter in den Besatzungsbehörden, die eine genuine Verbindung zu Cherson hatten, sank nach der Ermordung von Oleksij Koval'ov am 29. August, dem Tod von Kirill Stremousov bei einem Autounfall (der in Wahrheit vermutlich ebenfalls ein Anschlag war) am 10. November und der Verhaftung von Ekaterina Gubareva wegen Veruntreuung öffentlicher Gelder im November[33] noch einmal deutlich.

Auch Personen, die seit 2014 auf der Krim gelebt hatten, spielten eine nicht unbedeutende Rolle. Polizeichef der Besatzungsverwaltung wurde beispielsweise Volodymyr Lipandin, ein früherer leitender Beamter des ukrainischen Innenministeriums im Gebiet Čerkasy, der nach seiner Entlassung 2014 auf der Krim als Kleinunternehmer tätig gewesen war.[34] Auch der neue Minister für Bau- und Wohnungswesen, Taimuraz Dedegkaev kam von der Krim; dasselbe galt für den Umweltminister Karen Barsegjan, der seit der Annexion 2014 den Liegenschaftsfonds der „Republik Krim" geleitet hatte.[35]

Auf mittlerer Ebene überwogen jedoch in den Besatzungsbehörden und den ihnen unterstehenden kommunalen Diensten örtliche Fachkräfte aus Cherson. Viele Lehrer,

---

[29] Ekaterina Reznikova: Komu mat' rodna: Putevoditel' po rossijskim kollaborantam i ukrainskim kollaboracionistam. Proekt.media, 29.9.2022, <www.proekt.media/guide/kto-rukovodit-okkupirovannymi-territoriyami-ukrainy>.

[30] Rossijane i kollaborant: zachvatčiki ob"javili v Chersone sostav fejkovogo „pravitel'stva". Fakty, 7.7.2022. – V Chersonskoj oblasti sformirovali novoe pravitel'stvo. Vedomosti, 4.7.2022.

[31] V administraciju Chersonskoj oblasti naznačili novych ministrov iz Rossii. RBK, 18.8.2022.

[32] Sovet ministrov – pravitel'stvo Chersonskoj oblasti. Postanovlenie Nr. 21, 1.9.2022. <https://kherson-news.ru/img/20220902/c5659ec79bd4d0bd163b9b370805af22_o.jpg

[33] Zamglavy Chersonskoj oblasti Gubarevu zaderžali po ugolovnomu delu, RBK, 16.11.2022, <www.rbc.ru/politics/16/11/2022/6374dda99a79475be4e80fd0>.

[34] <https://evocation.info/lipandin-vladimir/>.

[35] <https://bitva.wiki/ru/person/6167>.

Kulturschaffende, Mitarbeiter von Kommunalbehörden und Polizeibeamte arbeiteten freiwillig mit den Besatzern zusammen. Prominente Figuren waren hier etwa die Direktorin des Chersoner Heimatmuseums Tetjana Bratčenko, Tetjana Tomilina, eine ehemalige Mitarbeiterin der Staatlichen Universität Cherson, die vom Besatzungsregime zu deren Rektorin ernannt wurde[36], und der Journalist Jevhen Belyj, der Redakteur der wichtigsten Besatzungszeitung der Region wurde. Generell kooperierten viele Menschen allerdings nur unter dem Einfluss von Drohungen und Gewalt, oder aus einem Gefühl der Ausweglosigkeit heraus.

Die Kollaboration war in jedem Fall kein Massenphänomen, zumal unter hochqualifizierten Kräften. An der Staatlichen Universität Cherson waren es beispielsweise nur sechs Prozent der Mitarbeiter, die mit den Besatzern zusammengearbeitet haben; auf der Führungsebene – Rektorat und Vizerektorat, Dekanate und Fachbereichsleitungen – hat das Personal sich dieser Kooperation bis auf eine Ausnahme entzogen, obwohl viele Mitarbeiter physisch und psychisch unter Druck gesetzt wurden. Am 14. Juni wurde das Universitätsgebäude besetzt und eine neue Rektorin in einem Armee-Pick-up mit einem schweren Maschinengewehr auf der Ladefläche an ihren Arbeitsplatz gebracht.

In den Bereichen Bildung, Finanzen und öffentliche Ordnung blieb das Personalproblem der Besatzungsmacht daher vielfach ungelöst: In den Kindergärten fehlten Erzieher, an den Schulen Lehrkräfte,[37] bei der Polizei Polizeibeamte, in staatlichen Behörden Buchhalter und IT-Spezialistinnen.

Ideologisches und materielles Zuckerbrot

Von Anfang März bis Ende April 2022 unternahmen die Okkupanten keinerlei systematische Versuche, die Menschen im besetzten Gebiet anzusprechen. Sie verteilten gelegentlich Hilfslieferungen, es gab einige Bekanntmachungen in den Medien – und natürlich die Repressionen. Erst im Mai 2022 begannen die Besatzer und ihre Helfer, für ihre Vorstellungen zu werben. So wurden die traditionellen sowjetischen Feiertage am 1. und 9. Mai in Cherson lautstark gefeiert: Zum Tag des Sieges gab es einen Aufmarsch des „Unsterblichen Regiments" im Park der Ehre, am Grab des Unbekannten Soldaten wurden Blumen niedergelegt, es folgte ein Straßenfest mit Feldküche, bei dem Künstler aus Russland auftraten. An den Hauptstraßen tauchten Plakatwände mit Grußbotschaften im Stil sowjetischer Postkarten auf. Und zu den sowjetischen Feiertagen gesellten sich bald auch weitere – der russländische Nationalfeiertag am 12. Juni, der Tag der russländischen Flagge und eine Vielzahl weiterer Gedenk- und Festtage, vom Turnertag und dem Tag der Luftlandetruppen bis hin zum Tag des Gedenkens an die Opfer von Beslan und dem Geburtstag Suvorovs.

Im Verlauf des Mais wurde die Öffentlichkeitsarbeit systematischer. Offensichtlich waren mittlerweile eine nicht unerhebliche Zahl von Polit-PR-Spezialisten aus Russland in

---

[36] Tomilina war 2014 wegen ihrer Verbindungen zu separatistischen Strukturen von ihrem Posten als Leiterin des Akademischen Gymnasiums an der Universität entlassen worden.

[37] Mykhailo Honchar: Education Policy of the Russian Administration in the Occupied Kherson Region (End February – October 2022), in: Studies in Comparative Education, 2/2022, <https://doi.org/10.31499/2306-5532.2.2022.270951>.

Cherson eingetroffen. Ende Mai startete das Projekt „Cherson – eine Stadt mit russischer Geschichte“, in dessen Rahmen auf Plakatwänden Bilder von Persönlichkeiten des Russischen Reiches und der UdSSR zu sehen waren, die tatsächlich oder angeblich mit Cherson in Verbindung stehen: Grigorij Potemkin (1739–1791) – Feldmarschall, der eine Schlüsselrolle bei der Gründung der Stadt im Jahr 1778 spielte; Aleksandr Suvorov (1730–1800) – Militärkommandant, Kommandant der Festung Cherson; Denis Davydov (1784–1839) – russischer Dichter und Offizier, der einige Kindheitsjahre in Cherson verbrachte; Aleksandr Puškin (1799–1837) – russischer Dichter; ein Aufenthalt Puškins in Cherson ist nicht dokumentiert; Afanasij Fet (1829–1892) – russischer Dichter ohne direkten Bezug zu Cherson; er diente einige Jahre in einem Regiment in Novogeorgievsk im damaligen Gouvernement Cherson (heute Gebiet Kirovohrad); Boris Gorbatov (1908–1954) – sowjetischer Militärkorrespondent, Autor eines Essays über Cherson (1944); Sergej Bondarčuk (1920–1994) – sowjetischer Filmregisseur und Schauspieler, mit einem Oscar ausgezeichnet, geboren in Bilozerka bei Cherson.

Nur Potemkin und Suvorov waren den Chersonern als bedeutende Figuren der Stadtgeschichte ein Begriff, und auch ihre Rolle war in den letzten 20 Jahren umstritten. Puškin und Bondarčuk hatten insgesamt ein positives Image, wurden aber von der Bevölkerung nicht mit Cherson in Verbindung gebracht, Davydov und Gorbatov waren nur unter Heimatforschern bekannt, und Fet wurde offenbar nur deshalb aufgenommen, weil das heutige Gebiet Cherson und das Gouvernement Cherson des Russischen Reiches, die territorial keineswegs identisch sind, denselben Namen tragen. Die Episode zeigt, auf welchen stereotypen Vorstellungen das Projekt basierte – und dass einheimische Experten offenbar nicht beteiligt waren.

Der ersten Plakataktion folgte im Juli eine zweite, die sich nicht wesentlich unterschied – die Motive waren Katharina II., Potemkin, Suvorov, der Kommandeur der zarischen Schwarzmeerflotte Admiral Fedor Ušakov (1745–1817), daneben Cherson als Hauptstadt des Gouvernements Cherson 1803, bei der Befreiung durch die sowjetischen Truppen 1944, als sowjetische Gebietshauptstadt 1944. Die dritte Aktion vermittelte eher politische Botschaften: „Cherson ist eine Stadt mit russischer Geschichte“, „Cherson gehört für immer zu Russland“, „Russen und Ukrainer sind ein Volk, ein Ganzes“, „Gemeinsam mit Russland in die Zukunft“ stand auf den Plakaten; die vierte Tranche kehrte wieder zur Geschichte zurück – Protagonisten der Serie „Die Menschen von Cherson sind der Stolz Russlands“ waren wiederum Bondarčuk, daneben der Dramatiker Boris Lavrenev (in Militäruniform) und der als Brežnev-Darsteller bekannte Schauspieler Evgenij Matveev, beide gebürtige Chersoner; unter der Überschrift „Cherson ist Russland“ erschienen erneut Potemkin, Suvorov und Ušakov. Das letzte Plakat vom September war eine offensichtlich unter Zeitdruck produzierte Werbung für das Referendum.

Wo sie sich nicht nur mit der Vergangenheit beschäftigte, hatte diese Kampagne große Ähnlichkeit mit populistischer Wahlwerbung: „Kostenlose medizinische Versorgung“ versprachen die Plakate, „Vollständige Entschädigung für den Kauf von Landmaschinen“ (in der Stadt!), „Mutterschaftsgeld“, „Ein Leben in Würde für Rentner“, „Eigenheime für junge Familien“, und schließlich: „Ein russländischer Pass bringt soziale Stabilität und Sicherheit“.

Neben den Parolen operierten die Besatzer auch mit materiellem Zuckerbrot. Den Anfang machten die berühmt gewordenen „10 000 Rubel“ – eine pauschale Einmalzahlung für Bedürftige. Dieser Betrag wurde dann ab Juni 2022 als pauschale Monatsrente für alle festgelegt, unabhängig von den Bezügen, die die jeweilige Person vor dem Krieg bezogen hatte. Gleichzeitig wurden Hilfszahlungen für weitere Gruppen eingeführt:[38] monatlich 10 000 Rubel für Behinderte, 10 000 Rubel pro Kind für alleinerziehende Mütter oder Väter, 10 000 Rubel Kindergeld für jedes Kind im Alter von 6–23 Jahren, das eine Schule oder andere Bildungseinrichtung mit russländischem Curriculum besucht, 5000–15 000 Rubel für Veteranen des Großen Vaterländischen Krieges, 4000 Rubel Bonuszahlung für jedes Kind im Alter von 0–18 Jahren und zusätzlich 3000 Rubel für Schwerbehinderte (Kategorie I) und Hochbetagte (über 80 Jahre). Als Einmalzahlungen kamen dazu 10 000 Rubel für Schwangere, 20 000 Rubel bei Geburt eines Kindes und 10 000 Rubel Sterbegeld.

In denselben Zusammenhang gehören auch die Gehälter für Fachkräfte, die zur Zusammenarbeit mit den Besatzern bereit waren: Lehrer, Beamte, Polizisten, Mitarbeiter im öffentlichen Dienst usw. Ihre Gehälter waren nicht nur wesentlich höher als die entsprechenden Gehälter in der Ukraine, sondern auch in Russland selbst. Eine Lehrerin an einer Schule erhielt 40 000–50 000 Rubel pro Monat, eine Fachkraft in einer staatlichen Einrichtung 70 000–90 000, eine Schulleiterin oder ein Abteilungsleiter an einer staatlichen Einrichtung 100 000–150 000 Rubel. Zum Vergleich: In Russland betrug das durchschnittliche Lehrergehalt 2022 etwa 26 000 Rubel,[39] in der Ukraine lag es bei ca. 12 000 Hryvnja (22 000 Rubel).[40]

Rentner und sozial schwache Bevölkerungsgruppen bezogen zudem parallel auch Hilfsleistungen aus der Ukraine. Finanziell gesehen waren die Monate Juni–Oktober 2022 für gewiefte Rentner im Gebiet Cherson „goldene“ Monate: Zu ihrer doppelten Rente kamen Sozialleistungen sowie Hilfslieferungen aus Russland *und* der Ukraine; kommunale Dienste konnten sie de facto kostenlos nutzen, und die Preise insbesondere für Obst und Gemüse waren niedriger als in den ukrainisch kontrollierten Landesteilen, da die Chersoner Landwirte ihre Absatzmärkte verloren hatten und ihre Produkte zu Spottpreisen verkaufen mussten. Das darf jedoch nicht zu falschen Urteilen verleiten: Die Besatzungszeit war für die Mehrheit der Rentner, insbesondere solche mit eingeschränkter Mobilität, die nicht stundenlang für Essen und Rentenzahlungen Schlange stehen konnten, für jene, die kein Smartphone besaßen oder prinzipiell keine Hilfe von den Besatzern annehmen wollten, eine sehr schwere Zeit.

Wer keinen Anspruch auf Renten und Sozialleistungen hatte, den versuchte das Besatzungsregime auf anderen Wegen zu „kaufen“: Sobald die Verkehrsverbindungen zur Krim und zur „Volksrepublik Donezk“ offen waren, strömte eine Flut von hochprozentigem Alkohol und billigen alkoholischen Getränken in die Region. Der Alkohol wurde in 20-Liter-Kanistern von der Krim importiert und dann vor Ort zu „Wodka“, „Cognac“ und „Gin“ verdünnt. Dazu kamen billiges Bier, das in Plastikfässern von der Krim geliefert wurde, und die gleichfalls nicht eben hochwertigen Produkte der Spirituosenindustrie im Donbass und in Russland. Überall in der Stadt

---

[38] Social'nye vyplaty. Oficial'nyj sajt Administracii Chersonskoj oblasti, <https://khogov.ru/deyatelnost-viplati>.

[39] Statistika zarplat v Rossii za 2023 god – Učitel', <https://gorodrabot.ru/salary?p= p=учитель>.

[40] Zarplaty osvitjan ZZSO z yl'šat'sja šče na 8,4 %, <https://mon.gov.ua/ua/news/zarplati-osvityan-zzso-zbilshatsya-na-84>.

tauchten „Bierwagen“ und „Ausschänke“ aus, die ohne Lizenz Alkohol verkauften; der einheimische Selbstgebrannte tat das Seine dazu, dass die Straßen schon am Morgen voller Betrunkener waren – zu Fuß wie auch am Steuer. Das änderte sich erst im August, als vermehrt Verkehrspolizei aus der „DNR“ und der Krim in den Städten patrouillierte. Dennoch blieb die Alkoholisierung der Bevölkerung ein zentrales Merkmal der Besatzungszeit – die ukrainischen Streitkräfte erließen dagegen unmittelbar nach der Befreiung von Cherson ein Alkoholverbot.

Exodus, Pendelbewegungen, Deportation

Die Abwanderung aus Cherson begann schon in den ersten Stunden des Krieges. In der Stadt und in ihrem Umland bildeten sich während einiger Tage kilometerlange Staus. Die Menschen packten ihre Habseligkeiten und verließen mit ihren Haustieren ihre Wohnung; bis unters Dach vollgestopfte Autos rollten westwärts. Trotz des Treibstoffmangels an den Tankstellen konnten nach Schätzungen von Experten rund 20 Prozent der Bevölkerung die Stadt bereits vor dem Einmarsch der russischen Truppen verlassen. Unter ihnen waren nicht wenige Politiker, Funktionäre und Aktivisten, die wussten, was mit ihnen geschehen würde, wenn sie in die Hände der Besatzer fallen. Die Stadt verließen etwa der Leiter der Chersoner Gebietsverwaltung Hennadij Lahuta und weitere Leute aus seinem Apparat, verschiedene Abgeordnete des Gebietsparlaments, Mitarbeiter des Sicherheitsapparats und bekannte ukrainische Aktivisten. Nicht wenige blieben jedoch auch in der Stadt.

Diese Fluchtbewegung riss während der gesamten Besatzungszeit nicht ab. Die Menschen verließen die Region im eigenen Auto und in gecharterten Bussen, die teils von kommerziellen Anbietern, teils von freiwilligen Helfern zur Verfügung gestellt wurden; es flohen Einzelpersonen (manchmal auch zu Fuß oder mit dem Fahrrad), Familien und ganze Organisationen – Institutionen, Firmen, Kinderheime.

In der Phase, als noch um die Stadt und das Gebiet gekämpft wurde, war die Flucht sehr gefährlich, man konnte leicht unter Beschuss geraten. Die beliebteste Route in dieser Zeit führte entlang des Dnepr-Bug-Limans Richtung Mykolajiv. Nachdem sich die Frontlinie im rechtsufrigen Teil des Gebiets Cherson im April stabilisiert hatte, begannen Freiwillige und Unternehmer, andere Wege in nicht-besetztes ukrainisches Territorium und Evakuierungsmöglichkeiten zu erkunden.

Zu Beginn der Besatzung gab es mehrere und wechselnde „Grenzübergänge“, ab Mai 2022 führte der einzige Weg durch die Kleinstadt Vasylivka 50 Kilometer südlich von Zaporižžja. Im Monatsrhythmus wurden neue Beschränkungen für das Passieren der Frontlinie eingeführt. Zunächst wurde die Durchfahrt nur noch erlaubt, wenn der Halter des Wagens am Steuer sitzt. Dann wurde die Durchfahrt für Schwertransporte verboten, dann auch für leichte LKW. Ab August durften keine Hilfslieferungen mehr eingeführt werden, ab Ende September gab es ein Ausreiseverbot für Männer unter 35 Jahren.

Im Oktober 2022 konnte man nur noch mit einer Sondergenehmigung der Kommandantur ausreisen. Mitte Dezember 2022 wurde der letzte verbliebene Übergang entlang der gesamten Frontlinie von Charkiv bis zur Halbinsel Kinburn vollständig geschlossen. In den Monaten zuvor war die Ausreise aus dem besetzten Gebiet immer schwieriger geworden: In den ersten Monaten nahm die Fahrt ins unbesetzte Gebiet ein bis zwei Tage in Anspruch, ab Juni waren es schon vier bis fünf, manchmal auch zehn Tage. Übernachtet wurde dabei oft auf freiem Feld, was mit dem Risiko einherging, unter Beschuss zu geraten.

„Cherson – auf alle Zeiten mit Russland". Propagandaplakat der Besatzer. Unten: „Sichere Route: Cherson ->Polen/ ->Georgien". Werbeplakat eines Beförderungsunternehmens. Cherson, August 2022

Besonders gefährlich war das „Niemandsland“ zwischen dem letzten Posten der russländischen Armee und der ersten ukrainischen Straßenkontrolle. Checkpoints gab es alle fünf bis sechs Kilometer, und an jedem herrschten andere Regeln. Die verschiedenen Einheiten, die hier kontrollierten – Soldaten der „DNR“ mit sowjetischen Helmen und Gewehren, gut ausgerüstete Kadyrov-Truppen, reguläre Einheiten der russländischen Armee – verfolgten jeweils andere Ziele. Gefürchtet war vor allem die Kontrolle in Vasylivka, die eine vollständige Leibesvisitation, eine Durchsuchung des Gepäcks und des Fahrzeugs sowie sämtlicher elektronischer Geräte einschloss. Jeder als „verdächtig“ eingestufte Fund konnte zur Verhaftung oder zu einem Ausreiseverbot führen.

Eine weitere viel genutzte Ausreiseroute verlief über die Krim. Auf dieser war die Gefahr gering, unter Beschuss zu geraten oder auf Feldwegen im Schlamm steckenzubleiben. Doch von Menschen, die diesen Weg gewählt hatten, wusste man, dass am Übergang zur Krim eine „Filtration“ stattfand, die nicht nur eine eingehende Durchsuchung von Daten auf elektronischen Geräten, sondern auch ein einstündiges Gespräch mit einem FSB-Mitarbeiter umfasste.[41] Diese Route wurde insbesondere von Männern im wehrfähigen Alter genutzt, die die Ukraine verlassen wollten, oder von Arbeitsmigranten, die in die Türkei oder ihre Heimatländer im Südkaukasus oder in Zentralasien zurückkehrten.

Parallel zum Exodus aus dem Gebiet Cherson gab es auch eine – deutlich weniger umfangreiche – Bewegung in die umgekehrte Richtung. Menschen, die zunächst geflohen waren, aber auf Ukrainisch kontrolliertem Territorium keine bezahlbare Wohnung gefunden hatten, kehrten zurück. Männer mit Wurzeln im Gebiet Cherson, die sich der Einberufung in die ukrainische Armee entziehen wollten, kehrten in ihre Heimat zurück.

Insgesamt handelte es sich jedoch um einen Exodus. Anfang September 2022 hatte mehr als die Hälfte der Vorkriegsbevölkerung das Gebiet Cherson verlassen.[42] Mitte Oktober 2022 sprach der Abgeordnete des Chersoner Gebietsparlaments Serhij Chlan’ von weniger als 400 000 Menschen, die noch in dem Gebiet seien.[43]

Die letzte Phase der Besatzung ging mit einer weiteren Ausreisewelle einher, die faktisch den Charakter einer Deportation hatte. Die Besatzungskräfte versuchten vor ihrem Abzug aus dem rechts des Dnipro gelegenen Teil des Gebiets Cherson im Oktober durch massive Einschüchterung und mit Falschinformationen die Menschen zum Verlassen der Stadt zu nötigen. In den Medien der Besatzer hieß es, der Aufenthalt in der Stadt werde bald lebensgefährlich. Die Bewohner erhielten selbst nachts SMS-Nachrichten, in denen sie zum Verlassen der Stadt in Richtung Russland aufgerufen wurden. Dazu

---

[41] Mykola Gomaniuk et al.: Specialist v umovach okupacij: zvit za rezul’tatamy sociolohičnho doslіždennja. Cherson 2022.

[42] Okupanty vyvezli vlasni rodyny z Chersona. Z kožnym dnem – delali spekotniše: interv’ju iz holovoju Chersons’koji OVA Januševyčem. TSN, 8.9.2022. - Jaroslav Januševyč war bis Januar 2023 Vorsitzender der rechtmäßigen ukrainischen Gebietsverwaltung von Cherson.

[43] Okupanty vykorystovujut‘ vsi metody paniky: Chlan’ rozpoviv pro vidstup rosijan z okupovanoho Chersona ta čoho čekaty žiteljam mista. Novyny live, 19.10.2022. – Entsprechend phantastisch wirken die Zahlen des Ende September durchgeführten Scheinreferendums, an dem nach Angaben der Wahlkommission 571 001 Personen teilgenommen haben sollen. Siehe die Angaben auf der Internetseite der Besatzungsverwaltung: <https://khogov.ru/press-center-official>: Izbiratel'naja komissija Chersonskoj oblasti opublikovala rešenie o rezul’tatach referenduma, 28.9.2022. – Siehe auch: Vlasti Chersonskoj oblasti zajavili o faktičeskom vychode regiona iz Ukrainy. Izvestija, 28.9.2022.

kamen Sprachnachrichten im Namen angeblicher „ukrainischer Nationalisten“, die drohten, alle unter der Besatzung in Cherson gebliebenen „Verräter“ zu vernichten. Selbst das Gerücht wurde gestreut, ein Atomschlag im Gebiet Cherson stehe bevor.

Nach dem Ende der Besatzung

Während der letzten Wochen vor ihrem Abzug transportierten die Besatzer unter Hochdruck wertvolle Gerätschaften sowie Kulturgüter aus dem rechtsufrigen Teil des Gebiets Cherson ab. In der Stadt selbst wurden hochwertige Geräte aus Krankenhäusern, Unternehmen und städtischen Behörden entwendet. Das Staatsarchiv des Gebiets Cherson, das Heimatmuseum und das Kunstmuseum wurden geplündert.

Hatten die Besatzer nach ihrer Ankunft die historische Zugehörigkeit des Gebiets Cherson zum Russischen Reich im Geschichtsbild der Menschen verankern wollen, so montierten sie nun die aus sowjetischer Zeit verbliebenen Denkmäler ab, die genau dieses Geschichtsbild transportierten: die Standbilder von Suvorov, Ušakov und Potemkin. Selbst die sterblichen Überreste von Fürst Grigorij Potemkin wurden abtransportiert.[44] Die abziehenden Truppen sprengten den Fernsehturm, wichtige Stromleitungen, sämtliche Brücken über den Dnipro und den Inhulec’ innerhalb der Gebietsgrenzen, einschließlich der Brücke am Wasserkraftwerk Kachovka, wobei die Überlaufvorrichtung am Damm beschädigt wurde, was eine Umweltkatastrophe am Unterlauf des Dnipro zur Folge haben könnte.[45]

Als am 11. November Einheiten der ukrainischen Streitkräfte in Cherson einmarschierten, fanden sie eine ausgeplünderte Stadt vor. Es gab keinen Strom, keine Fernheizung, kein fließendes Wasser, kein Internet und keinen Mobilfunk. Die Bewohner schöpften Wasser aus dem Dnipro, sammelten in den Parks der Stadt Brennholz zum Heizen, machten Feuer auf den Straßen. Schon in den ersten Tagen nach der Entsatzung begann der Wiederaufbau der zerstörten Infrastruktur und der mobilen Kommunikation; die kommunale Verwaltung begann wieder zu arbeiten, Minen wurden geräumt usw. Ende November gab es in der Stadt bereits wieder Strom, Wasser, Heizung und Internet. Am 14. November besuchte Präsident Volodymyr Zelens’kyj die Stadt, am 20. November traf der erste Zug der Linie Kiew Cherson ein.

Gleichzeitig wurden Cherson – wie auch das stromaufwärts am rechten Dnipro-Ufer gegenüber von Nova Kachovka gelegene Beryslav – mit dem Rückzug der Besatzer zu Frontstädten. Sie liegen seit dem Rückzug der russländischen Truppen unter ständigem Beschuss. Wohngebiete und zivile Einrichtungen werden mit Mörsern, Mehrfachraketenwerfern und Gleitbomben angegriffen. Dies hat eine weitere Fluchtwelle ausgelöst; Menschen mit eingeschränkter Mobilität wurden evakuiert. In Cherson ist mittlerweile weniger als 20 Prozent der Vorkriegsbevölkerung verblieben.[46] In den Städten und Dörfern am Dnipro-Ufer ist die Lage extrem gefährlich geworden, in jeder Sekunde können Mörser und Granaten einschlagen.

---

44 Siehe dazu Mykola Homanyuk: Reich, Nation, Rossija. Die Symbolpolitik der Besatzer in der Ukraine, in: OSTEUROPA, 12/2022, S. 13–45.

45 Okkupanty vzorvali čast’ vodoslivnoj plotiny Kachovskoj GĖS (Video), <https://donpatriot.news/ru/article/okupanti-pidirvali-chastinu-vodozlivnoyi-grebli-kahovskoyi-ges-video>. Siehe dazu den Beitrag von Ihor Pylypenko und Daria Malchykova in diesem Band, S. 53–60.

46 Stalo vidomo, skil’ky žyteliv Chersona zalyšylysja v misti. UNIAN, 2.1.2023.

Leerer Sockel des Ušakov-Denkmals vor der Marineakademie von Cherson. Cherson, 24.10.2022

Auch im weiterhin besetzten linksufrigen Teil des Gebiets Cherson gab es nach dem Rückzug der russländischen Truppen vom rechten Dnipro-Ufer eine Reihe von Veränderungen. Am 25. November wurde die Führung der Besatzungsregierung ausgetauscht und an die Spitze Andrij Alekseenko gesetzt, der bis 2022 Bürgermeister von Krasnodar war, wegen eines Korruptionsskandals zurücktreten musste und daraufhin als Leiter der Besatzungsverwaltung in den okkupierten Teilen des Gebiets Charkiv fungiert hatte.[47] Unklar ist, wie die Zuständigkeiten zwischen dem Ministerrat, dem Alekseenko vorsteht, und dem weiterhin vorhandenen, nicht in die russländischen Verwaltungsstrukturen integrierten Apparat der Militär- und Zivilverwaltung der Besatzer verteilt sind.

Sitz der Besatzungsbehörden ist nun Heničes'k, eine Kleinstadt an der Küste des Asowschen Meeres. Die Städte Hola Prystan', Kachovka, Nova Kachovka und Tavrijs'k sowie weitere Siedlungen in einem 15 Kilometer breiten Streifen entlang des linken Ufers des Dnipro bzw. des Kachovka-Stausees haben die Besatzer in Erwartung einer ukrainischen Offensive zur Rückeroberung auch dieser Gebiete geräumt. Die Bevölkerung wurde „evakuiert" und zunächst in Sammelunterkünften in Anapa und Tuapse im Kreis Krasnodar untergebracht. Ihnen wurde eine Zahlung von 100 000 Rubeln sowie finanzielle Unterstützung beim Immobilienerwerb in Russland (žiliščnyj sertifikat) in Aussicht gestellt. Hinweise, dass es ihnen verwehrt würde, in andere Gegenden Russlands oder auch in andere Staaten auszureisen, liegen jedoch nicht vor.

Am 2.12.2022 kündigte Volodymyr Sal'do den Bau einer neuen Stadt im Gebiet Cherson an, in der Regierungsbehörden und Gebietskörperschaften ihren Sitz haben sollen. Sie soll auf der geographisch zur Krim gehörigen Arabat-Nehrung errichtet werden. Dies deutet darauf hin, dass die Besatzer nicht mehr damit rechnen, den rechts des Dnipro gelegenen Teil des Gebiets Cherson erneut erobern zu können. Ob sie sich im links des Dnipro gelegenen Gebiet halten können, wird der weitere Kriegsverlauf zeigen.

Fazit

Der Verlauf der Besatzung von Cherson gibt klare Hinweise darauf, dass Russlands Führung in den ersten zwei Monaten nach dem Überfall vom 24.2.2022 keine Annexion einzelner ukrainischer Gebiete plante. Ziel war vielmehr der Sturz der Regierung in Kiew und die Einsetzung einer moskautreuen Führung, unter der die gesamte Ukraine oder große Teile des Landes zurück in Russlands Einflusssphäre geführt werden sollten. Ende April 2022 vollzogen die Besatzer einen Kurswechsel. Nun ging es um die „Entukrainisierung" der besetzten Gebiete und ihre Eingliederung in die Russländische Föderation. Muster war die Annexion der Krim: Unter der Kontrolle der Besatzer sollte die Bevölkerung sich „selbst organisieren" und beim Referendum für den Beitritt stimmen. Unter dem Eindruck des Vorrückens der ukrainischen Armee Richtung Cherson wurde dieses Vorgehen ab September besonders forciert.

Die Besatzer hatten lange Zeit keine klare Vorstellung von der Zukunft der Stadt Cherson und dem am rechten Ufer des Dnipro gelegenen Teil des Gebiets Cherson. Sie waren überrascht, wie viele Menschen ihre Ankunft als Besatzung und nicht als Befreiung

---

[47] Predsedatelem pravitel'stva Chersonskoj oblasti naznačen Andrej Aleksenko, <https://t.me/VGA_Kherson/4993>. – Mėr Krasnodara Andrej Alekseenko vozglavit „pravitel'stvo" okkupirovannoj časti Char'kovskoj oblasti. Meduza.io, 17.8.2022.

empfanden. Inkompetenz, Terror und das Fehlen klarer politischer Botschaften führten dazu, dass qualifizierte Menschen in großer Zahl das Gebiet Cherson verließen. Jene, die blieben, waren vom Terror der Besatzer gegen die Zivilbevölkerung so entsetzt, dass keine finanziellen Verlockungen sie mehr auf die Seite der Okkupanten ziehen konnte. Spätestens ab der zweiten Junihälfte 2022 war klar, dass zur Verwaltung des besetzten Gebiets Personal aus Russland rekrutiert werden musste, da sich unter den Einheimischen nicht genügend fähige Kollaborateure fanden.

Die Versuche der Besatzer, einheimische Kommunalpolitiker für sich zu gewinnen, scheiterten auf ganzer Linie: Kein einziger amtierender Bürgermeister einer Stadt und nur ein einziger amtierender Vorsitzender einer ländlichen Gemeinde im Gebiet Cherson, kein einziger hochrangiger Beamter einer örtlichen Behörde, kein einziger Rektor einer Universität, kein einziger wichtiger Unternehmer und kein einziger Leiter einer NGO war zur Zusammenarbeit bereit. Die wenigen Kollaborateure – unter ihnen ein Abgeordneter der Verchovna Rada, mehrere Abgeordnete des Gebietsparlaments und des Stadtrats von Cherson sowie der Chef der regionalen Strafvollzugsbehörde – waren bei der Bevölkerung unbeliebt, viele verhasst. Einige waren schlicht Betrüger, andere in den Jahren zuvor mit dem Gesetz in Konflikt gekommen, viele hatten 2014 die Ukraine in Richtung Russland verlassen und kamen nun mit der russländischen Armee zurück. Sie alle erhielten in der in Cherson verbliebenen Bevölkerung rasch einen im kollektiven Gedächtnis verankerten Namen: Gaulajtery (Gauleiter). Und auch die Kader aus Russland und den „Volksrepubliken" von Donezk und Lugansk konnten das Problem der Besatzer nicht lösen. Auch unter ihnen waren die meisten zwielichtige Gestalten mit zweifelhaften beruflichen Fähigkeiten.

Auch mit der Fähigkeit der staatlichen, regionalen und kommunalen Behörden der Ukraine, im Online-Kontakt mit den Bürgern weiterzuarbeiten, hatten die Besatzer nicht gerechnet. Die während der Covid-Pandemie forcierte Digitalisierung hatte die Voraussetzungen dafür geschaffen, dass das Gebiet Cherson zwar physisch besetzt war, erhebliche Teile der Verwaltung, der Wirtschaft, des Bildungssektors und der Medien aber spielten sich in der unbesetzten, mit den nicht okkupierten Teilen verbundenen digitalen Sphäre ab.

Erschwert wurde die Kontrolle über das besetzte Gebiet auch durch die funktionierende Zivilgesellschaft. Ohne eine schlagkräftige Geheimpolizei und ein ausgedehntes Netz einheimischer Zuträger konnten die Besatzer die zahlreichen informellen Gruppen freiwilliger Helfer, die meist weder einen Leiter, noch Gremien noch eine fixe Adresse hatten, nicht ausschalten. Statt dessen verlegten sie sich darauf, Büros russländischer staatsnaher Organisationen zu eröffnen oder die Kollaborateure zur Gründung pseudozivilgesellschaftlicher Strukturen zu veranlassen – wie etwa jenes Gesellschaftsrats, auf dessen angebliche Initiative das Referendum über den Beitritt zur Russländischen Föderation Ende September 2022 abgehalten wurde.

Aus dem Russischen von Olga Radetzkaja, Berlin

Schlagwörter:
Cherson, russische Besatzung, Annexion, Kollaboration, Besatzungsverwaltung, Zivilbevölkerung

Kornelia Kończal

Über den Tellerrand

Dritte in den deutsch-polnischen Beziehungen

Die seit 2015 anhaltende Krise in den deutsch-polnischen Beziehungen wird für gewöhnlich aus der bilateralen Perspektive gedeutet. Die Analyse deutscher Fehleinschätzungen, Versäumnisse und Unterlassungen einerseits sowie polnischer Vorwürfe, Übergriffe und Zurückweisungen andererseits soll die deutsch-polnischen Verständigungsprobleme erklären. Diese Perspektive greift zu kurz. Die deutsch-polnische Gegenwart kann man im Lichte der deutsch-französischen und der polnisch-ukrainischen Beziehungen besser verstehen. Über den bilateralen Tellerrand hinauszuschauen ermöglicht somit eine tiefere Beziehungsdiagnose.

Der aus der Geometrie kommende Begriff der Symmetrie hat wie kaum ein anderer außerhalb der Formalwissenschaften Karriere gemacht. Im geometrischen Sinne bezeichnet Symmetrie die spiegelbildliche Gleichheit eines Gebildes, das durch eine Mittellinie getrennt wird. Die Asymmetrie als ihr Gegensatz verweist auf ungleiche Formen. Die Sozial- und Geisteswissenschaften bedienen sich der Metapher der Asymmetrie, um Ungleichheit zu kennzeichnen – meistens mit machtkritischem Anspruch. Dieser Verwendung wohnt für gewöhnlich eine Wertung inne: Symmetrische Verhältnisse werden als positiv konnotierte Norm bewertet, asymmetrische Verhältnisse gelten als eine Abweichung, die es zu überwinden gilt. Die Anschaulichkeit und Vagheit dieser Metaphorik mögen erklären, warum die Semantik der Asymmetrie auch im Sprechen und Schreiben über Beziehungen zwischen Ländern und Gesellschaften so populär ist.[1]

Das eigentliche Problem an der Diagnose einer (a)symmetrischen Beziehung ist jedoch nicht, dass die Metapher so dehnbar ist. Fragwürdig ist vor allem, dass damit die Analyse

Kornelia Kończal (1982), Dr. phil., Historikerin, Juniorprofessorin für Public History an der Universität Bielefeld

Von Kornelia Kończal ist in OSTEUROPA erschienen: (mit Joanna Wawrzyniak): Traditionen, Konzepte, (Dis-)Kontinuitäten. Erinnerungsforschung in Polen, in: OE, 5/2012, S. 19–46. – Politik (mit) der Erinnerung. Helmut König über das Gedächtnis und seine Bedingungen, in: OE, 8/2010, S. 113–159.

[1] Brantly Womack: Asymmetry and International Relationships. Cambridge 2016. – Stefan Szwed: Poland, Germany and State Power in Post-cold War Europe. Asymmetry Matters. London 2019. – Andrii Portnov: Poland and Ukraine: Entangled Histories. Asymmetric Memories. Berlin 2020. – Iza Chruślińska: Polska i Ukraina: asymetryczne sąsiedztwo. Warszawa 2021. – Julia Rysicz-Szafraniec: Ukrainian „Working through the Past“ in the Context of the Polish-Ukrainian Dialogue on Volhynia-43. Asymmetry of Memory, in: European Review, 4/2021, S. 497–509. – Ian Roberge, Nara Park, Thomas R. Klassen (Hg.): Asymmetric Neighbors and International Relations. Living in the Shadow of Elephants. Milton 2023.

OSTEUROPA, 73. Jg., 1–2/2023, S. 97–122 **doi: 10.35998/oe-2023-009**

auf eine bilaterale Perspektive reduziert wird. Tatsächlich aber lässt sich keine Beziehung verstehen, wenn man sie nicht als Teil eines Geflechts betrachtet, an dem auch Dritte beteiligt sind.[2]

Auch die Dynamik der deutsch-polnischen Beziehungen lässt sich nur bedingt verstehen, wenn man sie ausschließlich als bilaterales Verhältnis betrachtet. Die Erweiterung der Perspektive um Frankreich und die Ukraine ist besonders lohnend, denn die Vorgeschichte der deutsch-polnischen Gegenwart lässt sich besser verstehen, wenn man die deutsch-französische Vergangenheit berücksichtigt, und über ihre Nachgeschichte kann man klarer nachdenken, wenn man die polnisch-ukrainische Zukunft mitdenkt. Zum einen ist die deutsch-polnische Annäherung stets begleitet von dem Vergleich mit der erfolgreichen deutsch-französischen Versöhnung. Die deutsch-französische Symmetrie galt vielen als Vorbild für die zu überwindende deutsch-polnische Asymmetrie. Zum anderen kann die Wende in den ebenfalls als asymmetrisch geltenden polnisch-ukrainischen Beziehungen, die Russlands massiver Angriffskrieg auf die Ukraine am 24. Februar 2022 eingeleitet hat, perspektivisch dazu beitragen, das deutsch-polnische Ungleichgewicht zu nivellieren – so zumindest die Hoffnung vieler polnischer Spitzenpolitiker, Regierungsberater und regierungsnaher Journalisten. Fakt ist: Ausgerechnet in dem Moment, in dem der langjährige große Konflikt zwischen Warschau und Berlin – der Streit über die Energie- und Russlandpolitik, insbesondere über die Gaspipeline *Nord Stream* 2 – infolge von Russlands Krieg „beseitigt" wurde, befinden sich die deutsch-polnischen Beziehungen in der tiefsten Krise seit 1989. Der Blick auf die Rolle der Dritten ermöglicht eine tiefere Diagnose des Zustands und vielleicht auch bessere Prognose der weiteren Entwicklung der deutsch-polnischen Beziehungen.

Das deutsch-französische Modell

Bereits vor 1989 wurde nach Parallelen zwischen dem deutsch-französischen und dem (west)deutsch-polnischen Aussöhnungsprozess gesucht.[3] Doch erst in den 1990er Jahren avancierte der Bezug auf das deutsch-französische Erfolgsmodell zum Leitmotiv der Diskurse über die deutsch-polnische Nachbarschaft. Am 21. Januar 1993 lobte der Außenminister Klaus Kinkel vor dem Bundestag die Errungenschaften des 1963 zwischen Frankreich und Deutschland unterzeichneten Elysée-Vertrags, der als *der* Meilenstein

---

[2] Eva Eßlinger u.a. (Hg.): Die Figur des Dritten. Ein kulturwissenschaftliches Paradigma. Berlin 2010. – Für Perspektiven auf die deutsch-polnische Geschichte im triadischen Beziehungssystem: Klaus Zernack: Negative Polenpolitik als Grundlage deutsch-russischer Diplomatie in der Mächtepolitik des 18. Jahrhunderts, in: Uwe Liszkowski (Hg.): Rußland und Deutschland. Georg von Rauch zum 70. Geburtstag. Stuttgart 1974, S. 144–159. – Martin Schulze Wessel: Russlands Blick auf Preußen. Die polnische Frage in der Diplomatie und der politischen Öffentlichkeit des Zarenreiches und des Sowjetstaates 1697–1947. Stuttgart 1995.

[3] Gute Nachbarschaft und die Realitäten. „Weiße Flecken" in der Aufarbeitung der deutsch-polnischen Geschichte. Ostpreußenblatt, 30.4.1988. – Polen und die „deutsche Gefahr": wie weit ist es noch zu einer Versöhnung? FAZ, 9.11.1989. – Nie lubię słowa „pojednanie". Z francuskim historykiem i niemcoznawcą rozmawia Marek Ostrowski. Polityka, 13.2.1988. – Schlesien wird bald das Elsaß des Ostens sein. FAZ, 10.10.1992. – Vor dem Jahr 50 nach Kriegsbeginn, in: Rheinischer Merkur/Christ und Welt, 23.12.1988.

im deutsch-französischen Versöhnungsprozess gilt.[4] Im Hinblick auf die neue Gestalt Europas nach dem Zusammenbruch des Kommunismus glaubte Kinkel, dass die deutsch-französische Erfolgsgeschichte als „das eigentliche Wunder der Nachkriegsgeschichte“ einen vergleichbaren Prozess zwischen Deutschland und Polen inspirieren würde.[5] Fünf Jahre später beteuerte sein polnischer Amtskollege Bronisław Geremek in einem Interview: „Zwischen Deutschland und Polen sollte genau das geschehen, was sich zwischen Deutschen und Franzosen vollzogen hat.“[6] Den Rückgriff auf das deutsch-französische Erfolgsmodell findet man sowohl bei Experten, Journalisten und Politikern als auch bei Wissenschaftlern, die sich mit den deutsch-polnischen Beziehungen beschäftigten.[7]

Dies hat zwei Gründe. Zum einen (1) sind es die ähnlichen historischen Erfahrungen. Zum anderen (2) waren Franzosen wie Polen grundsätzlich bereit, sich mit (West-) Deutschland zu versöhnen.

Gemeinsamkeiten und Unterschiede der historischen Erfahrungen

Frankreich und Polen litten im Zweiten Weltkrieg unter deutscher Invasion und Besatzung. In beiden Ländern wurde Deutschland lange Zeit als die größte Bedrohung für die nationale Sicherheit betrachtet. Das Konzept der „Erbfeindschaft“,[8] das den angeblich andauernden deutsch-französischen Konflikt beschreibt, ähnelt der Vorstellung von „zehn Jahrhunderten des Kampfes“ zwischen Deutschen und Polen.[9]

Diese wichtigen Gemeinsamkeiten sollten jedoch nicht über grundlegende Unterschiede zwischen den deutsch-französischen und den deutsch-polnischen Beziehungen hinwegtäuschen. Sie zeigen sich sowohl bei der Betrachtung der langen Linien der beiden Beziehungsgeschichten als auch in der Bilanz des Zweiten Weltkrieges. Während das metropolitane Frankreich – von Elsass und Lothringen abgesehen – jahrhundertelang stabile Staatsgrenzen hatte, lebte die polnische Bevölkerung 1945 etwa zur Hälfte in Gebieten, die noch knapp 30 Jahre davor zum Deutschen Reich gehört hatten. Dieser

---

[4] Corine Defrance, Ulrich Pfeil (Hg.): Der Elysée-Vertrag und die deutsch-französischen Beziehungen 1945–1963–2003. München 2005.

[5] Rede des Bundesministers, in: Bulletin des Presse- und Informationsamtes der Bundesregierung, 25.1.1993, S. 60.

[6] Heimweh nach Europa. Bronisław Geremek im Interview mit Theo Sommer. Die Zeit, 30.7.1998.

[7] Lily Gardner Feldman: Germany’s Foreign Policy of Reconciliation: From Enmity to Amity. Lanham 2012. – Weber Pierre-Frédéric: Deutsch-französische Versöhnung vs. deutsch-polnische Normalisierung. Vergleichbarkeit der Grenzen/Grenzen der Vergleichbarkeit, in: Katarzyna Jedynakiewicz-Mróz (Hg.): Trudne sąsiedztwo. Z dziejów relacji polsko-niemieckich w XX i początkach XXI wieku. Wrocław 2011, S. 43–62. – Adam Krzemiński: Der polnische Blick auf Deutschland und Frankreich, in: Wolfgang Bergsdorf, Manuela Spindler, Wolfram Vogel (Hg.): Erbfreunde. Deutschland und Frankreich im 21. Jahrhundert, Weimar 2007, S. 25–36. – Stanisław Parzymies: Stosunki francusko-niemieckie jako przykład dla stosunków Polski i Niemiec, in: Michał Dobroczyński (Hg.): Niemcy, Polska, Rosja. Bezpieczeństwo europejskie i współpraca społeczeństw. Warszawa 1996, S. 195–206. – Krzysztof Skubiszewski: La coopération franco-allemande. Un modèle pour la Pologne et l’Europe centrale, in: Documents. Revue des questions allemandes, 1/1993, S. 8–12.

[8] Michael Jeismann: Das Vaterland der Feinde. Studien zum nationalen Feindbegriff und Selbstverständnis in Deutschland und Frankreich 1792–1918. Stuttgart 1992. – Ulrich Lappenküper: Die deutsch-französischen Beziehungen 1949–1963. Von der „Erbfeindschaft“ zur „Entente élémentaire“. München 2001.

[9] Den Begriff „Zehn Jahrhunderte des Kampfes“ prägte der polnische Historiker Zygmunt Wojciechowski: Polska-Niemcy: dziesięć wieków zmagania. Poznań 1945.

Unterschied geht vor allem auf die Tatsache zurück, dass die „negative Polenpolitik“ (Klaus Zernack)[10] in Preußen (und Deutschland) kein Pendant in Bezug auf Frankreich hatte. Und das nationalsozialistische Deutschland führte in Polen einen rassistisch motivierten Vernichtungskrieg gegen Juden und Slawen. Der Krieg im Westen gegen Frankreich und die Beneluxstaaten hatte einen grundlegend anderen Charakter. Entsprechend unterschiedlich fiel die NS-Besatzungspolitik in Polen und Frankreich aus. Während Frankreich etwa 541 000 Bürger, darunter 211 000 Soldaten, verlor, waren es in Polen über fünf Millionen Menschen – überwiegend Zivilisten. Auch das Ausmaß materieller und symbolischer Kriegszerstörungen war in Polen viel größer als in Frankreich.

Weiteres kommt hinzu: Die Kollaboration des französischen Staates mit Nazideutschland hatte in Polen keine Entsprechung. Während in den Nachkriegsprozessen gegen französische Bürger, die für das Vichy-Regime gearbeitet hatten, bis zu zwei Millionen Menschen verurteilt wurden, gab es in Polen nur eine relativ kleine Gruppe von Personen, die für deutsche Behörden gearbeitet hatten oder durch die Ermordung oder Denunziation von Juden am Holocaust beteiligt waren.[11] Zudem gab es zwischen Deutschland und Frankreich keine Grenzverschiebung in Folge des Kriegs und nur kleine Bevölkerungstransfers. Polen verlor hingegen etwa die Hälfte seines Vorkriegsterritoriums im Osten und gewann gleichzeitig im Westen und Norden deutsche Gebiete hinzu. Insgesamt schrumpfte das polnische Territorium um über 20 Prozent. Darüber hinaus stand der polnische Staat vor der Herausforderung, die Aussiedlung der Deutschen und die Umsiedlung der Polen aus den in die Sowjetunion eingegliederten Gebieten gleichzeitig zu bewältigen.[12] Während die Grenzfrage zwischen Frankreich und Deutschland nach 1945 keine nennenswerten Kontroversen auslöste, sorgte die auf der Potsdamer Konferenz im Sommer 1945 vereinbarte Westverschiebung der polnischen Grenzen noch mehrere Jahrzehnte lang für Konflikte zwischen der Bundesrepublik und Polen.[13] Hinzu kommt, dass große Teile deutscher Vertriebener, die eine Revision der deutsch-polnischen Grenze forderten, den Prozess der deutsch-polnischen Aussöhnung kritisch beobachteten.[14] Ihr emotionaler und politischer Widerstand gegen die Zusammenarbeit zwischen der Bundesrepublik mit Polen vor (und nach) 1989 hatte in den deutsch-französischen Beziehungen keine Entsprechung.

Nicht zuletzt unterschieden sich die geopolitischen Rahmenbedingungen der deutsch-französischen und der deutsch-polnischen Beziehungsgeschichte nach 1945 grundsätzlich. Während die immer engere Zusammenarbeit zwischen Paris und Bonn zur treibenden Kraft der europäischen Integration wurde,[15] entwickelte sich die rituelle Freundschaft zwischen Warschau und Ost-Berlin im Zeichen der von Moskau kontrollierten

---

10 Zernack, Negative Polenpolitik [Fn. 2].

11 Tony Judt: Geschichte Europas von 1945 bis zur Gegenwart. München 2006, S. 29–82.

12 Brian Porter-Szücs: Poland in the modern world: Beyond Martyrdom. Malden 2014, S. 196–208.

13 Kerstin Hinrichsen: Oder-Neisse-Grenze: Bis auf Widerruf? In: Hans-Henning Hahn, Robert Traba in Zusammenarbeit mit Maciej Górny und Kornelia Kończal (Hg.): Deutsch-Polnische Erinnerungsorte, Bd. 1. Paderborn 2015, S. 497–517.

14 Anna Jakubowska: Der Bund der Vertriebenen in der Bundesrepublik Deutschland und Polen (1957–2004). Selbst- und Fremddarstellung eines Vertriebenenverbandes. Marburg 2012.

15 Hélène Miard-Delacroix: Im Zeichen der europäischen Einigung. 1963 bis in die Gegenwart, Darmstadt 2011. – Corine Defrance, Ulrich Pfeil (Hg.): La France, l’Allemagne et le traité de l’Elysée 1963–2013. Paris 2012. – Ulrich Krotz, Joachim Schild: Shaping Europe. France, Germany, and Embedded Bilateralism from the Elysée Treaty to Twenty-First Century Politics. Oxford 2013.

sozialistischen Solidarität.[16] Der bereits erwähnte Elysée-Vertrag (1963) und der Vertrag von Zgorzelec (1950), in dem Polen und die DDR die bestehende deutsch-polnische Grenze anerkannten, markierten Meilensteine dieser Entwicklung. Zugleich führten französisch-ostdeutsche und polnisch-westdeutsche Beziehungen ein Schattendasein. Während das französische Verhältnis zu Ostdeutschland in der Tradition der Suche nach einem „anderen" (sprich: besseren) Deutschland stand,[17] verstärkte die antideutsche Politik der polnischen Regierung, die ihr Legitimität und Rückhalt verschaffte, das traditionell negative Bild Deutschlands in Polen.[18]

Erst in den 1970er Jahren wurden bis dahin auf staatlicher Ebene nichtexistente französisch-ostdeutsche und westdeutsch-polnische Kontakte in offizielle Beziehungen überführt. Mit der Abkehr von der Hallstein-Doktrin, nach der die Bundesrepublik keine diplomatischen Beziehungen zu Ländern aufnehmen oder unterhalten durfte, die Ostdeutschland anerkannten, leitete die sozialdemokratische Regierung unter Willy Brandt ein neues Kapitel in der Bonner Außenpolitik ein. Mit dem Warschauer Vertrag (1970) verpflichteten sich die Bundesrepublik und Polen zur Gewaltlosigkeit und akzeptierten die bestehende deutsch-polnische Grenze.[19] Der 1972 zwischen beiden deutschen Staaten unterzeichnete Grundlagenvertrag ebnete den Weg für die Aufnahme diplomatischer Beziehungen zwischen Frankreich und der DDR.

Die in Frankreich mit Besorgnis verfolgte Wiedervereinigung Deutschlands im Jahr 1990 hatte nur geringe Auswirkungen auf die deutsch-französischen Beziehungen: Formen der Zusammenarbeit nach dem französisch-westdeutschen Modell wurden auf die ehemalige DDR ausgedehnt.[20] Die Beziehungen zwischen Deutschland und Polen hingegen traten in eine neue Phase ein. Der deutsch-polnische Grenzvertrag (1990) regelte die heikle Frage der deutsch-polnischen Grenze, und der Vertrag über gute Nachbarschaft (1991) schützte die Rechte der nationalen Minderheiten und legte den Grundstein

---

[16] Burkhard Olschowsky: Einvernehmen und Konflikt. Das Verhältnis zwischen der DDR und der Volksrepublik Polen 1980–1989. Osnabrück 2005.

[17] Ulrich Pfeil: Die „anderen" deutsch-französischen Beziehungen. Die DDR und Frankreich 1949–1990. Köln 2004. – Christian Wenkel: Auf der Suche nach einem „anderen Deutschland": Das Verhältnis Frankreichs zur DDR im Spannungsverhältnis von Perzeption und Diplomatie. München 2014.

[18] Klaus-Peter Friedrich: Die Legitimation „Volkspolens" durch den polnischen Opferstatus: Zur kommunistischen Machtübernahme in Polen am Ende des Zweiten Weltkrieges, in: Zeitschrift für Ostmitteleuropa-Forschung, 52/2003, S. 1–51. – Piotr Madajczyk: Die Rolle antideutscher Instrumentalisierungen in Polen, 1944–1989, in: Dieter Bingen, Peter Oliver Loew, Kazimierz Wóycicki (Hg.), Die Destruktion des Dialogs: Polen, Tschechien, Deutschland und die Niederlande im Vergleich, 1900 bis heute. Wiesbaden 2007, S. 131–145. – Marcin Zaremba: Im nationalen Gewande. Strategien kommunistischer Herrschaftslegitimation in Polen, 1944–1980. Osnabrück 2011, S. 156–163.

[19] Dieter Bingen: Die Polenpolitik der Bonner Republik von Adenauer bis Kohl 1949–1991. Baden-Baden 1998. – Dieter Bingen, Janusz Józef Węc: Die Deutschlandpolitik Polens 1945–1991. Von der Status-quo-Orientierung bis zum Paradigmenwechsel. Kraków 1993. – Josef Korbel, Louis Ortmayer: Conflict, Compromise, and Conciliation: West German-Polish Normalization 1966–1976. Denver 1975. – Katarzyna Stokłosa: Polen und die deutsche Ostpolitik, 1945–1990. Göttingen 2011.

[20] Michael Gehler, Maximilian Graf (Hg.): Europa und die deutsche Einheit. Beobachtungen, Entscheidungen und Folgen. Göttingen 2017. – Tilo Schabert: How World Politics is Made: France and the Reunification of Germany. Columbia, London 2009.

für die kulturelle, wirtschaftliche, regionale und wissenschaftliche Zusammenarbeit zwischen Polen und Deutschland.[21]

Versöhnungsbereitschaft

Die Suche nach deutsch-französischen und deutsch-polnischen Parallelen geht auch auf die grundsätzliche Bereitschaft der Franzosen und Polen zurück, sich mit (West-) Deutschland zu versöhnen. Ein Vergleich der westdeutsch-französischen Annäherung nach 1945 mit dem Aufbau deutsch-polnischer Beziehungen nach 1989 weist in der Tat viele Ähnlichkeiten auf, aber parallele Entwicklungen lassen sich in den beiden Nachbarschaften bereits vor 1989 finden.

Das wohl bekannteste Beispiel für deutsch-französisch-polnische Parallelen ist die Rolle religiöser Akteure. Bereits 1949 wurde im badischen Bühl eine Konferenz katholischer Bischöfe aus Deutschland und Frankreich veranstaltet. 1950 gründeten Protestanten aus beiden Ländern den Französisch-deutschen Bruderrat, der sich zum Ziel setzte, die deutsch-französische Versöhnung zu fördern.[22] 1958 rief die damals noch gesamtdeutsch tagende Evangelische Kirche Deutschland den Verein *Aktion Sühnezeichen/ Friedensdienste* ins Leben, dessen westdeutscher Zweig seit den 1960er Jahren Freiwilligendienste und Begegnungsprogramme in den Niederlanden und Norwegen, Frankreich und Polen organisierte. Im deutsch-polnischen Kontext markiert das Jahr 1965 einen Wendepunkt. Anfang Oktober veröffentlichte die Evangelische Kirche in Deutschland die so genannte Ostdenkschrift, in der sie die deutsche Schuld anerkannte und auf Ansprüche auf die einst deutschen Gebiete östlich von Oder und Neiße verzichtete.[23] Mitte November schrieben polnische Bischöfe einen Hirtenbrief an ihre deutschen Amtsbrüder, in dem sie den Deutschen verziehen und sie um Vergebung für die während der Flucht und Vertreibung an Deutschen begangenen Gewalttaten baten.[24] In den darauffolgenden Jahren leisteten katholische Intellektuelle wichtige Beiträge zur deutsch-

---

[21] Dieter Bingen, Peter Oliver Loew, Krzysztof Ruchniewicz, Marek Zybura (Hg.): Erwachsene Nachbarschaft: die deutsch-polnischen Beziehungen 1991 bis 2011. Wiesbaden 2011. – Karina Paulina Marczuk (Hg.): Good Neighbourhood Treaties of Poland: Political, Security and Social Relations. Cham 2019. – Ann L. Phillips: Power and Influence after the Cold War: Germany in East-Central Europe. Lanham 2000. – Wolf-Dieter Eberwein, Basil Kerski (Hg.): Die deutsch-polnischen Beziehungen, 1949–2000: eine Werte- und Interessengemeinschaft? Opladen 2001.

[22] Daniela Heimerl: Der französisch-deutsche Bruderrat: Annäherung – Verständigung – Versöhnung, in: Kirchliche Zeitgeschichte, 14/2001, S. 470–486. – Jonathan Huener: Antifascist Pilgrimage and Rehabilitation at Auschwitz: The Political Tourism of Aktion Sühnezeichen and Sozialistische Jugend, in: German Studies Review, 3/2001, S. 513–532. – Ulrike Schröber: Franco-German Rapprochement and Reconciliation in the Ecclesial Domain: The Meeting of Bishops in Bühl (1949) and the Congress of Speyer (1950), in: Birgit Schwelling (Hg.): Reconciliation, Civil Society, and the Politics of Memory: Transnational Initiatives in the 20th and 21st Century. Bielefeld 2012, S. 143–165.

[23] Martin Greschat: „Mehr Wahrheit in der Politik!" Das Tübinger Memorandum von 1961, in: Vierteljahrshefte für Zeitgeschichte, 48/2000, S. 491–513.

[24] Basil Kerski, Thomas Kycia, Robert Żurek (Hg.): „Wir vergeben und bitten um Vergebung". Der Briefwechsel der polnischen und deutschen Bischöfe von 1965 und seine Wirkung. Osnabrück 2006. – Irene Dingel, Urszula Pękala (Hg.): Ringen um Versöhnung: Religion und Politik im Verhältnis zwischen Deutschland und Polen seit 1945. Göttingen 2018.

polnischen Versöhnung.[25] Nicht zuletzt gibt es auch auf der symbolischen Ebene auffällige Parallelen zwischen den deutsch-französischen und deutsch-polnischen Versöhnungsgesten: Bilder von der Friedensmesse in der Kathedrale von Reims vom Juli 1962, an der Konrad Adenauer und Charles de Gaulle teilnahmen, haben einen ebenso ikonischen Status wie Bilder von der Versöhnungsmesse im schlesischen Krzyżowa (dt. Kreisau), an der Helmut Kohl und Tadeusz Mazowiecki im November 1989 teilnahmen.[26] Beide Ereignisse markieren die Höhepunkte der Versöhnung an der Schnittstelle von Politik und Religion. In beiden Beziehungen ging die Bedeutung religiöser Impulse danach kontinuierlich zurück.

Möglicherweise weniger bekannt als die Verflechtungen zwischen Politik und Religion sind die westdeutsch-französisch-polnischen Parallelen auf zivilgesellschaftlicher Ebene. Bilaterale Gesellschaften und Städtepartnerschaften mögen hier als Beispiel dienen. Während die erste deutsch-französische Gesellschaft bereits 1947 in Hamburg gegründet wurde, entstand das erste deutsch-polnische Pendant 1971 in Düsseldorf. Eine zeitliche Verschiebung lässt sich auch auf der Zusammenarbeit auf kommunaler Ebene beobachten. Der erste deutsch-französische Partnerschaftsvertrag wurde 1950 zwischen Ludwigsburg und Montbéliard unterzeichnet, die erste deutsch-polnische Städtepartnerschaft zwischen Bremen und Danzig geht auf das Jahr 1976 zurück. Darüber hinaus gab es in den 1970er Jahren eine Reihe neuer deutsch-polnischer Initiativen: 1972 wurde die Deutsch-Polnische Schulbuchkommission gegründet, 1974 nahm die Robert-Bosch-Stiftung ihre Aktivitäten in Polen auf und 1977 fand das erste Deutsch-Polnische Forum statt. Diese Beispiele zeigen, dass sich die Normalisierung der westdeutsch-polnischen Beziehungen in den 1970er Jahren keineswegs auf die staatliche Politik beschränkte und dass 1989 nicht nur für Wandel, sondern auch für Kontinuität steht.[27]

Insgesamt zeigt der vergleichende Überblick beider (bzw. mit Blick auf die Teilung Deutschlands aller vier) Beziehungsgeschichten, wie unterschiedlich ihre historischen Rahmenbedingungen nach 1945 waren. Zieht man den breiteren geopolitischen Kontext der europäischen Nachkriegsgeschichte und das anhaltende deutsch-polnische Wirtschaftsgefälle, das kein Pendant im deutsch-französischen Fall hat, in Betracht, dann wird deutlich, wie groß das deutsch-polnische Ungleichgewicht im Vergleich mit dem deutsch-französischen Fall war und bleibt. Den eingangs zitierten Wünschen, das deutsch-französische Erfolgsmodell auf die deutsch-polnischen Beziehungen zu übertragen, wohnte somit eine visionär-utopische Dimension inne.

---

[25] Annika Elisabet Frieberg: Peace at All Costs. Catholic Intellectuals, Journalists, and Media in Postwar Polish-German Reconciliation. New York 2019.

[26] Waldemar Czachur: Multimodalne profilowanie pojednania w dyskursach pamięci. Analiza na przykładzie internetowych zapowiedzi obchodów 50. rocznicy niemiecko-francuskiej Mszy Pojednania w Reims i 25. rocznicy polsko-niemieckiej Mszy Pojednania w Krzyżowej, in: Stylistyka, 28/2019, S. 455–471.

[27] Lucie Filipová: Erfüllte Hoffnung. Städtepartnerschaften als Instrument der deutsch-französischen Aussöhnung, 1950–2000. Göttingen 2015. – Peter Oliver Loew, Agnieszka Łada (Hg.): Suchen was uns verbindet: Entwicklung, Chancen und Herausforderungen deutsch-polnischer Städtepartnerschaften. Warszawa, Darmstadt 2020.

Elysée-Vertrag (1963) und der Vertrag von Zgorzelec (1950). Briefmarken aus der BRD (1988) und der DDR (1951)

Deutsch-polnische Leerstellen

Nichtsdestotrotz wurden nach 1989 zahlreiche Versuche unternommen, die deutsch-polnischen Beziehungen institutionell nach dem Vorbild der (west)deutsch-französischen Zusammenarbeit auszugestalten. Frappierende Ähnlichkeiten gibt es nicht nur zwischen den erklärten Zielen der Abkommen, das heißt zwischen dem deutsch-französischen Elysée-Vertrag von 1963 und den deutsch-polnischen Verträgen aus den frühen 1990er Jahren. Nach 1989 wurden auch viele deutsch-polnische Institutionen und Strukturen geschaffen, die große Ähnlichkeiten mit deutsch-französischen Kooperationsformaten aufweisen, die nach 1945 ins Leben gerufen worden waren.

Deutsch-französische Inspirationen für die deutsch-polnischen Beziehungen lassen sich mit Beispielen aus drei Bereichen besonders gut veranschaulichen. Eines ist die Zusammenarbeit zwischen Regierungen und Regionen. 1992 wurde mit einem Abkommen zwischen Hessen und Niederschlesien die polnisch-deutsche Zusammenarbeit auf regionaler Ebene begründet, danach wurde sie auf weitere Bundesländer und Regionen ausgeweitet. Sie spiegelt einen ähnlichen Prozess wider, der im deutsch-französischen Fall bereits 1952 von Burgund-Franche-Comté und Rheinland-Pfalz eingeleitet worden war. 1997 etablierten die deutsche und die polnische Regierung gemeinsame Konsultationen, die als Ausdruck einer besonders engen Zusammenarbeit gelten, und an die zum ersten Mal 1963 stattgefundenen deutsch-französischen Regierungskonsultationen anknüpften. 2005 ernannten die deutsche und die polnische Regierung jeweils einen Koordinator für die bilaterale Zusammenarbeit – in Anknüpfung an entsprechende Koordinationsstellen für die deutsch-französische Zusammenarbeit, die es seit 1967 gibt. Weitere Beispiele für deutsch-französische Inspirationen lassen sich im Bereich der deutsch-polnischen Zusammenarbeit in Bildung und Forschung finden. 1993 wurde das Deutsch-Polnische Jugendwerk gegründet, das sich an dem 1963 etablierten Deutsch-Französischen Jugendwerk orientiert. Ein anderes Beispiel ist das vom Geist der bilateralen Zusammenarbeit getragene Collegium Polonicum in Słubice, das 1992 von der Europa-Universität Viadrina in Frankfurt an der Oder und der Adam-Mickiewicz-Universität in Poznań gegründet wurde und an das 1988 ins Leben gerufene Deutsch-Französische Hochschulkolleg anknüpft. Der dritte Bereich, in dem sich (nur leicht) zeitversetzt parallele Entwicklungen in den beiden Nachbarschaften finden lassen, ist die bilaterale Zusammenarbeit in der Geschichtswissenschaft. Ihre wohl sichtbarsten Ergebnisse sind gemeinsame Geschichtsschul- und Sachbücher: Auf die 2006, 2007 und 2011 erschienenen Bände des deutsch-französischen Geschichtsschulbuchs folgten 2016, 2017, 2019 und 2020 vier Bände seines deutsch-polnischen Pendants[28] und die elfbändige Sachbuchreihe „Deutsch-französische Geschichte", deren erster Band 2005 erschien, gab den Impuls für die fünfbändige „Deutsch-polnische Geschichte", die seit 2014 erscheint.[29]

---

[28] Peter Geiss, Daniel Henri, Guillaume Le Quinterec, Rainer Bendick: Histoire/Geschichte. 3 Bände. Stuttgart 2006–2011. – Asmut Brückmann u.a.: Europa – Unsere Geschichte. 4 Bände. Wiesbaden 2016–2020.

[29] Die Reihe „Deutsch-Französische Geschichte" umfasst: Rolf Große: Vom Frankenreich zu den Ursprüngen der Nationalstaaten, 800 bis 1214. Darmstadt 2005. – Jean-Marie Moeglin: Kaisertum und allerchristlicher König, 1214–1500. Darmstadt 2010. – Rainer Babel: Deutschland und Frankreich im Zeichen der habsburgischen Universalmonarchie, 1500 bis 1648. Darmstadt 2005. – Guido Braun: Von der politischen zur kulturellen Hegemonie Frankreichs, 1648 bis

Alle vier Projekte entstanden in jeweils bilateraler Ko-Autorschaft und fußen auf inzwischen jahrzehntelanger Tradition des bilateralen Austauschs über die gemeinsame Vergangenheit. Zugegeben, einige der hier angeführten Beispiele sind nicht exklusiv für die beiden bilateralen Beziehungen: Manche deutsch-französische Inspirationen wurden auch in den Beziehungen Deutschlands zu anderen Ländern in ähnliche Kooperationsformate umgesetzt. In keinem anderen Fall findet man sie jedoch in der skizzierten Vielfalt und Intensität.
Trotz dieser und anderer Konvergenzen bleibt das deutsch-französische Modell aus der deutsch-polnischen Perspektive unerreichbar. Dies geht auf zwei Umstände zurück. Zum einen befinden sich viele der bereits angeführten deutsch-französischen Kooperationsformate inzwischen auf einer weiteren Entwicklungsstufe. Um nur zwei Beispiele zu nennen: Das Deutsch-Französische Hochschulkolleg wurde 1999 in die Deutsch-Französische Hochschule umgewandelt. Die deutsch-französischen Regierungskonsultationen wurden 2003 in Form des Deutsch-Französischen Ministerrats verstetigt. Zum anderen haben viele andere Formen und Formate der deutsch-französischen Kooperation im deutsch-polnischen Kontext nach wie vor keine Entsprechung. Dies gilt für den seit 1986 bestehenden Beamtenaustausch, das 1992 in Berlin gegründete Centre Marc Bloch, ein deutsch-französisches Forschungszentrum für Sozial- und Geisteswissenschaften, die 1995 etablierte Deutsch-Französische Rüstungsagentur oder das 1999 geschaffene Deutsch-Französische Zentrum für Polizei- und Zollzusammenarbeit.[30] Auch „deutsch-französische Paare" (couples franco-allemands), wie die persönliche Affinität deutscher Kanzler und französischer Staatspräsidenten, Charles de Gaulle und Konrad Adenauer (1958–1963), Georges Pompidou und Willy Brandt (1969–1974), Valéry Giscard d'Estaing und Helmut Schmidt (1974–1982), François Mitterrand und Helmut

---

1789. Darmstadt 2008. – Bernhard Struck, Claire Gantet: Revolution, Krieg und Verflechtung, 1789 bis 1815. Darmstadt 2008. – Michael Werner: Nationen im Spiegelbild, 1815 bis 1870. Darmstadt 2023. – Mareike König, Élise Julien: Verfeindung und Verflechtung. Deutschland und Frankreich, 1870–1918. Darmstadt 2020. – Nicolas Beaupré: Das Trauma des Großen Krieges, 1918 bis 1932/33. Darmstadt 2009. – Alya Aglan, Johann Chapoutot, Jean-Michel Guieu: Die Zeit der Entscheidung. Darmstadt 2024 (in Vorbereitung). – Corine Defrance, Ulrich Pfeil: Eine Nachkriegsgeschichte in Europa, 1945 bis 1963. Darmstadt 2011. – Hélène Miard-Delacroix: Im Zeichen der europäischen Einigung, 1963 bis in die Gegenwart. Darmstadt 2011. – Die Reihe „Deutsch-Polnische Geschichte" umfasst: Norbert Kersken, Przemysław Wiszewski: Neue Nachbarn in der Mitte Europas. Polen und das Reich im Mittelalter. Darmstadt 2000. – Hans-Jürgen Bömelburg, Edmund Kizik: Altes Reich und alte Republik. Deutsch-polnische Beziehungen und Verflechtungen 1500–1806. Darmstadt 2014. – Jörg Hackmann, Marta Kopij-Wieß: Nationen in Kontakt und Konflikt. Deutsch-polnische Beziehungen und Verflechtungen 1806–1918. Darmstadt 2014. – Jerzy Kochanowski, Peter Oliver Loew: Viel Krieg und etwas Frieden. Polen und Deutschland 1918 bis 1948. Darmstadt 2023. – Markus Krzoska, Paweł Zajas: Kontinuität und Umbruch. Deutsch-polnische Beziehungen nach dem Zweiten Weltkrieg. Darmstadt 2001. – Jacques Leenhardt, Robert Picht (Hg.): Esprit – Geist. Deutsche und Franzosen. 100 Schlüsselbegriffe. München 1989. – Andreas Lawaty, Ewa Kobylińska, Rüdiger Stephan (Hg.): Deutsche und Polen. 100 Schlüsselbegriffe. München 1992. – Andreas Lawaty, Hubert Orłowski (Hg.): Deutsche und Polen. Geschichte, Kultur, Politik. München 2003.

30 Krotz, Schild, Shaping Europe [Fn. 15]. – Jacob Vogel: Grenzüberschreitungen in den europäischen Sozial- und Geisteswissenschaften. Das Centre Marc Bloch, Modell der deutsch-französischen Forschungszusammenarbeit, in: Thomas Serrier, Katja Makhotina (Hg.): Zwischen-Welten. Grenzüberschreitungen europäischer Geschichte. Darmstadt 2023, S. 109–123.

Kohl (1982–1995), für gewöhnlich bezeichnet wird, haben keine Entsprechung im deutsch-polnischen Kontext. Folgerichtig bleibt auch der so genannte Blaesheim-Prozess, der auf das Jahr 2001 zurückgeht und regelmäßige, informelle Gespräche der Staats- und Regierungschefs sowie der Außenminister beider Länder bezeichnet, ohne Pendant zwischen deutschen und polnischen Staats- und Regierungsspitzen.

Man kann darüber spekulieren, warum es in der deutsch-polnischen Zusammenarbeit so viele Löcher, Lücken und Leerstellen gibt. Erwies sich der Gegensatz zwischen dem Zentralismus und dem Föderalismus im deutsch-polnischen als eine größere Hürde als im deutsch-französischen Fall? Was wurde in den vergangenen 30 Jahren versucht, um die bestehenden Strukturen zu stärken und die institutionelle Basis der bilateralen Zusammenarbeit weiter auszubauen? Und was davon gelang nicht? Fehlte der politische Wille oder lag es an operativer Ineffizienz der Verwaltung? Wie viel Unterlassung war im Spiel? Trägt die eine Seite mehr Verantwortung für den aktuellen Stand der Dinge als die andere? Welche Antworten auf diese Fragen auch immer man in den zurzeit noch geschlossenen Archiven finden wird, die Vermutung liegt nahe, dass die institutionelle Schwäche der deutsch-polnischen Zusammenarbeit ein langer Schatten dessen ist, was Klaus Bachmann 1994 als „Versöhnungskitsch“ bezeichnet hat.[31] Seine Kritik an der Ritualisierung der deutsch-polnischen Kommunikation und Kooperation im Geiste der „Versöhnung“ kann man nachträglich um ein Plädoyer für mehr Engagement in den Aufbau von Strukturen und Institutionen ergänzen.

Die Leerstellen im deutsch-polnischen Institutionsgefüge haben nämlich weitreichende Folgen. Die bestehenden Arrangements der deutsch-polnischen Zusammenarbeit können kaum die standardisierende, strukturierende und sozialisierende Wirkung entfalten, die der regulierte Intergouvernementalismus und seine gesellschaftliche Verankerung in Frankreich und Deutschland haben. Außerdem ist die deutsch-polnische Zusammenarbeit viel weniger widerstandsfähig und viel krisenanfälliger als das deutsch-französische Modell – zumal sie mehr als im deutsch-französischen Fall von der fragmentierten politischen Landschaft und der unbeständigen politischen Kultur Polens zusätzlich gefährdet wird, indem sie leicht für innenpolitische Zwecke instrumentalisiert werden kann. Während ein Regierungswechsel oder die ideologische Inkompatibilität zwischen den Regierungsparteien in Frankreich und Deutschland kaum Auswirkungen auf ihre entente élémentaire (Willy Brandt) haben, hat sich die deutsch-polnische „Interessengemeinschaft“ (Krzysztof Skubiszewski) somit als ein äußerst fragiles Wesen erwiesen. Über den bilateralen Kontext hinaus erklären die Leerstellen im deutsch-polnischen Institutionsgefüge zum großen Teil, warum sich aus der deutsch-französischen Zusammenarbeit entscheidende Impulse für die Richtung und Dynamik der europäischen Integration ergeben, während im deutsch-polnischen Kontext kein einziger originärer Beitrag zum europäischen Projekt geleistet wurde.[32]

---

[31] Klaus Bachmann: Die Versöhnung muss von Polen ausgehen. taz, 5.9.1994. – Siehe auch: Klaus Bachmann: Zehn Jahre nach dem Versöhnungskitsch, in: Hans-Henning Hahn, Heidi Hein-Kircher, Anna Kochanowska-Nieborak (Hg.): Erinnerungskultur und Versöhnungskitsch. Marburg 2008.

[32] Krotz, Schild, Shaping Europe [Fn. 15].

Vom Duumvirat zum Dreieck?

Eine Führungsrolle zu übernehmen bedeutet in der Regel, Reibungen zu erzeugen. Dieses Prinzip gilt auch für die Führungsrolle Deutschlands und Frankreichs in der Europäischen Union. Die irritierende Wirkung des deutsch-französischen Tandems in Polen, wie auch in anderen Mitgliedstaaten, beruht auf zwei konventionellen Weisheiten über die europäische Politik. Eine von ihnen besagt, dass in der EU nichts gegen Frankreich und Deutschland und nichts ohne sie geschieht. Die andere besagt, dass eine gemeinsame deutsch-französische Position zwar keine hinreichende, aber doch die notwendige Bedingung ist, um EU-Politiken voranzubringen. Diese Überzeugungen vereinfachen selbstverständlich die eigentliche Dynamik der Machtverhältnisse in der Geschichte der europäischen Integration und übersehen, wie sehr sich der tatsächliche Einfluss Frankreichs und Deutschlands auf ihren Verlauf veränderte. Dennoch erscheint die deutsch-französische Führungsrolle in der EU in den Augen ihrer Kritiker als ein unveränderlicher Zustand.

Die Irritation über die führende Rolle Frankreichs und Deutschlands in der EU war in Polen bereits vor dem EU-Beitritt des Landes 2004 über parteipolitische Grenzen hinweg spürbar.[33] Ein anschaulicher Beleg dafür sind polnische Reaktionen auf den Essay von Jürgen Habermas und Jacques Derrida „Unsere Erneuerung. Nach dem Krieg: Die Wiedergeburt Europas", der am 31. Mai 2003 in der Frankfurter Allgemeinen Zeitung und Libération erschien. Während sich die deutsche und französische Debatte über die Argumente beider Philosophen auf die Folgen des Irak-Krieges für die globale und europäische Sicherheitsarchitektur konzentrierte, beschäftige polnische Kommentatoren vor allem ihr kerneuropäischer Gestus der Ausgrenzung Osteuropas.[34] Bemerkens-werterweise fand (und findet) man sie sowohl bei Euroskeptikern als auch bei Euroenthusiasten, die – für gewöhnlich – wenig gemeinsam haben.[35] Während polnische Euroskeptiker Polen außerhalb der EU oder nur in einigen ihrer Strukturen eingebettet sehen wollten, unterstützten polnische Euroenthusiasten die Mitgliedschaft Polens in der EU, fordern aber Reformen. Die Irritation über die deutsch-französische Führung zu teilen, bedeutet jedoch nicht, die gleichen Schlussfolgerungen daraus zu ziehen. Euroskeptiker sahen in der besonderen Beziehung zwischen Frankreich und Deutschland eine Bedrohung für die nationale Souveränität Polens. Für Euroenthusiasten verkörperte die deutsch-französische Führung das Schreckgespenst eines Europas der zwei Geschwindigkeiten, vertiefte das Demokratiedefizit in der EU und gefährdete die Zukunft des europäischen Projekts als Ganzes. Während die radikalsten Euroenthusiasten den Niedergang des deutsch-französischen Tandems herbeiwünschten und eigene Vor-

---

[33] Konrad Kubala: Społeczne reprezentacje Unii Europejskiej. Przedakcesyjny dyskurs polskich elit symbolicznych. Łódź 2016. – Marek Ziółkowski: Pięć lat Polski w Unii Europejskiej jako przedmiot debaty publicznej, in: Ruch Prawniczy, Ekonomiczny i Socjologiczny, 2/2009, S. 457–475. – Grzegorz Żuk: Europe in Polish Public Discourse. Frankfurt am Main 2013.

[34] Kornelia Kończal: Ausgrenzungsstrategien der „schlechten Europäer". Zur Analyse des deutschen Kerneuropadiskurses seit dem „Habermas-Papier", in: Orbis Linguarum, 27/2004, S. 113–143.

[35] Piotr Buras: Spisek Scholza z Macronem przeciw Polsce i Europie? Fałszywy mit polskiej prawicy, in: OKO press, 5.11.2022, <https://oko.press/spisek-scholza-z-macronem-przeciw-polsce>.

stellungen über neue Kräfteverhältnisse in der EU entwickelten – in denen Polen eine der Hauptrollen in diesem Prozess spielen sollte,[36] verbreiteten die radikalsten Euroskeptiker Verschwörungstheorien über das deutsch-französische „Duumvirat".[37]
Beide Reaktionen auf die deutsch-französische Führung in der EU sind Teil lang anhaltender polnischer Selbstverständigungsdebatten. Ihre Matrix stellt die Debatte über Polens zivilisatorische Wahl dar, die seit dem späten 18. Jahrhundert zwischen Konservativen und Liberalen geführt wird.[38] Während Liberale die Zukunft Polens in der westlichen Zivilisation verankern wollten, hielten Konservative Polens angebliche Besonderheiten hoch und strebten andere oder keine Allianzen an. In der polnischen Irritation über die deutsch-französische Führungsrolle in der EU kommt zugleich die lange Tradition antideutscher Gefühle zum Ausdruck,[39] die im starken Gegensatz zur polnischen Frankophilie steht.[40] Ironischerweise hat das polnische Unbehagen über eine angeblich von Frankreich und Deutschland kontrollierte EU mehr mit antisowjetischen und antirussischen als mit antifranzösischen Gefühlen zu tun. Wie in anderen postsozialistischen Ländern weckt in Polen das deutsch-französische Tandem in der EU schlechte Erinnerungen an die Abhängigkeit von der Sowjetunion.[41]
Seit Polens EU-Beitritt 2004 prägte die Irritation über die deutsch-französische Führungsrolle in der EU das politische Leben Polens unterschiedlich stark. Im Zuge der Wahlkampagnen vor den Präsidentschafts- und Parlamentswahlen im Jahr 2015 erhielt sie einen neuen Stellenwert. Nach vielen Jahren der Anpassung an westeuropäische, d.h. deutsch-französische Standards, könne das Land endlich „von den Knien aufstehen" – so der offizielle Slogan der damals nationalkonservativen und inzwischen rechtspopulistischen Partei Recht und Gerechtigkeit – und stolz auf seine eigene Tradition und Werte sein. Der radikal antideutsche und antieuropäische Kurs der polnischen

[36] Marek Cichocki: Północ i Południe: teksty o polskiej kulturze i historii. Warszawa 2018. – Radosław Sikorski: Polska może być lepsza. Kulisy polskiej dyplomacji. Kraków 2018. – Krzysztof Szczerski: Utopia Europejska. Kryzys integracji i polska inicjatywa naprawy. Kraków 2017.

[37] Filip Adwent: Dlaczego Unia Europejska jest zgubą dla Polski. Komorów 2003. – Czesław Stanisław Bartnik: Czyżby to już „post-Polska" Lublin 2009. – Dariusz Hybel: Unia Europejska w drodze do totalitarnego superpaństwa. Komorów 2003.

[38] Jerzy Jedlicki: A Suburb of Europe: Nineteenth-Century Polish Approaches to Western Civilization. Budapest 1999. – Jerzy Jedlicki: Die entartete Welt: die Kritiker der Moderne, ihre Ängste und Urteile. Frankfurt 2007.

[39] Edmund Dmitrów: Niemcy i okupacja hitlerowska w oczach Polaków. Poglądy i opinie z lat 1945–1948. Warszawa 1987. – Pierre-Frédéric Weber: La peur de l'Allemagne comme volonté et représentation? De la politique des émotions en Pologne, in: Allemagne d'aujourd'hui, 2/2019, S. 46–57. – Pierre-Frédéric Weber: Timor Teutonorum: Angst vor Deutschland seit 1945: eine europäische Emotion im Wandel. Paderborn 2015.

[40] Grzegorz Adamczyk, Peter Gostmann: Polen zwischen Nation und Europa: Zur Konstruktion kollektiver Identität im polnischen Parlament. Wiesbaden 2007. – Błażek Brzostek: Paryże Innej Europy. Warszawa i Bukareszt, XIX i XX wiek. Warszawa 2015. – Christophe Laforest, Andrzej Nieuważny (Hg.): De tout temps amis. Cinq siècles de relations franco-polonaises. Paris 2004.

[41] Ireneusz Paweł Karolewski, Thomas Mehlhausen: Zwischen Gestaltungsanspruch und Selbstbehauptung. Polnische Europadiskurse am Beispiel der europäischen Verfassungskrise und des Ukrainekriegs, in: Lisa Anders, Henrik Scheller, Thomas Tuntschew (Hg.): Parteien und die Politisierung der Europäischen Union. Wiesbaden 2018, S. 251–281.

Regierung in den darauffolgenden Jahren löst das Wahlversprechen ein.[42] Die aktuelle Krise in den deutsch-polnischen Beziehungen erscheint vor diesem Hintergrund als unvermeidbar, denn was auch immer die deutsche Seite unternommen hätte, die Verschlechterung der Zusammenarbeit mit Berlin war in Warschau gewollt.

Es stellt sich die Frage, inwieweit die deutsch-französisch-polnische Zusammenarbeit namens Weimarer Dreieck ein Korrektiv der deutsch-polnischen Krise hätte werden sollen. Das 1991 ins Leben gerufene Format, das in der Öffentlichkeit und in der Wissenschaft große Aufmerksamkeit erregte, bot die Möglichkeit, die politische Ost-West-Teilung Europas zu überwinden. Die Außenminister der drei Länder – Roland Dumas, Hans-Dietrich Genscher und Krzysztof Skubiszewski – erklärten damals gemeinsam:

> Wir haben jetzt die einmalige Chance, das neue Europa in gemeinsamer Verantwortung im Geist menschlicher Solidarität, im Bewusstsein der Schicksalsverbundenheit und auf der ererbten Grundlage gemeinsamer Werte zu entwickeln. Der natürliche Wunsch aller Völker, Demokratie, Wohlstand und Sicherheit zu verwirklichen, kann auf Dauer nur durch vereinte Kräfte des ganzen Europa Erfüllung finden.[43]

In den folgenden Jahren trafen sich französische, deutsche und polnische Staatsoberhäupter und Minister mehrmals und wiederholten ähnliche Erklärungen oder verkündeten eine neue Öffnung der trilateralen Beziehungen.[44] Die zuversichtlichsten Beobachter hofften sogar, dass das Weimarer Dreieck zu einem neuen Motor der europäischen Integration werden könnte.[45] Trotz feierlicher Erklärungen und großer Hoffnungen beschränkt sich die politische Existenz des Weimarer Dreiecks auf prominente Handschläge, ein paar Grundsatzpapiere und die Nostalgie nach einer Zeit, in der hochrangige Politiker den Mut hatten, groß zu denken.[46]

Insbesondere (aber nicht nur) in Polen wurde der Verweis auf asymmetrische Beziehungen innerhalb des Weimarer Dreiecks bemüht, um das Fiasko dieses Formats zu erklären.[47] Die Herstellung eines kausalen Zusammenhangs zwischen der mangelnden Gleichheit der drei Länder und dem Scheitern des Dreiecks übersieht jedoch eine wichtige

---

[42] Kai-Olaf Lang: Frust und Entfremdung. Warschaus konfrontative Deutschlandpolitik, in: OSTEUROPA, 9–10/2022, S. 39–51. – Reinhold Vetter: Politische Paranoia. Die antideutsche Propaganda der polnischen Rechten, in: OSTEUROPA, 9–10/2022, S. 85–107.

[43] Gemeinsame Erklärung der Außenminister von Deutschland, Frankreich und Polen zur Zukunft Europas Weimar, 29. August 1991, in: Bulletin des Presse- und Informationsamts der Bundesregierung, 92/1991, S. 735–737, hier S. 735.

[44] Klaus-Heinrich Standke (Hg.): Das Weimarer Dreieck in Europa. Die deutsch-französisch-polnische Zusammenarbeit: Entstehung – Potentiale – Perspektiven. Toruń 2009, S. 351–373.

[45] Fürchtet die Müdigkeit. Europas Krise ist nicht vorüber: Süddeutsche Zeitung, 7.1.2014. – Ludger Kühnhardt, Janusz Reiter: Das Weimarer Dreieck. Die französisch-deutsch-polnischen Beziehungen als Motor der europäischen Integration. Bonn 2000. – Kai Olaf Lang: Das Weimarer Dreieck. Ein neuer „Motor“ für die größere EU? Berlin 2004, S. 22–24.

[46] Martin Koopmann: Europe needs Weimar: Perspectives on the Weimar Triangle in times of crisis. Genshagen 2016. – Kai-Olaf Lang, Daniela Schwarzer: Consolidating the Weimar Triangle: European Policy Functions of German-Polish-French Cooperation. Berlin 2011.

[47] Bogdan Koszel: Trójkąt Weimarski: geneza, działalność, perspektywy współpracy. Poznań 2006. – Kazimierz Łastawski: Polska racja stanu po wstąpieniu do Unii Europejskiej. Warszawa 2009.

Tatsache. Obwohl die Ungleichheit zwischen Polen und den Ländern, die Mitglieder der Zentraleuropäischen Initiative (1989), der Visegrád-Gruppe (1991), des Ostseerates (1992) oder der Drei-Meere-Initiative (2016) sind, in den meisten Fällen weniger ausgeprägt sind als im Fall des Weimarer Dreiecks, sind auch diese politischen Projekte – gemessen an den an sie gehegten Hoffnungen – gescheitert.[48]

Eine bessere Erklärung für das Scheitern des Dreiecks könnte ein genauerer Blick auf die tatsächlichen Beweggründe Frankreichs, Deutschlands und Polens liefern, die trilaterale Zusammenarbeit in den frühen 1990er Jahren zu etablieren. Frankreich war damals vor allem daran interessiert, die deutsche Ostpolitik zu kontrollieren und ein deutsch-polnisches Abdriften zu einer neuen Mitteleuropa-Ideologie zu verhindern. Deutschland war vor allem daran interessiert, Frankreich zu versichern, dass es nicht nach Osten abdriften würde, Frankreichs Engagement für die in Osteuropa so dringend benötigten sozioökonomischen Reformen zu sichern und die Debatte über die Erweiterung der Europäischen Gemeinschaften zu fördern. Polen war vor allem daran interessiert, sich in den Westen zu integrieren und eine Vormachtstellung Deutschlands in Osteuropa zu verhindern.[49] Mit anderen Worten: Indem alle drei Länder mit ihren eigenen neu-alten Problemen beschäftigt waren, täuschten sie lediglich eine gemeinsame Innovation vor. Da die Erfolgsbilanz des Weimarer Dreiecks insgesamt sehr bescheiden ausfällt, konnte dieses Kooperationsformat auch keinen positiven Einfluss auf die deutsch-polnischen Beziehungen haben.

Polnisch-ukrainische Versöhnung?

Die bisher bescheidene Erfolgsbilanz des Weimarer Dreiecks schreckte eine andere Dreiecksinitiative nicht ab: Mitte 2020 gründeten Polen, die Ukraine und Litauen das Lubliner Dreieck– mit dem Ziel, die europäischen Aspirationen der Ukraine erneut zu stärken. Diese politische Neugründung kam unerwartet, denn 1991 war Polen zwar das erste Land, das die Unabhängigkeit der Ukraine anerkannte, aber in den folgenden Jahren kam es zu vielen polnisch-ukrainischen Spannungen und Konflikten. Insgesamt befanden sich die polnisch-ukrainischen (und auch die polnisch-litauischen) Beziehungen vor Russlands großflächigem Angriff auf die Ukraine am 24. Februar 2022 in einem recht desolaten Zustand. Die Solidarität Polens mit der angegriffenen Ukraine ist vor diesem Hintergrund alles andere als selbstverständlich.

Die 1940er Jahre markieren bekanntlich eine einschneidende polnisch-ukrainische Entflechtung. Der latente polnisch-ukrainische Konflikt, der vor 1939 immer wieder zu Gewaltausbrüchen geführt hatte, schlug im Zweiten Weltkrieg in einen offenen Konflikt um. Zum einen war der polnisch-ukrainische Gegensatz struktureller Natur: Polen strebte während des Krieges die Wiederherstellung des status quo ante an, wohingegen die Ukrainer die Vereinigung aller ethnisch ukrainischen Gebiete in einem gemein-

[48] Ryszard Zięba: Poland's Foreign and Security Policy: Problems of Compatibility with the Changing International Order. Cham 2020.

[49] Koszel, Trójkąt Weimarski [Fn. 47]. – Klaus-Heinrich Standke (Hg.): Deutschland, Frankreich, Polen und die EU-Osterweiterung: Hat das Weimarer Dreieck eine Zukunft? Potsdam 1998. – Wolfram Vogel: The Franco-German-Polish Weimar Triangle, in: Carine Germond, Henning Türk (Hg.): A History of Franco-German Relations in Europe: From „Hereditary Enemies" to Partners. New York 2008, S. 261–271.

samen Staat anstrebten. Zum anderen spielten Stalin und Hitler diese entgegengesetzten Interessen geschickt gegeneinander aus. Anfang 1943, als die Wehrmacht die Schlacht bei Stalingrad verlor und sich damit eine geopolitische Neuordnung ankündigte, eskalierte der polnisch-ukrainische Konflikt in den von Deutschland besetzten Gebieten zu einem blutigen Bürgerkrieg. Da die Erfahrungen aus dem Ersten Weltkrieg gezeigt hatten, dass sich der Anspruch auf ein Territorium von der Volkszugehörigkeit seiner Bewohner ableiten ließ, entschied sich die Organisation Ukrainischer Nationalisten (OUN) dafür, die so genannte „Depolonisierung" der vorwiegend von den Ukrainern bewohnten Gebiete des Vorkriegspolens durchzuführen. Innerhalb weniger Monate wurden von der Ukrainischen Aufstandsarmee (UPA), die der Organisation der Ukrainischen Nationalisten unterstand, bis zu 100 000 Polen in Wolhynien und Polesien ermordet. In Reaktion darauf ermordete die Polnische Heimatarmee, die der Exilregierung in London unterstand, bis zu 20 000 Ukrainer. Die Zahl polnischer Flüchtlinge wird auf mindestens 300 000 geschätzt. Die Erinnerungen polnischer und ukrainischer Überlebenden strotzen von Beschreibungen extremer Brutalität der Täter.[50]

Mit der Westverschiebung polnischer Grenzen und der Ausweitung der Ukrainischen Sowjetrepublik auf das ganze Territorium der heutigen Ukraine gingen Zwangsmigrationen einher: Etwa 600 000 Polen wurden aus der Sowjetukraine nach Polen und ca. 500 000 Ukrainer aus Polen in die Sowjetukraine ausgesiedelt. Das Ziel dieser Maßnahmen war es, für Übereinstimmung zwischen staatlichen und ethnischen Grenzen zu sorgen, um weitere polnisch-ukrainische Konflikte zu vermeiden. 1947 siedelten die polnischen Behörden zudem ca. 140 000 im Südostpolen verbliebene Ukrainer sowie Bojken und Lemken[51] in die einst deutschen Gebiete um, die Polen als Kompensation für die im Osten zugunsten der Sowjetunion verlorenen Territorien bekam. Im Gegensatz zu dem verordneten polnisch-ukrainischen Bevölkerungsaustausch, der offiziell (und faktisch falsch) als „Repatriierung" bezeichnet wurde, handelte es sich in der so genannten „Aktion Weichsel" um eine antiukrainische Repressionsmaßnahme, die den Grundstein für die antiukrainische Propaganda in der Volksrepublik Polen legte.[52]

In den darauffolgenden Jahren und Jahrzehnten wurden diese grausamen Ereignisse allerdings beschwiegen, denn die polnisch-ukrainischen Beziehungen bestanden zum einen aus offiziellen Kontakten im Rahmen der im Ostblock oktroyierten Völkerfreundschaft und zum anderen aus Tabus. Debatten um die Interpretation der polnisch-ukrainischen Konflikte und ihrer Folgen durften nicht stattfinden. Zu den Tabus gehörte nicht nur die jüngste polnisch-ukrainische Geschichte, sondern auch die polnisch-ukrainische Gegenwart. Beschwiegen wurde nicht nur die Existenz des polnischen Kulturerbes in der Ukraine und des ukrainischen Erbes in Polen, sondern auch die Existenz der

---

50 Timothy Snyder: „To Resolve the Ukrainian Question Once and for All": The Ethnic Cleansing of Ukrainians in Poland, 1943–1947, in: Journal of Cold War Studies, 1–2/1999, S. 86–120. – Timothy Snyder: Causes of Ukrainian-Polish Ethnic Cleansing, in: Past & Present, 179/2003, S. 197–234. – Jared McBride: Peasants into Perpetrators: The OUN-UPA and the Ethnic Cleansing of Volhynia, 1943–1944, in: Slavic Review, 3/2016, S. 630–654.

51 Bogdan Logwynenko: Wer sind die Bojken? Ukrainer. The Expedition – Ukraïner, 5.5.2019, <https://ukrainer.net/wer-sind-die-bojken/>. – Beata Halicka: Die Entwurzelten. Lemken in Galizien und in der Fremde, in: Copernico. Geschichte und kulturelles Erbe im östlichen Europa, www.copernico.eu/de/themenbeitraege/die-entwurzelten-lemken-galizien-und-der-fremde.

52 Catherine Gousseff : Échanger les peuples. Le déplacement des minorités aux confins polono-soviétiques (1944–1947). Paris 2015.

Menschen – obwohl den offiziellen Quellen aus den 1960er und 1970er Jahren zufolge die Zahl der in Polen lebenden Ukrainer auf ca. 180 000 und die der in der Sowjetunion lebenden Polen auf 295 000 Menschen geschätzt wurde. Im Gegensatz zu Westdeutschland, wo Vertriebene sich organisieren, eine Kompensation für die materiellen Verluste im östlichen Europa beantragen und ihre kulturelle Deprivation mit staatlicher Unterstützung verarbeiten konnten, blieb den heimatvertriebenen Polen und Ukrainern diese Möglichkeit im Staatssozialismus verwehrt. Die 1953 beziehungsweise 1956 einsetzende Entstalinisierung eröffnete zwar in beiden Gesellschaften gewisse Freiräume für die Behandlung bisher beschwiegener Themen, setzte aber keinen polnisch-ukrainischen Dialog in Gang. Zudem waren persönliche Begegnungen – trotz familiärer Bindungen – bis in die 1980er Jahre hinein nur sehr begrenzt möglich. Polen und die Ukrainer wurden zu fremden Nachbarn.

Angesichts der geopolitischen Rahmenbedingungen nimmt es nicht Wunder, dass die ersten Initiativen für eine polnisch-ukrainische Verständigung im Exil entstanden. Während die Polnische Exilregierung in London den neuen status quo nicht akzeptierte und auf die Revision der Grenzen hoffte, nahm das kleine, aber einflussreiche Milieu polnischer Intellektueller um Jerzy Giedroyc (1906–2000) in Maison Lafitte bei Paris bereits seit den 1950er Jahren Kontakte mit ukrainischen Emigranten auf. Eine zentrale Rolle in dieser polnisch-ukrainischen Annäherung im Exil spielte Bohdan Osadczuk (1920–2011), ein Ukrainer mit polnischem Pass, Osteuropahistoriker an der Freien Universität Berlin und langjähriger Korrespondent deutscher und schweizerischer Medien. In Maison Lafitte entstand ein politisches Programm, das später als die ULB-Doktrin bekannt wurde. Von den ersten Buchstaben der Ländernamen Ukraine, Litauen und Belarus abgeleitet, stand die Abkürzung ULB für die Neugestaltung Ostmitteleuropas nach dem erhofften Zerfall der Sowjetunion, in der Polen freundschaftliche Beziehungen mit ihren souveränen östlichen Nachbarn pflegt.[53]

Die ULB-Doktrin gewann bereits vor 1989 wichtige Unterstützer. Anfang der 1980er Jahre fanden ihre zentralen Prämissen Eingang in das Programm der Gewerkschaft *Solidarność*, was vor allem auf das Engagement des in Lemberg geborenen Jacek Kuroń (1934–2004) zurückgeht.[54] Zudem wurde die polnisch-ukrainische Versöhnung von Papst Johannes Paul II. (1920–2005) gepredigt und von der römisch-katholischen Kirche in Polen unterstützt. Bemerkenswerterweise feierten die in Polen lebenden griechisch-katholischen Ukrainer 1988 den 1000. Jahrestag der Taufe der Rus – in Anwesenheit griechisch-katholischer Bischöfe aus Westeuropa und Nordamerika in der Hochburg des polnischen Katholizismus Częstochowa (Tschenstochau). Nach 1989 gab es in Polen zwar immer wieder Menschen und Milieus, die die Sehnsucht nach den im Osten verlorenen Gebieten pflegten. Aber die Rufe danach, die Grenzen zu revidieren, wurden nie so laut wie in der Bundesrepublik der 1950er und 1960er Jahre. Die zuerst utopische

---

[53] Mateusz Fałkowski: Wider den großrussischen Imperialismus Die Aktualität der Erklärung zur Ukraine (1977), in: OSTEUROPA, 6–8/2022, S. 151–156. – Bernard Wiaderny: „Schule des politischen Denkens". Die Exilzeitschrift „Kultura" im Kampf um die Unabhängigkeit Polens 1947–1991. Paderborn 2018. – Basil Kerski, Andrzej St. Kowalczyk (Hg.): Ein ukrainischer Kosmopolit mit Berliner Adresse. Gespräche mit Bohdan Osadczuk (Alexander Korab). Osnabrück 2004.

[54] Taras Kuzio: The Polish Opposition and the Ukrainian Question, in: Journal of Ukrainian Studies, 2/1987, S. 26–58.

ULB-Vision wurde erstaunlich konsensuell zum Leitgedanken der polnischen Außenpolitik – über die ideologischen Grenzen hinweg.
Die zumindest deklarativ gute polnisch-ukrainische Nachbarschaftspolitik der frühen 1990er Jahre ging vor allem auf das gemeinsame Interesse zurück, sich gegenüber Russland abzuschirmen. Schon im Mai 1991 schlossen beide Länder einen Freundschaftsvertrag ab, im Juni 1996 folgte ein Memorandum über „strategische Partnerschaft" und im Mai 1997 eine „Gemeinsame Deklaration über Verständigung und Aussöhnung". Der Aufbau polnisch-ukrainischer Institutionen und zivilgesellschaftlicher Netzwerke war zum großen Teil vom deutsch-polnischen Vorbild inspiriert, das sich wiederum an deutsch-französischen Kooperationsstrukturen orientierte.[55] Auch der gemeinsame Brief ukrainischer (griechisch-katholischer) und polnischer (römisch-katholischer) Bischöfe aus dem Jahr 2005 knüpfte mit dem Satz „Wir vergeben und bitten um Vergebung" an den 40 Jahre zuvor geführten Briefaustausch zwischen polnischen und westdeutschen Bischöfen an.[56] Trotz dieser Parallelen spielte in der polnisch-ukrainischen Beziehungsgeschichte der 1990er Jahre die Versöhnungsrhetorik jedoch eine viel geringere Rolle als im Falle der deutsch-polnischen Nachbarschaft.
Mit Polens EU-Beitritt 2004 wurde die Ukraine zum direkten Nachbarn der Europäischen Union und Polens Ukrainepolitik zum Teil der neuen Nachbarschaftspolitik der EU. Während Deutschland vor 2004 die Rolle eines „Anwalts" Polens auf dem Weg zur europäischen Integration spielte, so spielte Polen nach 2004 die Rolle eines „Anwalts" der Ukraine in Europa. Im Gegensatz zur deutschen Anwaltschaft für Polen erwiesen sich polnische Anstrengungen für die Ukraine jedoch als nicht sonderlich erfolgreich. Die Ursachen dafür lagen nicht nur im Widerstand einiger kerneuropäischer Länder sowie in der multivektoralen Außenpolitik der Ukraine, die ihren Weg zwischen dem Westen und Russland suchte, sondern auch in der destruktiven polnischen Europapolitik – insbesondere in den Jahren 2005–2007 und seit 2015.
Die neue politische Situation nach dem polnischen EU-Beitritt und teilweise enge polnisch-ukrainische Zusammenarbeit, deren vorläufige Höhepunkte die gemeinsam organisierte Fußball-Europameisterschaft 2012 und die Aufnahme von 16 Holzkirchen der Karpatenregion in Polen und der Ukraine in das UNESCO-Weltkulturerbe 2013 waren, sollen jedoch nicht über die Tatsache hinwegtäuschen, dass alte polnisch-ukrainische Konflikte weiterhin bestanden und neue hinzukamen. Anfang der 1990er Jahre befanden sich beide Länder in einer vergleichbaren tiefen wirtschaftlichen Krise und standen vor riesigen gesellschaftlichen und politischen Herausforderungen. Während sich Polen schnell zum Musterknaben der Systemtransformation entwickelte und – zumindest bis 2005 beziehungsweise 2015, als populistische Parteien an die Macht kamen – für die Konsolidierung der Demokratie gelobt wurde, war die Ukraine von wirtschaftlichen Krisen und politischen Konflikten geplagt und wurde für mangelnde Erfolge bei der Bekämpfung der Korruption kritisiert. Trotz kultureller Nähe und geographischer

---

[55] Kataryna Wolczuk, Roman Wolczuk: Poland and Ukraine. A Strategic Partnership in a Changing Europe? London 2002. – Catherine Iffly: Du conflit à la coopération? Les rapprochements franco-allemand, germano-polonais et polono-ukrainien en perspective comparée (1945–2003), in: Revue d'Allemagne et des pays de langue allemande, 35/2003, S. 491–506.

[56] Myroslava Rapp: The Public Role of the Church in Contemporary Ukrainian Society: The Contribution of the Ukrainian Greek-Catholic Church to Peace and Reconciliation. Baden-Baden 2015, S. 120–138.

Ähnlichkeiten entwickelten sich Polen und die Ukraine wirtschaftlich und politisch immer mehr auseinander.[57]

Hinzu kam ein polnisch-ukrainisches Wissensgefälle, das man unter anderem an der Institutionalisierung der Expertise über das Nachbarland ablesen kann. Bereits 1990 wurden in Warschau zwei Institutionen gegründet, in denen das Wissen über die Ukraine und andere osteuropäische Länder gesammelt, analysiert und an Politik und Öffentlichkeit vermittelt wird. Das Zentrum für Oststudien (Ośrodek Studiów Wschodnich) ist eine von der Regierung finanzierte Denkfabrik, an der mehrere Dutzend Experten die aktuellen Entwicklungen in Osteuropa untersuchen. Das Kolleg für Osteuropa-Studien (Studium Europy Wschodniej) an der Universität Warschau bietet Studierenden aus Polen und anderen Ländern interdisziplinäre Studiengänge, Sommerschulen und Weiterbildungen an und gilt – nicht zuletzt dank eines Stipendienprogramms für ausländische Studierende – als ein wichtiger Begegnungsort für junge Osteuropaexperten. 2001 nahm im niederschlesischen Ort Wojnowice das *Jan-Nowak-Jeziorański-Kolleg* für Osteuropa (Kolegium Europy Wschodniej) seine Arbeit auf – eine gemeinnützige Stiftung, die Begegnungen und Dialoge zu osteuropäischen Themen veranstaltet und die englischsprachige Zeitschrift New Eastern Europe herausgibt.[58] 2002 wurde im südostpolnischen Lublin das dem Außenministerium unterstehende Ostmitteleuropa-Institut etabliert.[59] Polens gegenwartsbezogene Ukraine-Expertise hat in der Ukraine keine institutionalisierte Entsprechung.[60] Dieses Ungleichgewicht mag teilweise erklären, warum die von beiden Seiten mehrfach angestoßene Idee einer polnisch-ukrainischen Universität bisher nicht umgesetzt wurde.

Der makro- und mikropolitische Wille zur Zusammenarbeit kontrastiert(e) zudem stark mit der gesellschaftlichen Wahrnehmung der Nachbarn. In polnischen Umfragen zur Beliebtheit anderer Völker rangierten die Ukrainer Anfang der 1990er Jahre auf dem vorletzten Platz: Nur zwölf Prozent der Polen gaben an, dass sie die Ukrainer mochten (mit einem Sympathiewert von neun Prozent waren nur die Rumänen weniger beliebt). Die polnische Einstellung zur Ukraine verbesserte sich deutlich nach der Orangenen Revolution 2004, aber erst nach dem Euromajdan im Winter 2013 überwog unter den Polen mit 34 Prozent die Sympathie für die Ukrainer über die Abneigung (33 Prozent). Anfang 2022 lag die polnische Sympathie für die Ukraine bei 41 Prozent und die Abneigung bei 25 Prozent. Vergleichbare Daten zum Wandel des ukrainischen Polenbildes sind nicht vorhanden, aber ein genauerer Blick auf soziologische Umfragen aus den letzten Jahren ist aufschlussreich. Laut einer Studie aus dem Jahr 2013 nahmen die Ukrainer ihre polnischen Nachbarn als modern, religiös, ehrlich, gebildet und unternehmungslustig wahr, aber auch als humorlos und nicht gastfreundlich. Einer Studie aus

[57] Philipp Ther: Die neue Ordnung auf dem alten Kontinent. Eine Geschichte des neoliberalen Europa. Berlin 2014.

[58] Jan Nowak-Jeziorański (1914–2005) war ein polnischer Intellektueller, Journalist und Autor; in den Jahren 1951–1976 war er Direktor der Polnischen Redaktion von Radio Free Europe.

[59] 2018 wurde das Lubliner Ostmitteleuropa-Institut (Instytut Europy Środkowo-Wschodniej) in Zentraleuropa-Institut umgewandelt (Instytut Europy Środkowej).

[60] Das Giedroyc-Zentrum für Polen- und Europastudien (Centr pol's'kih ta evropejs'kih studij im. Ezi Gedrojca) an der Nationalen Universität Kiew-Mohyla-Akademie und das Lemberger Zentrum für Stadtgeschichte Ostmitteleuropas (Centr mis'koi istorii central'no-shidnoi Evropi) beschäftigen sich vor allem mit der Erforschung der Vergangenheit und nicht mit der Analyse der Gegenwart.

dem Jahr 2018 zufolge ist für die Ukrainer Polen das Land, mit dem sie die – nach Russland – meisten Feindseligkeiten gegenüber den Ukrainern assoziierten. Aus polnischer Perspektive gelten die Ukrainer wiederum als aufrichtig und freundlich, aber auch als ungebildet, grob, trinksüchtig und unfähig, mit den Herausforderungen des modernen Lebens umzugehen. Insgesamt prägen zwei Tendenzen die gegenseitigen Wahrnehmungen der Polen und der Ukrainer – einschließlich ihrer Selbst- und Fremdbilder: Zum einen kommt darin die Spannung zwischen vermeintlicher (ukrainischer) Unterlegenheit und vermeintlicher (polnischer) Überlegenheit zum Ausdruck. Zum anderen fällt die unterschiedliche Einstellung zur Vergangenheit auf: Während das ukrainische Polenbild vor allem von der Gegenwart bestimmt ist, dominiert die Geschichte das Ukrainebild der Polen viel stärker.[61]

Gerade die Interpretation der polnisch-ukrainischen Beziehungsgeschichte sorgte seit den 1990er Jahren in der Öffentlichkeit für Konflikte. Im Zentrum standen die blutigen Ereignisse der 1940er Jahre. Während in den frühen 1990er Jahren führende polnische Politiker und Intellektuelle die Erinnerung an die antipolnische Gewalt der UPA in Wolhynien, die im Polnischen als „wolhynisches Gemetzel" (rzeź wołyńska) und im Ukrainischen als „wolhynische Tragödie" (volynska trahediia) bezeichnet wird, gemieden hatten, rückte Wolhynien allmählich ins Zentrum der polnischen Geschichtspolitik und somit auf die polnisch-ukrainische Agenda. Eine gute Illustration dieses Wandels in der polnischen Erinnerungskultur bietet die Geschichte des in Warschau 1993 errichteten Denkmals zu Ehren der polnischen Soldaten einer wolhynischen Einheit der Heimatarmee dar, das ursprünglich aus einem Riesenschwert bestand. 2003 wurde es um zwölf überdimensionale Kerzen ergänzt, die jene Bezirke Wolhyniens symbolisieren sollten, in denen Polen von den Ukrainern ermordet worden waren. 2013 kam ein sieben Meter hohes Kruzifix mit einem armlosen Christus hinzu, in dem die lange Tradition des polnischen Messianismus nachhallt.

Ein paar Jahre lang konnte man den Eindruck gewinnen, dass die Vertreter beider Länder dazu bereit wären, die eigene Schuld und das Leid der Anderen anzuerkennen. So weihten 2006 die Staatspräsidenten Lech Kaczyński und Viktor Juščenko ein Denkmal im polnischen Dorf Pawłokoma ein, wo die Polnische Heimatarmee Anfang 1945 über 360 Ukrainer ermordet hatte. 2009 nahmen beide Politiker an einer Gedenkveranstaltung im ukrainischen Dorf Huta Pieniacka teil, wo eine ukrainische Polizeieinheit der Waffen-SS 1944 circa 1000 Polen ermordet hatte. 2013, zum 70. Jahrestag der Massaker, baten polnische und ukrainische Bischöfe um Versöhnung und der ukrainische Staatspräsident Petro Porošenko begab sich nach Warschau, um vor dem bereits erwähnten Wolhynien-Denkmal zu knien. Porošenkos Geste, die zwangsläufig Assoziationen mit dem Warschauer Kniefall von Willy Brandt (1913–1992) aus dem Jahr 1970 auslöst, hätte zu einem ikonischen Ereignis in der Geschichte der polnisch-ukrainischen Versöhnung werden können. In Polen wurde sie jedoch kaum wahrgenommen.

---

[61] Joanna Fomina, Joanna Konieczna-Sałamatin, Jacek Kucharczyk, Łukasz Wenerski: Polska–Ukraina, Polacy–Ukraińcy: spojrzenie przez granicę. Warszawa 2013. – Tomasz Stryjek, Joanna Konieczna-Sałamatin, Kamila Zacharuk: Ukraińcy o historii, kulturze i stosunkach polsko-ukraińskich. Warszawa 2017. – Julija Mostova, Sergii Rakhmanin, Krovotecha. Chomu ukraintsy pokydaiut' svoiu krainu. zn.ua, 27.1.2018. – CBOS: Stosunek do innych narodów (komunikat z badań 21/2022). Warszawa 2022. – Ziemowit Szczerek: Mordor kommt und frisst uns auf: Roman. Dresden, Leipzig 2017.

In den 2010er Jahren erfuhr nämlich Polens offizielle Interpretation der antipolnischen Gewalt in Wolhynien eine Radikalisierung. Bereits 2009 verabschiedete das polnische Parlament eine Resolution, in der die Verbrechen der UPA als „ethnische Säuberungen mit Merkmalen eines Völkermordes" bezeichnet wurden. 2013, wenige Tage nach Porošenkos Kniefall, wurde vom polnischen Parlament erneut eine Resolution verabschiedet, in der diese Interpretation bekräftigt wurde. Obwohl die Resolution auch Polens Dankbarkeit für die Ukrainer zum Ausdruck brachte, die ihre polnischen Nachbarn gerettet hatten und einen Aufruf zur „Solidarität mit der heutigen Ukraine, die gegen ausländische Aggression für ihre territoriale Integrität kämpft" enthielt, wurde sie vom ukrainischen Parlament scharf kritisiert. 2016 erklärten die polnischen Parlamentarier den 11. Juli zum „Nationalen Gedenktag für die Opfer des Völkermords, den ukrainische Nationalisten an Bürgern der Zweiten Republik begangen hatten".[62] Das zeitgleich lancierte Projekt „Gerechte Ukrainer", in dem ukrainische Retter ihrer polnischen Nachbarn ausgezeichnet werden – nach dem Vorbild der israelischen Auszeichnung „Gerechte unter Völkern", die an Menschen verliehen wird, die während des Holocaust Juden gerettet hatten, stieß in der Ukraine auf wenig Gegenliebe. Zum 75. Jahrestag der Massaker 2018 gab es keine gemeinsame Gedenkveranstaltung: Während Porošenko der ukrainischen Opfer im polnischen Dorf Sahryń gedachte, begab sich der polnische Staatspräsident Andrzej Duda in die ukrainische Stadt Luc'k, um der polnischen Opfer zu gedenken.[63]

Die Radikalisierung des polnischen Wolhynien-Diskurses hat mehrere Ursachen. Der lange Schatten des bereits erwähnten polnischen Überlegenheitsgefühls gegenüber der Ukraine spielt darin bestimmt eine Rolle. Negative Gefühle tauchen aber nicht von selbst (wieder) auf. Der Aufstieg der Wolhynien-Problematik ins Zentrum polnischer Selbstverständigungsdebatten geht zum einen auf die Anstrengungen verschiedener rechter bis rechtsextremer Akteure und zum anderen auf die so genannten Grenzland-Zirkel (środowiska kresowe) zurück. Mit diesem Begriff werden Aktivisten und Autoren bezeichnet, die sich für die Erinnerung an die polnischen Opfer in den Kresy (Grenzland) und gegen die Versöhnung mit der Ukraine einsetzen und nicht selten die Revision der polnisch-ukrainischen Grenze postulieren.[64] Darüber hinaus war der neue polnische

[62] Am 11. Juli 1943 wurden polnische Bewohner mehrerer Dutzend Dörfer in Wolhynien von der UPA ermordet. Dieser Tag wird in Polen als „Blutiger Sonntag" bezeichnet.

[63] Tatiana Zhurzenko: Memory Wars and Reconciliation in the Ukrainian-Polish Borderlands: Geopolitics of Memory from a Local Perspective, in: Georges Mink, Laure Neumayer (Hg.): History, Memory and Politics and Central and Eastern Europe: Memory Games. Basingstoke 2013, S. 173–192. – Oleksandr Grytsenko: Politics of memory in Ukrainian-Polish relations: Poland's hyper-activeness and Ukraine's reactiveness, in: Tomasz Stryjek, Joanna Konie-czna-Sałamatin (Hg.): Politics of Memory in Poland and Ukraine: From Reconciliation to De-Conciliation. London 2021, S. 36–52.

[64] Eigentlich entspricht das deutsche Wort „Grenzland" dem polnischen pogranicze, mit dem jedes Grenzland bezeichnet werden kann. Das immer im Plural benutzte und nostalgisch bis kolonial eingehauchte Wort *Kresy* (kres im Singular bedeutet sowohl im räumlichen als auch im zeitlichen Sinne „das Ende") wird nur in Bezug auf die Grenzgebiete (des Vorkriegs)Polens benutzt. Christoph Kleßmann, Robert Traba: Kresy und Deutscher Osten: vom Glauben an die historische Mission – oder wo liegt Arkadien? In: Hans Henning Hahn, Robert Traba in Zusammenarbeit mit Maciej Górny und Kornelia Kończal (Hg.): Deutsch-Polnische Erinnerungsorte, Bd. 3: Parallelen. Paderborn 2012, S. 37–70. – Tomasz Zarycki: Ideologies of Eastness in Central and Eastern Europe. London 2014, S. 115–151.

Wolhynien-Diskurs eine Reaktion auf die neue ukrainische Geschichtspolitik, in der seit 2015 – neben der Geschichte der Kosaken und des Holodomors – die Rolle der OUN und der UPA im antisowjetischen Widerstand hervorgehoben wird. Der ukrainischen Abgrenzung vom sowjetischen Erbe schenkte man in Polen jedoch wenig Aufmerksamkeit und interpretierte die Verehrung von Bandera, dem 2010 der Titel eines „Helden der Ukraine" verliehen wurde, als Teil einer antipolnischen Kampagne.[65] Nicht zuletzt speist sich der neue polnische Wolhynien-Diskurs aus der populistischen Wende in der polnischen Geschichtspolitik. Seit 2015 werden in Polen schwarz-weiße Interpretationen der Geschichte gefördert, in denen (ethnische) Polen ausschließlich als Opfer fremder Gewalt (und Retter der verfolgten Anderen) auftreten.[66] Anfang 2018 fand der polnische Erinnerungspopulismus Eingang in die Gesetzgebung. Während sich öffentliche Auseinandersetzungen über das „Holocaust-Gesetz" im In- und Ausland auf die Passagen konzentrierten, nach denen jede Aussage über eine polnische Mitverantwortung für den Holocaust unter Gefängnisstrafe gestellt wurde, galt den ukrainebezogenen Passagen kaum Aufmerksamkeit. Das – inzwischen leicht entschärfte – Gesetz sieht eine Haftstrafe für die Leugnung ukrainischer Verbrechen an Polen und Juden aus der Zeit zwischen 1925 (sic!) und 1950 (sic!) vor. Der Abschreckungseffekt (chilling effects) gesetzlich verankerter Bestimmungen des Sagbaren ist bekannt.[67] Damit wurde die polnisch-ukrainische Debatte über die gemeinsame Geschichte in eine Sackgasse hinein manövriert.

Nach dem 24. Februar 2022 wurde jeder polnisch-ukrainische Konflikt über die Interpretation der gemeinsamen Geschichte – nicht nur auf der höchsten politischen Ebene – aufgehoben. Die ukrainische Schriftstellerin Oksana Sabuschko, die am 23. Februar 2022 nach Warschau kam, um ihre Essays aus dem Band „Planet Wermuth" dem polnischen Publikum vorzustellen und dazu gezwungen war, viel länger in Polen zu bleiben als geplant, hielt die polnischen Reaktionen auf den Krieg fest:

> alles ist auf die Ereignisse in der Ukraine fokussiert, alle sind mit der gleichen Saite gestimmt: Man spricht, redet, atmet im Einklang mit der Tragödie meines Volkes.[68]

In der Tat, seit dem 24. Februar 2022 zeigt sich Polen so solidarisch mit der Ukraine wie nie zuvor.[69]

---

65 Anna Wylegała, Małgorzata Głowacka-Grajper (Hg.): The Burden of the Past: History, Memory, and Identity in Contemporary Ukraine. Bloomington 2020. – Georgiy Kasianov: Memory Crash: Politics of History in and around Ukraine, 1980s–2010s. Budapest 2022.

66 Kornelia Kończal: Mnemonic Populism: the Polish Holocaust Law and its Afterlife, in: European Review, 4/2021, S. 457–469.

67 Uladzislau Belavusau, Aleksandra Gliszczyńska-Grabias (Hg.): Law and Memory: Towards Legal Governance of Memory. Cambridge 2017

68 Oksana Sabuschko: Die längste Buchtour: Essay. Graz 2022, S. 22–23.

69 Kornelia Kończal: Polen und die Ukraine: Geschichte einer Versöhnung? in: Franziska Davies (Hg.): Die Ukraine in Europa. Traum und Trauma einer Nation. Darmstadt 2023, im Erscheinen.

Deutsch-polnische Nachbarschaft im Krieg

Im Kontrast zu Deutschland wird in Polen über das gesamte politische Spektrum hinweg nicht nur die humanitäre, sondern auch die militärische Unterstützung für die Ukraine für absolut notwendig gehalten. Öffentliche Debatten über den Sinn und Zweck der Waffenlieferungen an die Ukraine, die in Deutschland intensiv geführt werden, fehlen in Polen ebenso wie die deutsche Politik des Zögerns und Zauderns. Ein anschauliches Beispiel dafür, wie stark die militärische Unterstützung für die Ukraine von der polnischen Bevölkerung befürwortet wird, bietet eine Spendensammlung, die der linksliberale Publizist Sławomir Sierakowski im Sommer 2022 initiierte und die von den meisten Intellektuellen, Künstlern und Autorinnen unterstützt wurde, die er ansprach. Das Ziel der Initiative war es, eine fünf Millionen Euro teure Kampfdrohne für die Ukraine zu kaufen. Innerhalb weniger Wochen beteiligten sich an der Spendensammlung über 200 000 Menschen, sodass mehr Geld als erforderlich gesammelt wurde. Da sich der türkische Hersteller daraufhin verpflichtete, die Drohne an die Ukraine kostenlos zu übergeben, konnte das in Polen gesammelte Geld in humanitäre Hilfe für das Nachbarland fließen. Angesichts der Polarisierung der deutschen Öffentlichkeit in Bezug auf die Waffenlieferung an die Ukraine kann man sich eine vergleichbare Spendensammlung in Deutschland kaum vorstellen.

Ein wichtiger Aspekt der polnischen Solidarität mit der Ukraine – und zugleich ein weiterer Unterschied im Vergleich zu Deutschland – ist die Intensität der emotionalen Anteilnahme. Ein vergleichender Blick auf die mediale Berichterstattung über den Krieg in beiden Ländern ist lohnend. Während in der deutschen Medienlandschaft die Expertise vorwiegend aus dem Bereich der osteuropäischen Geschichte und Slawistik kam und es eine Weile dauerte, bis Deutschland seine wenigen Militärexperten identifizierte, äußerten sich in den polnischen Medien von Anfang an Menschen mit fundierten Sach- und Sprachkenntnissen, sodass Informationen über die Situation an der Front viel umfassender und genauer waren und sind als in Deutschland. Im Gegensatz zur deutschen Öffentlichkeit spielen in Polen Stimmen, welche die russländische Propaganda reproduzieren oder solche, die von der Ukraine erwarten, den Verteidigungskampf auf- und somit einen Teil ihres Territoriums an Russland abzugeben, kaum eine Rolle. Anders als in (Ost)Deutschland, aber auch im Kontrast zu Tschechien und Serbien gab es in Polen bisher keine nennenswerten antiukrainischen oder prorussischen Demonstrationen. Ein eindrückliches Beispiel für die polnische Anteilnahme am Verteidigungskampf der Ukraine ist ein sprachlicher Wandel, der sich seit dem Kriegsausbruch vollzieht. Wenn man auf Polnisch „in der Ukraine“ sagen wollte, bediente man sich üblicherweise nicht des sprachlich korrekten Ausdrucks w Ukrainie, sondern der linguistisch falschen, aber im Sprachgebrauch tief verankerten Bezeichnung na Ukrainie, in der das koloniale Denken der Polen über die Ukraine nachklingt.[70] Seit dem Kriegsausbruch hört und liest man in Polen immer häufiger über Ereignisse w Ukrainie und wenn jemandem die alte

---

[70] Bogusław Bakuła: Colonial and Postcolonial Aspects of Polish Studies. An Outline, in: Teksty Drugie, 1/2014, S. 96–123.

Bezeichnung na Ukrainie aus Gewohnheit doch über die Lippen geht, dann folgt ihr immer häufiger eine Entschuldigung und Selbstkorrektur.[71]

Wie in den meisten europäischen Ländern wird die Solidarität mit der Ukraine auch in Polen von scharfer Kritik an Russland und Ablehnung alles Russischen begleitet. Jegliche Formen polnisch-russländischer Kooperation und Kommunikation wurden unmittelbar nach dem Kriegsausbruch eingefroren oder aufgelöst, Werke russischer Komponisten werden in polnischen Philharmonien nicht mehr gespielt, das polnische Nationalgericht wurde spontan umbenannt: Gefüllte Teigtaschen, die bisher als russische Piroggen (pierogi ruskie) bezeichnet wurden, heißen nun galizische oder gar ukrainische Piroggen. Die polnische Russophilie, die – wie in Deutschland – vor allem in der Bewunderung für russische Literatur und Musik zum Ausdruck kam, wurde sehr schnell von der traditionell viel stärkeren Russophobie überschrieben. Im Gegensatz zu Deutschland (und insbesondere zu Ostdeutschland), wo immer wieder Aufrufe zur Mäßigung zu hören sind, ist der antirussische Kurs in Polen kaum Gegenstand öffentlicher Kritik.

Diese deutsch-polnischen Unterschiede werden in Polen nicht nur aufmerksam registriert, sondern auch politisch instrumentalisiert. Sie sind zum einen ein gefundenes Fressen für die bereits erwähnte antideutsche Politik der polnischen Regierung und zum anderen ein fruchtbarer Nährboden für abenteuerliche (Verschwörungs-)Theorien über angeblich tief versteckte Strukturen der deutsch-russischen Kollaboration, die nicht nur an rechtsextremen Rändern der polnischen Politik, sondern auch von mit der Regierung sympathisierenden germanophilen Autoren im Mainstream der polnischen Öffentlichkeit entwickelt werden.[72] Die politische Instrumentalisierung verstärkt die in der polnischen Gesellschaft ohnehin verbreitete Enttäuschung über die deutsche Politik gegenüber der Ukraine, lässt das mühsam aufgebaute Vertrauen in die Deutschen bröckeln und vertieft somit die Krise in den deutsch-polnischen Beziehungen.[73]

Anschauliche Beispiele dafür, wie sehr der Krieg in der Ukraine das polnische Denken über Deutschland und die Deutschen prägt, liefern aktuelle soziologische Umfragen. Laut einer quantitativen Untersuchung, die im Oktober 2022 (das heißt knapp drei Monate vor dem Einsatz des deutschen Luftabwehrsystems in Südostpolen) durchgeführt wurde, betrachten 20 Prozent der Polen Deutschland als Freund, und 22,7 Prozent als Feind.[74] Mitte 2022 wurde eine qualitative Untersuchung durchgeführt. Darin wurde unter anderem danach gefragt, ob Deutschland im Falle eines russländischen Angriffs Polen zu Hilfe kommen würde. Nur eine der befragten Personen hat diese Frage bedingt positiv beantwortet, indem sie sagte: „[. . .] ich denke, dass zum jetzigen Zeitpunkt die Vereinigten Staaten Frankreich und Deutschland daran hindern würden, uns zu verlassen“. Alle anderen Respondenten waren fest davon überzeugt, dass Polen von Deutschland keine Hilfe bekommen würde. „Irgendwie glaube ich den Deutschen nicht, weil sie immer an zwei Fronten spielen“ – sagte eine der befragten Personen. „[Sie würden uns]

71 Der Titel des Dokumentarfilms „W Ukrainie“ von Piotr Pawlus und Tomasz Wolski (2023), in dem der Kriegsalltag in der Ukraine festgehalten wurde, ist Programm.

72 Prof. Musiał o niemieckiej partii rządzącej: jest zinfiltrowana przez przyjaciół Putina. pap, 7.4.2022.

73 Waldemar Czachur, Peter Oliver Loew, Agnieszka Łada-Konefał, Beata Ociepka, Bastian Sendhardt: Kriegerische Nachbarschaft? Wie der Krieg den deutsch-polnischen Dialog prägt. Darmstadt, Warszawa 2022.

74 Sondaż: 20 proc. Polaków uważa Niemcy za przyjaciela, 22,7 proc. – za wroga. Rzeczpospolita, 30.10.2022.

sicherlich nicht [helfen], wollen gerade Polen unterjochen, haben gerade die Presse aufgekauft und alles" – meinte eine andere Person in Anspielung auf die Präsenz deutscher Medienkonzerne auf dem polnischen Pressemarkt und wohl auch die starke Beteiligung deutscher Firmen an der Privatisierung der polnischen Wirtschaft in den 1990er Jahren. Auch die Frage danach, ob Deutschland im Falle eines russischen Angriffs polnische Geflüchtete aufnehmen würde, wurde negativ beantwortet: „Sie hassen die Polen seit jeher, hier sind solche Gräben hinterlassen worden, dass sich hier nichts ändern wird. Schließlich kämpfen wir immer noch um die Reparationen von Deutschland", meinte eine andere Person, in Anspielung auf polnische Reparationsforderungen für die durch Deutschland im Zweiten Weltkrieg verursachten Kriegsschäden. Das für Polen unverständliche Zögern Deutschlands, Waffen an die Ukraine zu liefern, kontrastiert mit der Angst vor der Remilitarisierung Deutschlands: „Ich denke, es wäre besser, wenn sie [die Deutschen] schwach wären." „Je mehr sie bewaffnet sind, desto unsicherer sollten wir uns fühlen." „Sie werden uns schlechtere Ausrüstung geben, bessere für sich selbst produzieren und das war's [. . .]", meinten die Befragten.[75] Obwohl es sich um widersprüchliche Ansichten handelt, vertiefen beide die Distanz zwischen Polen und Deutschland. Ironischerweise verschlechtern sich die deutsch-polnischen Beziehungen gerade in dem Moment, in dem die bisher größten deutsch-polnischen Stolpersteine beseitigt wurden: Über die in Polen so lange heftig kritisierte Pipeline Nord Stream 2 fließt kein Gas, die deutsche Abhängigkeit von Energie aus Russland wurde abgebaut und die deutsche Russlandpolitik steht im Zeichen einer Zeitenwende.[76]

Fazit

Welche Einsichten lassen sich aus dieser um Frankreich und die Ukraine erweiterten Analyse der deutsch-polnischen Beziehungen gewinnen?

Die Sehnsucht nach – wie auch immer verstandener – Symmetrie in den deutsch-polnischen Beziehungen stammt von dem implizit oder explizit angestellten Vergleich mit den deutsch-französischen Beziehungen. Mit Blick auf die zahlreichen Parallelen zwischen der deutsch-französischen und der deutsch-polnischen Versöhnung nach 1945 und vor dem Hintergrund der Zeitverschiebung beider Prozesse interpretierte die Politikwissenschaftlerin Lily Gardner Feldman die deutsch-polnischen Beziehungen nach 1989 als eine Ausweitung des deutsch-französischen Modells der Versöhnung auf den Osten und Vollendung der westdeutschen Ostpolitik der 1970er Jahre.[77] Diese Interpretation wurde Ende der 1990er Jahre formuliert und spiegelt den Optimismus dieses Jahrzehnts wider. Bei näherer Betrachtung erweist sich die Hoffnung auf die Übertragbarkeit

---

[75] Przemysław Sadura, Sławomir Sierakowski: Polacy za Ukrainą, ale przeciw Ukraińcom. Warszawa 2022, S. 62–67.

[76] Roland Götz: Nord Stream 2. Die politisierte Pipeline, in: OSTEUROPA, 1–2/2019, S. 23–32. – Ders.: Sanktionsinstrument Nord Stream 2? Energie-, Sicherheits- und Symbolpolitik, in: OSTEUROPA, 10–12/2021, S. 193–200. – Thomas Urban: Verstellter Blick. Die deutsche Ostpolitik. Berlin 2022. – Zur medialen Berichterstattung über die Russland- und Energiepolitik in beiden Ländern (bis 2019): Justyna Arendarska, Agnieszka Łada-Konefał, Bastian Sendhardt: Nachbarschaft im Rahmen. Wie Deutsche und Polen einander medial betrachten. Wiesbaden 2022, S. 77–100, S. 137–152.

[77] Gardner Feldman: Germany's Foreign Policy [Fn. 7], S. 334.

des deutsch-französischen Modells als ein frommer Wunsch. Diese Erkenntnis gilt nicht nur für den deutsch-polnischen Fall.[78] Der gescheiterte Versuch, die deutsch-französisch-polnische Zusammenarbeit in Form des Weimarer Dreiecks zu institutionalisieren ist somit sowohl das Ergebnis der anhaltenden Unfähigkeit der drei Länder, gemeinsame politische Ziele zu erarbeiten, als auch ein Derivat des deutsch-französischen Erfolgs. Der Vergleich der beiden Beziehungsgeflechte zeigt zugleich, wie essentiell ihre Institutionalisierung für den Erfolg der bilateralen Zusammenarbeit ist. Erst ab einem gewissen Grad der institutionellen Sättigung wird die Zusammenarbeit zwischen einst verfeindeten Ländern resilient gegen innenpolitische und geschichtspolitische Instrumentalisierungen und sonstige Krisen. Diese kritische Stufe wurde im deutsch-polnischen Fall noch nicht erreicht.

Im polnisch-ukrainischen Fall wurde sie noch weniger erreicht. Die Antwort auf die Frage, ob die polnische Solidarität mit der Ukraine anhalten wird, hängt von sehr vielen Faktoren ab. Die große ukrainische Dankbarkeit für Polens Hilfe stärkt bestimmt den polnischen Willen, die Ukraine weiterhin zu unterstützen. Die polnisch-ukrainische Konkurrenz um Ressourcen, die in Polen besonders knapp sind, wie Wohnraum, medizinische Versorgung und Betreuungsplätze, verbunden mit der langen Tradition antiukrainischer Gefühle führen aber immer wieder zu Spannungen im polnisch-ukrainischen Alltag, die von der russländischen Propaganda willig aufgenommen werden. Wie in anderen Ländern wird Polens Unterstützung für die Ukraine vom weiteren Verlauf der Situation an der Front und den Auswirkungen der kriegsbedingten Wirtschaftskrise abhängen. Die größte Unbekannte bleibt jedoch die Frage, inwieweit es Polens rechten und rechtsextremen Politikern vor den Parlamentswahlen im Herbst 2023 gelingt, die Solidarität mit der Ukraine innenpolitisch zu instrumentalisieren – wie es ihnen vor den Parlamentswahlen 2015 und vor den Kommunalwahlen 2018 gelungen war, aus der Flüchtlingsfrage politisches Kapital zu schlagen. Auf die Geflüchteten aus der Ukraine ließe sich die Verantwortung für den drastischen Anstieg der Mietpreise, die Löcher im Gesundheitswesen und die schlechte Qualität sozialer Dienstleistungen leicht schieben. Sollte dieses düstere Szenario nicht Wirklichkeit werden, dann könnte im Schatten des Krieges eine nachholende polnisch-ukrainische Versöhnung voranschreiten. Eine ehrliche Auseinandersetzung mit den Erinnerungskonflikten und hart umkämpften Interpretationen der gemeinsamen Geschichte müsste ein Teil dieses Prozesses werden.

Der Kontrast zwischen der seit 2015 anhaltenden Verschlechterung der deutsch-polnischen Beziehungen und der kriegsbedingten Verbesserung der polnisch-ukrainischen Beziehungen verleitet manche polnische Spitzenpolitiker, Regierungsberater und regierungsnahe Autoren dazu, große Visionen über die polnische Führungsrolle im Nachkriegseuropa zu entwerfen. Wie realitätsnah oder -fern auch immer solche Visionen sind, keine von ihnen wird in einem institutionell leeren Raum in Erfüllung gehen.

Schlagwörter:
Polen, deutsch-polnische Beziehungen, deutsch-französische Beziehungen

---

[78] Nicole Colin, Claire Demesmay (Hg.): Franco-German Relations Seen from Abroad: Post-war Reconciliation in International Perspectives. Cham 2020.

Peter Oliver Loew

Lob des Ungleichgewichts

Anmerkungen zu Polen und Deutschland

Felix Ackermann hat die deutsch-polnischen Beziehungen als asymmetrische analysiert. Doch „Asymmetrie“ ist ein problematischer Begriff, um die Beziehungen zwischen zwei Gesellschaften zu bezeichnen. Denn Ungleichgewichte sind jeder sozialen Beziehung inhärent. Ist die Herstellung einer Symmetrie unerreichbar, kann das Streben nach Symmetrie zu einem Dauerzustand der Kränkung führen. Kränkung ist eine wichtige Emotion gesellschaftlicher Polarisierung und ein Instrument zwischenstaatlicher Konfrontation.

Felix Ackermann hat in seiner Beziehungsanalyse „Nach der Versöhnung“ für Aufmerksamkeit gesorgt, weil er aus einer gewissen Distanz einige Axiome der Beziehungen zwischen Polen und Deutschen hinterfragt.[1] Einer der Leitbegriffe, mit denen er arbeitet, ist jener der „Asymmetrie“. Das ist ein beliebter, doch auch problematischer Begriff. Denn Symmetrie ist etwas Seltenes: Auch nur ein kleines Abweichen von Symmetrie führt automatisch zu Asymmetrie. Es gibt nur „Asymmetrie“ und „Symmetrie“ – Zwischenstufen sind in diesem Begriffspaar sprachlich nicht vorgesehen.
Um dem Fatalismus[2] zu entkommen, der dem Begriff der Symmetrie eigen ist, haben Waldemar Czachur, Agnieszka Łada-Konefał und ich in einem Text zur deutschpolnischen Kommunikation kürzlich vorgeschlagen, von einem „dynamischen (Un-)Gleichgewicht“ zu sprechen. Er ist zugegebenermaßen weniger griffig, trifft aber die Sachlage besser. Wir schreiben:

> Für eine Gesamtbetrachtung der Spezifik der deutsch-polnischen Kommunikation verwenden wir die Begriffe Gleichgewicht und Ungleichgewicht, Nähe und Fremdheit und skizzieren so einen dynamischen Raum, der eine differenzierte und dynamische Sicht des gegenwärtigen deutsch-polnischen Dialogs ermöglicht. Die Kategorien Gleichgewicht und Ungleichgewicht [. . .] sind

---

Peter Oliver Loew (1967), PD, Dr. phil., Historiker, Direktor des Deutschen Polen-Instituts, Darmstadt, Honorarprofessor an der TU Darmstadt
Zuletzt erschien von ihm in OSTEUROPA: Leistungsfähig cum grano salis. Deutschsprachige Polenforschung: Ein Überblick, in: OE, 12/2020, S. 145–164. – Deutschland. Ein Antimärchen. Das Feindbild der polnischen Rechten, in: OE, 3–5/2018, S. 465–493.

1 Felix Ackermann: Nach der Versöhnung. Deutsche und Polen. Eine Beziehungsanalyse, in: OSTEUROPA, 9–10/2022, S. 5–38.

2 Vgl. den Titel von Stanisław Stommas berühmt gewordenen Buch: Stanisław Stomma: Czy fatalizm wrogości? Refleksje o stosunkach polsko-niemieckich 1871–1933. Warszawa 1980, Neuauflage Wrocław 2005.

OSTEUROPA, 73. Jg., 1–2/2023, S. 123–132 **doi: 10.35998/oe-2023-010**

> Begriffe, die in der deutsch-polnischen Kommunikation über sich selbst und miteinander Bereiche, Dimensionen und Möglichkeiten der Entwicklung gegenseitiger Beziehungen organisieren und erkennen lassen.[3]

Das Verhältnis zwischen Polen und Deutschland ist – wie alle Beziehungen zwischen Staaten, Kollektiven und Individuen – vielschichtig. Stellt man sich die deutsch-polnischen Beziehungen als Waage vor, so senkt oder hebt sich je nach Bereich mal die Waagschale auf der einen, mal auf der anderen Seite, mal zugunsten Polens, mal zugunsten Deutschlands. Anders als Ackermann behauptet, gibt es nicht die eine „Asymmetrie", und es gibt nicht die eine anzustrebende „Symmetrie", sondern eine große Vielfalt von Beziehungsebenen mit einer jeweils ganz eigenen Veränderungsdynamik. Diese Vorstellung von einem komplexen System in ständiger Veränderung wirkt jenem Fatalismus entgegen, den Ackermann beschreibt, wenn er meint, die Asymmetrie zwischen beiden Ländern diene „als Perpetuum Mobile des ideologischen Kampfes" (S. 29). Anstatt dass eine Seite versucht, die Beziehung zwischen zwei Staaten, Gesellschaften oder Kulturen zu verändern, indem sie die Gewichte neu tariert, führt die Überzeugung von der Notwendigkeit eines „Ringens um Symmetrie" (S. 35) rasch zu einem antagonistischen Verständnis von Politik und Wirklichkeit.

Das ursprüngliche Bild von deutsch-polnischer Versöhnung bezweckte etwas anderes: Über Vergebung und Verständigung zu einer Situation zu gelangen, in der man einander (wieder) in die Augen schauen kann, in der man auf Augenhöhe miteinander kommunizieren kann. Polen und Deutsche schauten einander zwar in die Augen, doch die „gleiche Augenhöhe" war zumindest im politischen Miteinander, aber auch im Bewusstsein der breiten Bevölkerung nie ganz gegeben. Deutschland spielte seit den 1990er Jahren seine Position der Stärke oder auch des gepflegten Desinteresses an Polen oft aus, und Polen war immer wieder versucht, sich trotzig in die Position des Schwächeren oder des mit Missachtung gestraften Nachbarn zu stellen.

Ein antagonistisches Weltbild, das Beklagen von Asymmetrien oder die Betonung der Notwendigkeit, sich von den Knien zu erheben („wstaje z kolan")[4] scheint nun vor allem dem Interesse jener zu entsprechen, denen gar nicht daran gelegen ist, ein harmonisches Gleichgewicht herzustellen. Es passt sehr gut zu den Narrativen der konservativ-nationalen Milieus, die in Polen seit 2015 den Ton angeben, genau die herrschenden Asymmetrien immer wieder zornig anzusprechen. Die Deutschen „haben festgestellt, dass man uns betrügen und ausbeuten kann, so wie sie einst die Kolonien ausgebeutet haben", erklärte Jarosław Kaczyński bei einer Kundgebung in Allenstein im November 2022.[5] Oder Zdzisław Krasnodębski, PiS-Abgeordneter im Europäischen Parlament und Chefideologe der Partei:

---

[3] Waldemar Czachur, Peter Oliver Loew, Agnieszka Łada: Das dynamische (Un-)Gleichgewicht. Wie die Deutschen und Polen miteinander und übereinander kommunizieren. Darmstadt, Warschau 2020, S. 5f.

[4] „Polen erhebt sich von den Knien" lautete der Slogan von Jarosław Kaczyńskis Partei „Recht und Gerechtigkeit" (PiS) im Wahlkampf 2015.

[5] Prezes PiS zaatakował Niemców za proszki do prania. Chodzi o słynną „chemię z Niemiec". Rzeczpospolita, 7.11.2022.

> Ich denke, dass das Problem in den deutsch-polnischen Beziehungen ist, dass Deutschland sehr große Einflussmöglichkeiten in Polen hat, aber Polen verschwindend geringe Einflussmöglichkeiten auf Deutschland und auf die Unterrichtung der deutschen Gesellschaft. Diese Asymmetrie ist eine Hinterlassenschaft der ersten Transformationsjahre. Sie muss verringert werden.[6]

Letztlich geht es bei all den Vorstellungen, die Politiker und Medien aus dem regierungsnahen politischen Spektrum in Polen seit vielen Jahren so beliebt sind, kaum darum, Gemeinsamkeiten und Ausgleich mit Deutschland zu finden. Vielmehr wähnen sie sich in einem Kulturkampf, der in der Vergangenheit wie in der Gegenwart gegen die historischen Nachbarmächte Deutschland und Russland geführt wird. Das *Instytut Pamięci Narodowej* (Institut für Nationales Gedenken IPN) hat das vor einigen Jahren bildmächtig mit einem Animationsfilmchen in Szene gesetzt: Polen wird im Zweiten Weltkrieg von den totalitären Regimen der Nachbarn fast zerquetscht, rettet sich aber – mit jahrzehntelanger Verspätung – nach 1989 in die Freiheit.[7] Damit dieses Weltbild und die damit verbundenen Emotionen aufrechterhalten werden können, muss neben Russland auch Deutschland als ein „Erbfeind" oder historischer Gegner präsentiert werden, der – heute gemeinsam mit der „liberalen" Europäischen Union – die imaginierte Volksgemeinschaft und Opfergemeinschaft der Polen bedroht. Nicht von ungefähr sprach Kaczyński im Dezember 2021 davon, dass Deutschland ein „Viertes Reich" errichten wolle. Damit spielte er auch auf die vermeintliche deutsche Vorherrschaft in der Europäischen Union an.[8]

Die Vorstellung von herrschenden Asymmetrien perpetuiert Ungleichgewichte ins Unendliche: Denn zwangsläufig wird Polen mit seiner deutlich geringeren Einwohnerzahl und seinen geringeren ökonomischen Ressourcen in absehbarer Zeit nicht so weit zu Deutschland aufschließen können, dass ein symmetrisches Verhältnis entsteht. Die „Aufholjagd" hin zu „Symmetrie" – um sich Deutschland „entgegenzustemmen"[9] – kann gar nicht gelingen. Deshalb ist Polen bemüht – nicht nur die jetzige Regierung und ihre Unterstützer unter den Intellektuellen –, mit symbolischen Handlungen auf sich aufmerksam zu machen, insbesondere mit den am 1. September 2022 von Jarosław Kaczyński öffentlich erhobenen Forderungen nach Kriegsreparationen von Deutschland.

---

[6] Prof. Krasnodębski: Czasy, w których Donald Tusk był premierem, to były idealne czasy z niemieckiego punktu widzenia. Wpolityce.pl, 9.3.2023.

[7] IPNtv: Die Unbesiegbaren, 15.9.2017, <www.youtube.com/watch?v=Q88AkN1hNYM>.

[8] Zuerst berichtete der Journalist Wojciech Szacki auf Twitter von dieser Äußerung des Parteivorsitzenden bei einer internen PiS-Veranstaltung: <https://twitter.com/szacki/status/1466122896292687881?s=20>. – Gerhard Gnauck: „Deutschland will den Aufbau eines IV. Reiches". FAZ, 2.12.2021.

[9] Die Vorstellung, sich gegen deutsche Interessen stemmen zu müssen, begleitet die Gedankenwelt des PiS-Lagers seit langem. So kritisierte Jarosław Kaczyński schon 2011 den damaligen Ministerpräsidenten Donald Tusk, er habe sich deutschen Interessen in Europa (konkret den Bestrebungen zum Klimaschutz) zum Schaden Polens nicht entgegengestellt. „Tusk bał się przeciwstawić Niemcom". wprost.pl, 27.9.2011. – Der rechte Politiker Krzsztof Kawęcki sagte unlängst im nationalkatholischen Radiosender „Radio Maryja": „Polen muss sich den Tendenzen entgegenstellen, die Deutschland realisiert, denn eine föderale Vision von Europa ist in seinem Interesse." Polska musi przeciwstawić się tendencjom, które realizują Niemcy. Federalistyczna wizja Europy jest w ich interesie, ale nie w naszym. Radio Maryja, 24.3.2023.

Mit dem Verweis auf die lange Geschichte deutschen Hegemonialstrebens in den polnischen Gebieten mit seinem Tiefpunkt im Zweiten Weltkrieg verspricht sich die polnische Regierung den raschesten Erfolg, die rascheste „Aufholjagd" oder zumindest den raschesten Gesichtsverlust des westlichen Partners. Und es ist auch Teil dieser politischen Rhetorik, auf die einstige historische Größe Polens zu verweisen, um das frühneuzeitliche, von der Ostsee fast bis ans Schwarze Meer reichende polnisch-litauische Großreich den gegenwärtigen Nachbarmächten Russland und Deutschland entgegenzustellen. Auch vor diesem Hintergrund haben die „geopolitischen" Initiativen Polens der letzten Jahre ihren politischen Zweck, unter Rekurs auf einstige Größe die aktuelle politische Bedeutung Polens zu untermauern: Die „Drei-Meeres-Initiative" knüpft direkt an diese historischen Großmachtvorstellungen an,[10] und das im Juli 2020 in Lublin gegründete „Lubliner Dreieck" als Bündnis Polens, Litauens und der Ukraine bezieht sich schon durch seinen Namen und den Ort der Gründung auf die Lubliner Union von 1569, als sich Litauen und Polen – und damit auch große Teile der heutigen Ukraine – zur Realunion zusammenschlossen.[11]

Im Gegensatz zu Felix Ackermanns Ansicht muss Asymmetrie nicht zwangsläufig zu einem „Ringen um Symmetrie" führen. Polen könnte ja auch auf den Anspruch verzichten, pauschal „Symmetrie" herzustellen und sich auf eine konstruktive, innovative Rolle in Europa konzentrieren; also selbstbewusst mit den Möglichkeiten des eigenen Landes operieren und versuchen, auf einzelnen Feldern ein Gleichgewicht zu den „alten" Demokratien des Westens zu erlangen oder gar mehr auf die eigene Waagschale zu bringen, so wie das Estland mit der Digitalisierung der Öffentlichen Verwaltung und der Gesellschaft gelungen ist. Doch die Klage über eine vermeintliche Asymmetrie zu eigenen Lasten ermöglicht es, in einem Zustand ständiger Kränkung zu verharren. Unter Vorwürfen wie „Ihr nehmt unsere Interessen nicht ernst" oder „Ihr missachtet uns" lässt sich konfrontatives politisches Verhalten legitimieren. Von hier ist der Weg zur Feststellung: „Ihr habt uns schon immer nicht gemocht" nicht weit, was sich historisch durch die Auswahl passender Versatzstücke aus der deutsch-polnischen Konfliktgeschichte ja auch bestens belegen lässt.[12]

Dieses Verharren in einer Denkhaltung, die sich leicht auch in der polnischen Geschichte wiederfinden lässt, in jener Auseinandersetzung des 19. Jahrhunderts zwischen romantischem Aufstandsethos und pragmatischer „organischer Arbeit", führt in eine potentiell fragile Situation: Asymmetrien werden politisch genutzt, mit vermeintlich „geopolitischen" oder historischen Begriffen und Vorstellungen grundiert und als Ausgangspunkt für eine Politik des Ressentiments und der Kränkung verwendet. Der dadurch in Gang gesetzte Prozess kann eine gefährliche Dynamik entwickeln. Diese hat der russische Soziologe Grigorij Judin für das Russland unter Putin beschrieben: „Kränkung ist ansteckend. Es ist eine bequeme Emotion: Erstens fühlst du dich die ganze Zeit im Recht, zweitens unverdient niedergemacht.[13]

---

[10] Rafał Riedel: Das „Intermarium" und die „Drei-Meere-Initiative" als Elemente des euroskeptischen Diskurses in Polen. Polen-Analysen, 249/2020, S. 2–6.

[11] Trójkąt Lubelski – nowy format współpracy Polski, Litwy i Ukrainy. Z jakimi zadaniami? Euractiv.pl, 29.7.2020.

[12] Unmittelbar nach dem Ende des Zweiten Weltkrieges legte der Doyen der polnischen Westforschung eine entsprechende Studie mit dem Titel „Polen-Deutschland. Tausend Jahre des Ringens" vor. Zygmunt Wojciechowski: Polska – Niemcy. Tysiąc lat zmagania. Poznań 1945.

[13] Grigori Judin: Dieser Krieg wird nie aufhören. dekoder.org, 2.3.2023.

Kränkung ist eine wichtige Emotion gesellschaftlicher Polarisierung, aber auch ein Werkzeug zwischenstaatlicher Konfrontation. Es genügt, sich die Gedankenwelten anzuschauen, die sich in polnischen Kommentaren unter Berichten über Deutschland auftun. Zumindest ansatzweise sind diese privaten Kommentatoren als eine Echokammer der Verlautbarungen und des Handelns der polnischen Regierung anzusehen. Nur ein Beispiel: Der deutsche Botschafter in Warschau, Thomas Bagger, hatte im März 2023 die Ex-Spiegel-Journalistin und amtierende stellvertretende Regierungssprecherin, Christiane Hoffmann, eingeladen, ihr sehr persönliches Buch über den Fluchtweg ihres Vaters bei Kriegsende aus den heute polnischen Gebieten des Reichs vorzustellen.[14] In diesem Buch bemüht sich Hoffmann mit viel Empathie, dem heutigen Polen und seinen Erinnerungswelten gerecht zu werden. Was liest man unter dem Twitter-Eintrag des Botschafters, in dem er die Narben und Wunden in der deutsch-polnischen Geschichte erwähnt?[15] Hier eine Blütenlese der meist anonymen Kommentare:

- „Anstatt über den Vater/Banditen irgendeiner Deutschen zu schreiben, sagt uns besser, wann Ihr für die während des Kriegs verursachten Schäden zahlt und die geraubten Kunstwerke zurückgebt."
- „Ich schlage vor, die Betonung auf die Erziehung der deutschen Gesellschaft mit lebendigen Erinnerungen von Menschen aus Polen zu legen (neben diesen 6 Millionen, die dank Euch keine Chance hatten, sie zu teilen).
- „Nichts funktioniert in Polen antideutscher als Eure Arroganz und Heuchelei!"
- „Deutschland führt seit Jahren einen hybriden Krieg gegen Polen :)".
- „Insofern als Ihr in unser Land eingefallen seid und Millionen bewusst ermordet, indem ihr zerstört und geraubt habt? Das ist eine Narbe? Wann zahlt ihr Reparationen, Nazi-Söhne?"
- „Sie überziehen. Die polnische Gastfreundlichkeit hat ihre Grenzen."

Diese erhitzte Debatte, in der die Bilder des Zweiten Weltkriegs und alle damit verbundenen Traumata in Polen aufgerufen werden, erinnert an die Beleidigungen und Beschimpfungen, mit denen sich die verfeindeten Lager in polarisierten Gesellschaften überziehen. In Polen sind das die Konflikte zwischen Anhängern und Gegnern der PiS. Ein nur annähernd vergleichbarer antipolnischer Diskurs fehlt im heutigen Deutschland hingegen – sieht man von völlig marginalen Nischen im Internet ab. Politiker der PiS oder Kommentatoren aus dem national-konservativen Spektrum würden das natürlich anders sehen. Sie betreiben seit Jahren massives Deutschland-Bashing, das sich in hohem Maße aus dem Gefühl der Kränkung speist, von Deutschland nicht der eigenen Bedeutung entsprechend wahrgenommen zu werden. Und einige formulieren sogar Bedrohungsängste nach dem Motto: „Ihr seid ja eigentlich mit Putin im Bunde."[16]

<www.dekoder.org/de/article/krieg-ukraine-judin-ziel-putin-analyse>.

14 Christiane Hoffmann: Alles, was wir nicht erinnern. Zu Fuß auf dem Fluchtweg meines Vaters. München 2022.

15 Thomas Bagger auf Twitter am 18.3.2023, <https://twitter.com/Amb_Niemiec/status/1637147099434188805?s=20>.

16 Peter Oliver Loew: Deutschland. Ein Antimärchen. Das Feindbild der polnischen Rechten, in: OSTEUROPA, 3–5/2018, S. 465–493. – Kai-Olaf Lang: Frust und Entfremdung. Warschaus konfrontative Deutschlandpolitik, in: OSTEUROPA, 9–10/2022, S. 39–51. – Reinhold Vetter: Politische Paranoia. Die antideutsche Propaganda der polnischen Rechten, in: OSTEUROPA, 9–10/2022, S. 85–107.

Geschichte und symbolischer Raum

Asymmetrie im deutsch-polnischen Verhältnis wird es immer geben. Das heißt allerdings nicht, dass wir uns nicht auf Augenhöhe begegnen und die Erfahrungen von Menschen aus Polen in politischen Entscheidungsprozessen mit zu bedenken haben. Sich der Asymmetrie entgegenzustemmen heißt auch, die Realität aus dem Blick zu verlieren.

Bestimmte Dinge sind historisch und kulturell fest verankert. Sie lassen sich kaum ändern. Deutsche Geschichte ist in Polen überall sichtbar – sei es durch Orte deutscher Verbrechen im Zweiten Weltkrieg, sei es in den ehemaligen deutschen Ostgebieten, sei es durch deutsche Importe in Kultur, Wissenschaft oder im Alltag: Jeder BMW auf einer polnischen Straße ist ein Stück Deutschland in Polens Gegenwart – und damit auch ein Stück kultureller und historischer Dominanz. Im Gegensatz dazu ist polnische Geschichte in Deutschland kaum sichtbar. Deutschland hat keine Gebiete von Polen übernommen, es wurde von Polen nicht mit Kriegen überzogen und Polen hat Deutschland nur wenig geliefert, was als „polnisch" wahrnehmbar wäre. Polnische Pflegekräfte, Handwerker und Spargelstecher sind in Deutschland und werden geschätzt, mehren jedoch kaum das Prestige Polens. Polnische Exportprodukte sind aufgrund des fehlenden Prestiges polnischer Marken auf dem deutschen Markt kaum zu finden oder werden unter fremdem Namen verkauft. Nur manchmal stutzt eine deutsche Familie, wenn die Holzplatten ihrer IKEA-Möbel den Aufkleber „Made in Poland" tragen.

Wenn die Realgeschichte und die Realität der Gegenwart es kaum ermöglichen, ein Gleichgewicht der Wahrnehmung zwischen Deutschland und Polen herzustellen, dann bleibt der symbolische Raum. Hier ist Deutschland massiv in der Bringschuld: Kaum etwas erinnert in Deutschland an Polen. Bislang ist die Zahl polnisch konnotierter Denkmäler in Deutschland gering – in Weimar steht eine Mickiewicz-Büste in einem Park, in Sachsen und Brandenburg künden einige Denkmäler von den verlustreichen Schlachten am Ende des Zweiten Weltkriegs, bei denen Tausende polnischer Soldaten ihr Leben verloren. Es gibt einige Chopin-Straßen in der Bundesrepublik und Tausende Danziger oder Breslauer Straßen, von denen kaum jemand mehr weiß, wie sie sich in die Topographie der deutschen Städte verloren haben.[17] Und auf zahlreichen Friedhöfen liegen polnische Kriegsopfer: Zwangsarbeiter, KZ-Häftlinge, Displaced Persons. Aber es fehlt eine markante, öffentliche Präsenz des Erinnerns. Genau hieran schließt die Absicht an, in Berlin mit einem „Ort des Erinnerns und der Begegnung mit Polen" einen symbolischen Ort des Gedenkens und zugleich auch ein Deutsch-Polnisches Haus als Raum für Bildung und Lernen zu errichten. Wenn dieser Ort allerdings die notwendige symbolische Wirksamkeit entfalten soll, muss er materiell und personell entsprechend ausgestattet werden.

(Un-)Gleichgewicht im deutsch-polnischen Raum

Felix Ackermann stellt die These auf, eines der Probleme des deutsch-polnischen Dialogs sei, dass man sich in geschlossenen Räumen bewegt habe, und zwar oft mit Hilfe der deutschen Sprache, nicht auf Polnisch, was per se schon eine Asymmetrie erzeugt habe. Das stimmt einerseits, wenn man sich die weiter zurückliegende Vergangenheit ansieht, aber es trifft auf die Gegenwart nur teilweise zu. In Wirtschaft und Politik, auch in der

[17] Peter Oliver Loew: Was Straßen und Denkmäler erzählen. Dialog Forum, 18.3.2018.

Verwaltung ist entweder Englisch zur Verkehrssprache geworden oder aber es wird gedolmetscht. Die 1990er und „Nullerjahre" sind die „Goldene Zeit" des deutsch-polnischen Simultandolmetschens gewesen. In anderen Bereichen, etwa im Alltagsleben, wohl auch in der grenznahen Zusammenarbeit, hinkt die Wirklichkeit dem Anspruch hinterher. Es gibt allerdings auch immer mehr Fachleute aus Deutschland, die über entsprechende Sprachkenntnisse verfügen – weil sie Polnisch gelernt haben oder über einen polnischen Migrationshintergrund verfügen: Die Beratungen der deutsch-polnischen *Kopernikusgruppe* finden seit einem Vierteljahrhundert unter Expertinnen und Experten statt, die beide Sprachen gleichermaßen sprechen.[18] Genauso sollte sich der deutsch-polnische Dialog in den Kreisen, denen an enger Zusammenarbeit gelegen ist, vollziehen: auf Deutsch oder auf Polnisch, direkt oder mit Hilfe von Übersetzung. Denn die Vermittlung durch eine dritte Sprache – das Englische – führt zu Distanz und Übermittlungsverlusten und zu geringer Breitenwirkung.

Auf Ackermanns eigenem Gebiet, der Geschichtswissenschaft, ist es im Übrigen gar nicht so schlecht bestellt mit Wahrnehmung und Gleichgewicht. Ja, es stimmt, die deutschen Gräueltaten auf polnischem Boden sind in der deutschen Wissenschaft lange nur fragmentarisch behandelt worden. In der breiten Öffentlichkeit hat sich das Wissen darüber jenseits der Stichworte „Auschwitz" und „Warschauer Ghetto" kaum durchgesetzt (und „Auschwitz" gilt eher als Ort des jüdischen denn des polnischen Leidens). Aber die Erforschung von Besatzungsverbrechen ist aufgrund der Zugänglichkeit der Quellen und der Nähe der Schauplätze natürlich aus pragmatischen Gründen vor Ort in Polen einfacher. Und aus emotionalen Gründen liegt sie noch näher. Die deutsche Geschichtswissenschaft hat sich, ebenso wie das erinnerungskulturelle Engagement von Vereinen, Kommunen oder Kirchen, in den letzten Jahren und Jahrzehnten darauf konzentriert zu untersuchen und darzustellen, was „vor der eigenen Haustür" passierte. Da ging es etwa um den Einsatz von Zwangsarbeiterinnen und Zwangsarbeitern, um die Entrechtung und Deportation von in Deutschland lebenden Jüdinnen und Juden oder um das System der Konzentrationslager auf dem Gebiet der heutigen Bundesrepublik oder Österreichs.[19]

Eine weitere Beobachtung: Sieht man einmal von der Weltkriegsgeschichte und von der Regionalgeschichte deutsch-polnischer historischer Begegnungsräume ab, so drängt sich der Eindruck auf, als gäbe es fast ein größeres historiographisches Interesse deutschsprachiger Forschung an Polen als umgekehrt. Beispiel Stadtgeschichte: Hans-Jürgen Bömelburg hat soeben eine facettenreiche Geschichte der Stadt Łódź im 20. Jahrhundert vorgelegt, Agnieszka Wierzcholska beschäftigt sich mit der Stadt Tarnów in der ersten Hälfte des 20. Jahrhunderts, Christoph Mick hat schon vor Jahren Lemberg in diesem Zeitraum beschrieben, Heidi Hein-Kircher hat sich ebenfalls ausführlich Lemberg gewidmet und nicht zuletzt Felix Ackermann selbst mit Grodno-Büchern, die weit mehr thematisieren als nur deutsche Einflussfaktoren auf lokale Vergangenheit,

---

18 <www.deutsches-polen-institut.de/politik/kopernikus-gruppe/>.

19 Zum Komplex Zwangsarbeit zum Beispiel die Informationen auf <www.stiftung-evz.de/wer-wir-sind/geschichte/aufarbeitung-ns-zwangsarbeit/> oder <www.zwangsarbeit-archiv.de/projekt/index.html; zur Erinnerung an die Verfolgten des NS-Regimes das Projekt „Stolpersteine" auf <www.stolpersteine.eu> sowie u.a. Anna Warda: Ein Kunstdenkmal wirft Fragen auf. Die „Stolpersteine" zwischen Anerkennung und Kritik, in: Zeitgeschichte-online, März 2017, <https://zeitgeschichte-online.de/geschichtskultur/ein-kunstdenkmal-wirft-fragen-auf>.

sondern eine umfassende Sozialgeschichte darstellen.[20] Aber wo sind die polnischen Arbeiten zu Frankfurt am Main, Stuttgart oder Köln? Wo ist das historische Interesse an deutscher Geschichte jenseits ihrer polnischen Einflussfaktoren? Wo sind die großen polnischen Reportagen aus Deutschland oder Zugänge zu Deutschland? Müssen wir uns mit den – großartigen! – Historienromanen von Olga Tokarczuk oder Szczepan Twardoch begnügen?

Felix Ackermann beschreibt das Wirken einiger wissenschaftlicher Einrichtungen, die sich professionell mit deutsch-polnischer Geschichte und Gegenwart beschäftigen – allerdings nur einiger, und sie konterkarieren letztlich seine These von der herrschenden deutsch-polnischen Asymmetrie: Denn der erstaunliche Befund lautet: Es gibt eigentlich kein aus polnischen Mitteln finanziertes wissenschaftliches Deutschland-Zentrum. Es gibt lediglich das *Willy-Brandt-Zentrum für Deutschland- und Europastudien* an der Universität Breslau, dessen Arbeit zu großen Teilen vom DAAD unterstützt wird. Ihm Marginalität vorzuwerfen, wie dies Ackermann tut, ist schon aus diesem Grund nicht gerecht. Zwar steht alles in Polen, was sich außerhalb der Zentren Warschau und Krakau befindet, unter dem Generalverdacht der Peripherie und damit der Bedeutungslosigkeit, doch hat sich Krzysztof Ruchniewicz mit seinem Team seit vielen Jahren mit unermüdlicher Energie darum bemüht, im deutsch-polnischen Dialog Themen zu setzen. Einen gewissen Deutschland-Schwerpunkt hat das Posener West-Institut, dessen politische Vereinnahmung durch die derzeitige Regierung Ackermann beschreibt. Darüber hinaus gibt es eine Forschungsabteilung an der *Polnischen Akademie der Wissenschaften* sowie Deutschlandexpertise an einer Reihe von wissenschaftlichen Einrichtungen, Universitäten und Think Tanks, aber nach einem multidisziplinär arbeitenden Zentrum, etwa parallel zum Deutschen Polen-Institut, sucht man vergebens. In Deutschland sieht es anders aus – und auch hier erwähnt Ackermann nur einige Einrichtungen. So übergeht er die beiden Polen-Zentren an deutschen Hochschulen, das dummerweise auf zwei Universitäten (Halle und Jena) aufgeteilte *Aleksander-Brückner-Zentrum* sowie das *Zentrum für Interdisziplinäre Polenforschung* an der Viadrina. Meint er etwa, sie seien für den deutsch-polnischen Wissenschaftsdialog nicht relevant? Dem *Deutschen Historischen Institut* in Warschau – an dem Felix Ackermann bis vor Kurzem selbst gearbeitet hat – vorzuwerfen, sich nicht an „historische[n] Kontroversen" (S. 30) zu beteiligen, ist ungerecht, denn das ist nicht oder zumindest nicht zwingend die Aufgabe eines DHI, an dem vor allem geforscht wird und dessen Arbeit nach rein wissenschaftlichen Kriterien beurteilt wird. Und Weltkriegsforschung findet dabei, anders als von Ackermann behauptet, durchaus statt.[21]

---

[20] Hans-Jürgen Bömelburg: Lodz. Geschichte einer multikulturellen Industriestadt im 20. Jahrhundert. Paderborn 2022. – Agnieszka Wierzcholska: Nur Erinnerungen und Steine sind geblieben. Leben und Sterben einer polnisch-jüdischen Stadt. Tarnów 1918–1945. Paderborn 2022. – Christoph Mick: Kriegserfahrungen in einer multiethnischen Stadt. Lemberg 1914–1947. Wiesbaden 2010. – Heidi Hein-Kircher: Lembergs „polnischen Charakter" sichern. Kommunalpolitik in einer multiethnischen Stadt der Habsburgermonarchie zwischen 1861/62 und 1914. Stuttgart 2020. – Felix Ackermann: Palimpsest Grodno. Nationalisierung, Nivellierung und Sowjetisierung einer mitteleuropäischen Stadt 1919–1991. Wiesbaden 2010. – Es gibt sogar Spezialuntersuchungen wie Kathrin Krögner-Kornalik: Tod in der Stadt. Religion, Alltag und Festkultur in Krakau 1869–1914. Göttingen 2015.

[21] Es genügt, sich die Veröffentlichungen des DHI der letzten Jahre anzusehen. In der Reihe „Einzelveröffentlichungen" (Fibre Verlag) sind erschienen: Ruth Leiserowitz, Gintare Malinauskaite, Hektoras Vitkus (Hg.): Making Justice Visible. War Crimes Trials, Media and Memory after World War II. Osnabrück 2022. – Christhardt Henschel (Hg.): Ostpreußens Kriegsbeute. Der Regierungsbezirk Zichenau 1939-1945. Osnabrück 2021. – Stephan Lehnstaedt: Imperiale Polenpolitik in den Weltkriegen. Eine vergleichende Studie zu den Mittelmächten und zu NS-Deutschland. Osnabrück 2017.

„Großartig“ (Peter Oliver Loew)

Eine Sonderrolle nimmt das *Pilecki-Institut* ein, dem Ackermann einen Teil seines Aufsatzes widmet und das er auch andernorts unter die Lupe nimmt.[21] Die Berliner Außenstelle setzt tatsächlich einen sehr markanten polnischen Akzent in der Hauptstadt, direkt am Brandenburger Tor, auch wenn die Symbolik der Adresse hier mehr wiegen dürfte als die tatsächliche Anziehungskraft auf Besucherinnen und Besucher, einmal abgesehen von einzelnen Veranstaltungen. Diese Einrichtung ist mit für polnische Verhältnisse noch vor wenigen Jahren unvorstellbar hohen Mitteln ausgestattet. Die Leiterin der Berliner Filiale bezifferte ihr Budget 2022 auf ca. zehn Millionen Złoty, was derzeit etwa 2,17 Millionen Euro sind. Das ist doppelt so viel wie etwa die institutionellen Zuwendungen an das Deutsche Polen-Institut betragen.[22] Man vergleiche das mit den geringen Mitteln, welche den wissenschaftlichen Zentren der *Polnischen Akademie der Wissenschaften* in Berlin oder auch in Wien zur Verfügung stehen. Nachdem das *Polnische Institut* in Berlin aufgrund einer programmatischen Konzentration auf die in Deutschland lebenden Polen schon seit Jahren kaum mehr Akzente in der Kulturpolitik setzen konnte, die für die deutsche Öffentlichkeit relevant sind, zeigt Polen mit dem *Pilecki-Institut* erstmals seit Jahren wieder öffentlich Flagge in Berlin. Schon in absehbarer Zeit wird der Neubau der Polnischen Botschaft Unter den Linden eröffnet werden und die Möglichkeit zu weiterer öffentlichkeitswirksamer Präsenz in Berlin bieten. Was das mit großem Pomp Ende 2019 eröffnete *Pilecki-Institut* betrifft, so ist es mit seinem intelligenten und dynamischen Programm innerhalb weniger Jahre zu einem Musterbeispiel geworden, was man ohne große Bürokratie und mit Engagement alles machen kann (sofern es das Budget hergibt).

Losgelöst von der inhaltlichen Ausrichtung, der Ackermann zu Recht anlastet, „die auswärtige Kulturpolitik der amtierenden polnischen Regierung“ (S. 33) zu legitimieren, könnte das *Pilecki-Institut* hinsichtlich seiner organisatorischen Tätigkeit durchaus ein Vorbild sein: In Warschau und in Polen fehlt eine entsprechend arbeitende deutsche Einrichtung – denn die Parteistiftungen, das Goethe-Institut oder das DHI können mit ihren ganz spezifischen Aufgabenstellungen nicht in diesem Maße öffentlich wirksam werden. Und auch das künftige *Deutsch-Polnische Haus*, also der „Ort des Erinnerns und der Begegnung mit Polen“, kann sich von der Spontaneität, mit der das Pilecki-Team in Berlin agiert, einiges abschauen.

Übrigens: Wenn in diesem Text bislang der Begriff „Versöhnung“ so gut wie nicht gefallen ist, so aus einem einfachen Grund. Versöhnung ist nur möglich zwischen zwei Menschen oder Kollektiven, die nach wie vor entzweit sind. Polen und Deutsche sind nicht mehr entzweit. Behauptungen wie jene der polnischen Regierung und der sie unterstützenden intellektuellen Milieus, „eine vollständige Versöhnung zwischen Täter und Opfer ist nur möglich, wenn es eine Wiedergutmachung gibt“, so der polnische Ministerpräsident Mateusz Morawiecki am 20. März in seiner Europarede in Heidelberg,[23] sind nur ein weiteres Beispiel für jene Perpetuierung von Asymmetrie und jene Logik der Kränkung, von der schon die Rede war.

Schlagwörter: Polen, Deutschland, Symmetrie, Erinnerungspolitik, Versöhnung

---

[21] Felix Ackermann: Doppelbödig am Pariser Platz. FAZ, 24.1.2023,

[22] Szefowa Instytutu Pileckiego w Berlinie o współpracy z ukraińskimi i białoruskimi organizacjami. Polska delegacja oddaje hołd pochowanym na Polskim Cmentarzu w Loretto. Polskieradio.pl, 17.7.2022.

[23] Mateusz Morawiecki: „An einem historischen Wendepunkt“. Heidelberger Rede zur Zukunft Europas, 20.3.2023, in diesem Heft S. 155–168.

Karolina Wigura, Jarosław Kuisz

Ein politischer „MeToo-Moment“

Polnisch-deutsche Missverständnisse

Historische Traumata und politischer Streit belasten das Verhältnis zwischen Polen und Deutschland. Der Ukraine-Krieg wirkte als Katalysator. Er brachte die Frustration der Polen und der Ostmitteleuropäer über Deutschlands Rolle in Europa und seine Russland-Politik zutage. Die historischen Erfahrungen der Ostmitteleuropäer mit Russland machen sie skeptisch gegenüber jedem Kompromiss mit dem Aggressor. Das Gefühl, einem desorientierten Westen und Deutschland moralisch überlegen zu sein, verstärkt die Entfremdung. Bessere polnisch-deutsche Beziehungen sind nur im Rahmen einer gesamteuropäischen Verständigung möglich.

Obwohl Polen und Deutsche nach dem Zweiten Weltkrieg einen Prozess der Versöhnung durchliefen, der als beispielhaft gilt, hat Russlands Krieg gegen die Ukraine offengelegt, wie brüchig die wechselseitigen Sympathien sind. Russlands Krieg wirkte wie ein Katalysator und förderte vorher kaum offen geäußerte Frustrationen zutage. Angesichts des Leidens des ukrainischen Volkes stellen nicht nur die Polen, sondern auch andere Gesellschaften in Ostmitteleuropa Deutschlands Rolle in der europäischen Politik und insbesondere in den Beziehungen zwischen Europa und Russland in Frage.
Die Krise in den polnisch-deutschen Beziehungen ist jedoch auch dem Wandel der Zeit geschuldet, der allerdings kaum etwas mit der von Olaf Scholz nach Russlands Überfall auf die Ukraine verkündeten „Zeitenwende“ gemein hat. In der multilateralen Welt von heute gestalten sich die Versöhnung und Verständigung zwischen Gesellschaften anders als nach dem Zweiten Weltkrieg. Wie man am Beispiel der deutsch-französischen und der deutsch-polnischen Beziehungen sieht, war die Aussöhnung verfeindeter Völker bis vor wenigen Jahrzehnten noch eine weitgehend bilaterale Angelegenheit. Das hat sich durch die Globalisierung und das Aufkommen der neuen Medien geändert. Auch im Bereich der Versöhnung hat der Multilateralismus an Bedeutung gewonnen.

Karolina Wigura (1980), Dr. phil., Soziologin und Journalistin, Leiterin des Politikressorts der polnischen Online-Wochenzeitschrift *Kultura Liberalna* (kulturaliberalna.pl) und Mitarbeiterin des Zentrums Liberale Moderne, Berlin, Warschau
Von Karolina Wigura erschien in OSTEUROPA: Dämonologie. Polen vor vier verlorenen Jahren, in: OSTEUROPA, 1–2/2016, S. 109–117. – Die ausgebrannte Generation. Präsidentschaftswahlen in Polen 2015, in: OSTEUROPA, 4/2015, S. 47–55.
Jarosław Kuisz (1976), Dr. phil., Rechtswissenschaftler und Philosoph, Chefredakteur der polnischen Online-Wochenzeitschrift *Kultura Liberalna* (kulturaliberalna.pl) und Policy Fellow an der Universität Cambridge, Berlin, Warschau
Von Jaroslaw Kuisz erschien in OSTEUROPA: Ende eines Mythos. Polen, Ostmitteleuropa und das Bild vom Westen, in: OSTEUROPA, 1–2/2016, S. 201–208.

Das polnisch-deutsche Verhältnis bewegt sich heute im Rahmen des vereinten Europa. Und Putins Krieg gegen die Ukraine betrifft nicht nur einen Staat, sondern die gesamte Region, ja sogar ganz Europa, weil er die Grundlagen der europäischen Friedensordnung, nämlich das Gewaltverbot, die territoriale Integrität und die staatliche Souveränität verletzt. Daher muss jedes Bemühen um die Überwindung der von Felix Ackermann zu Recht beklagten Entfremdung zwischen Deutschen und Polen künftig viel stärker als früher den regionalen, den europäischen und den globalen Kontext berücksichtigen.[1] Die Versöhnungsarbeit muss auf einer neuen Grundlage stattfinden.

Das Verhältnis von Polen und Deutschland ist von Missverständnissen geprägt. Macht man sich diese bewusst, ist es einfacher, einen Weg aus der Sackgasse zu finden, in welche die bilateralen Beziehungen geraten sind.

Warum sich Polen und Deutsche nicht besonders nahe sind

„Feinde, Fremde, Freunde" heißt das Buch des ehemaligen deutschen Botschafters in Polen.[2] Rolf Nikel schildert darin seine persönlichen Erfahrungen und liefert eine nüchterne Analyse der deutsch-polnischen Beziehungen. Er spart nicht an Kritik an beiden Seiten. Die im Titel angedeutete Entwicklung – von Feinden über Nachbarn, die sich neutral gegenüberstehen, ohne sich gegenseitig zu kennen, zu befreundeten Nationen – entspricht allerdings eher Wunschdenken als der Realität.

Das in Polen vorherrschende Bild von den Deutschen ist bis heute von den Traumata der Vergangenheit geprägt. Die wichtigste Zäsur bilden der Krieg und die Besatzungserfahrung von 1939–1945. Danach war es in Polen erst einmal sehr schwierig, Sympathien für das deutsche Volk zu entwickeln.[3] Die Kriegszerstörungen waren so kolossal, die Verluste unter der Zivilbevölkerung so gewaltig, dass der berühmte Brief der polnischen Bischöfe im Jahr 1965, also zwanzig Jahre nach Kriegsende, in dem sie sich mit den Worten „Wir vergeben und bitten um Vergebung" an ihre deutschen Amtsbrüder wandten, einen Sturm der Empörung in der polnischen Gesellschaft auslöste.

Die Versöhnung, die seitdem zwischen Polen und Deutschen stattfand, beschränkte sich weitgehend auf Deklarationen und Diskussionen der Eliten. Von Versöhnung sprachen Bischöfe, Politiker, moralische Autoritäten, über die Geschichte diskutierten Historiker, an Schulbüchern arbeiteten Schulbuchkommissionen. Doch große Teile der Bevölkerung auf beiden Seiten von Oder und Neiße wussten weiter wenig voneinander.

Die Polen wissen über die Deutschen hauptsächlich zwei Dinge. Im Kern kolportieren sie zwei Stereotype. Das erste lautet: Die Deutschen sind eine reiche, sehr gut ausgebildete, moderne Gesellschaft. Das zweite Stereotyp hält sich beharrlich, obwohl es dem ersten komplett widerspricht. Deutschland sei, wie es Andrzej Stasiuk in seinem Reisebericht ironisch auf den Punkt brachte, noch immer „Dojczland", ein Land der Nazis, wie entsprungen aus der polnischen TV-Propagandaserie *Stawka większa niż życie* (1967/1968; dt. *Sekunden entscheiden*, wörtlich „Der Einsatz ist höher als das eigene Leben"). Deutsch sei eine hässliche Sprache, die sich am besten dazu eigne, aggressive Befehle wie „Hände hoch!" zu brüllen.[4]

---

[1] Felix Ackermann: Nach der Versöhnung. Deutsche und Polen. Eine Beziehungsanalyse, in: OSTEUROPA, 9–10/2022, S. 5–38.

[2] Rolf Nikel: Feinde, Fremde, Freunde. Polen und die Deutschen. München 2023.

[3] Andrzej Friszke, Antoni Dudek: Geschichte Polens 1939–2015. Paderborn 2022, passim.

[4] Andrzej Stasiuk: Dojczland. Ein Reisebericht. Aus dem Polnischen von Olaf Kühl. Frankfurt/Main 2008.

Neues Medium, altes Weltbild: Propagandaserie „Sekunden entscheiden“ auf DVD. Ein Produkt von Telewizja Polska

Natürlich gibt es eine derartige deutsche Gesellschaft nicht, in der diese beiden Stereotype tatsächlich gleichzeitig existieren würden. Dies erkennt jeder Beobachter, der ausreichend Zeit in Deutschland verbracht hat und darum bemüht ist, die Dinge zu beobachten und zu verstehen, wie sie sind, statt nur Klischees wiederzukäuen. Die Deutschen sind, ebenso wie die Polen und jede andere Gesellschaft, voller Unterschiede und Widersprüche. Und dies betrifft nicht nur Unterschiede zwischen Ost- und Westdeutschen oder Nord- und Süddeutschen, sondern man denke auch an den Kontrast zwischen Stadt und Land oder zwischen der Weltstadt Berlin und dem Rest des Landes.
Die Polen wissen wenig über die Deutschen. Das Wissen der Deutschen über die Polen ist noch beschränkter. Dies beginnt mit einer nahezu vollständigen Unkenntnis der polnischen Geschichte und deren Verflechtung mit der deutschen Geschichte. Die meisten Deutschen wissen wenig bis nichts darüber, dass ihre Vorfahren Polen im 20. Jahrhundert mit völliger Zerstörung überzogen haben und dazu beitrugen, dass Polen für Jahrzehnte hinter dem Eisernen Vorhang verschwand. Ganz zu schweigen von Kenntnissen darüber, dass die konsequenten Bestrebungen, den polnischen Staat auszulöschen, bereits Ende des 18. Jahrhundert begonnen hatten, als Preußen gemeinsam mit Russland und dem Habsburger Reich Polen aufteilte. Oder davon, dass die antipolnische Propaganda, wie sie die Nationalsozialisten verbreiteten, sich bis zu Friedrich dem Großen zurückverfolgen lässt, und dass Bismarck sie wiederholte. Die Polen verstehen sehr gut, dass das heutige Deutschland nichts mit Preußen und dem Dritten Reich gemein hat und dass es in den letzten Jahrzehnten nicht nur ein wohlhabendes, sondern auch ein freiheitlich-demokratisches Land geworden ist. Gleichwohl ist das mangelnde Wissen der Deutschen über das Verhältnis ihrer Vorfahren zu Polen frappierend.

Warum an der Verschlechterung der polnisch-deutschen Beziehungen nicht nur die populistische Regierung in Warschau schuld ist

In der polnisch-deutschen Geschichte blicken wir auf eine rund 200-jährige Periode zurück, in der die Beziehungen aufgrund eines wiederkehrenden deutschen Imperialismus sehr schwierig waren. Diese Periode bildet in Polen ein Residuum für Ängste und Vorurteile, die jederzeit wieder hochkommen können, sei es unter dem Einfluss internationaler Ereignisse, sei es, weil Politiker diese bewusst schüren. Heute haben wir es mit beidem zu tun. Bei der Analyse gilt es, große Vorsicht und Präzision walten zu lassen. Unter den Deutschen ist die Ansicht verbreitet, dass die ausgeprägte Skepsis, die ihnen aus Polen entgegenschlägt, eine Sache der gegenwärtigen Regierung in Warschau und ihr wohlgesinnter rechtskonservativer Kreise sei. Gewinne – so die Annahme – die Opposition die polnischen Parlamentswahlen im Oktober 2023, würden die Beziehungen zwischen Berlin und Warschau automatisch besser. Die antideutsche Propaganda im polnischen öffentlich-rechtlichen Fernsehen würde enden, die Forderungen nach Reparationszahlungen zurückgenommen – kurzum: Deutschland und Polen könnten zum Zustand von vor 2015 zurückkehren.
Aber ist dem wirklich so? Es stimmt zwar, dass der rechtskonservative Teil der polnischen Öffentlichkeit traditionell skeptischer gegenüber Deutschland ist und diese Skepsis lauter zum Ausdruck bringt. Und ja, die Regierungspartei *Prawo i Sprawiedliwość*

(Recht und Gerechtigkeit, PiS) verbreitet seit Jahren konsequent eine antideutsche Propaganda, bedient sich dazu der öffentlich-rechtlichen Medien, die sie unter ihre Kontrolle gebracht hat, und mobilisiert damit ihre Wählerschaft.[5] In der Tat würde ein Sieg der Opposition im Herbst 2023 höchstwahrscheinlich auch bedeuten, dass die öffentlich-rechtlichen Medien nicht länger als Sprachrohr der Regierung zur Verbreitung primitiver antideutscher Propaganda benutzt würden. Doch das ist nur die halbe Wahrheit. Denn nicht nur ist keineswegs gesagt, dass die Opposition die Wahlen im Oktober wirklich gewinnt. Selbst wenn es dazu käme, würde dies noch lange nicht bedeuten, dass damit die Skepsis gegenüber Deutschland ein Ende hätte. Die Opposition hat ihre Haltung in den vergangenen Monaten klar zu verstehen gegeben. Bestes Beispiel ist die Reaktion der *Bürgerkoalition* (Koalicja Obywatelska, KO), des größten Oppositionsbündnisses, auf die Ankündigung von Jarosław Kaczyńskis PiS, dass Polen beabsichtige, von Deutschland Reparationen für die während des Zweiten Weltkriegs erlittenen Verluste zu fordern. Die *Bürgerkoalition* erhob gegen dieses Ansinnen der polnischen Regierung weder den Einwand, dass solche Reparationsforderungen falsch, noch dass sie unrealistisch seien. Stattdessen brachten ihre Vertreter eine Beschlussvorlage in den Sejm ein, wonach Entschädigungsforderungen nicht nur gegen Deutschland, sondern auch gegen Russland geltend gemacht werden sollten. Borys Budka, der Fraktionsvorsitzende der *Bürgerkoalition*, sagte hierzu:

> Wenn wir von der Aufrechnung von Kriegsverlusten und -schäden sprechen, müssen wir über diejenigen reden, die den Ausbruch des Zweiten Weltkriegs herbeigeführt haben, also über das faschistische Deutschland und die kommunistische Sowjetunion.[6]

Auch die Oppositionspartei *Polnische Volkspartei* (Polskie Stronnictwo Ludowe, PSL) legte einen Entwurf für einen Sejmbeschluss vor. Darin ist die Rede davon, „das souveräne Polen“ habe „nie auf Reparationen und auf keinerlei Ansprüche verzichtet“.[7]
Diese Initiativen sind ein klarer Indikator für einen Stimmungswandel. Der Vorsitzende der *Bürgerplattform* (Platforma Obywatelska, PO) Donald Tusk, der das Wahlbündnis KO im Herbst 2023 zum Sieg über die *PiS* führen will, setzt offensichtlich darauf, dass auch die Wählerschaft der *Bürgerkoalition,* und nicht nur die der *PiS,* dem Reparationsthema große Bedeutung beimisst. Den Deutschen sollte dies als wichtiges Signal dienen, dass sich etwas im kollektiven Bewusstsein der Polen verschoben hat. Wie ist es zu dieser Verschiebung gekommen?

---

[5] Kai Olaf Lang: Frust und Entfremdung. Warschaus konfrontative Deutschlandpolitik, in: OSTEUROPA, 9–10/2022, S. 39–51. – Reinhold Vetter: Politische Paranoia. Die antideutsche Propaganda der polnischen Rechten, in: ebd., S. 85–107, sowie Stefan Garsztecki: Polen, Deutschland und die Reparationen. Der lange Schatten des Zweiten Weltkrieges, in: ebd., S. 53–68.

[6] Kolejne projekty w sprawie reparacji. Nie tylko od Niemiec. tvn24, pl, 13.9.2022.

[7] Ebd.

Warum es nicht nur um Polen geht

Um diese Frage zu beantworten, müssen wir den Blick weiten und nicht nur auf die polnisch-deutschen Beziehungen schauen, sondern auf Ostmitteleuropa. Von Warschau bis Tallinn, von Vilnius bis Chişinău – überall ist derselbe Satz zu hören: Der Westen hat sich in Vladimir Putin geirrt, und wir haben es die ganze Zeit gewusst. Mehr noch, auch von Seiten der Finnen und Schweden sind solche Stimmen zu vernehmen. Das Urteil über Deutschland fällt besonders hart aus. Dies ist so, weil Deutschland seit vielen Jahren eine Führungsrolle in Europa innehat und in dieser Funktion Projekte wie die Erdgaspipelines aus Russland *Nord Stream* und *Nord Stream 2* vorantrieb. Beide wurden von den Balten und Polen als politische und strategische Projekte betrachtet, während die Deutschen alle Partner in der EU davon zu überzeugen suchten, dass diese Röhren rein ökonomische Bedeutung hätten.

Natürlich sind auch die Nationen zwischen Deutschland und Russland nicht unfehlbar. Ihre Einschätzungen der internationalen Lage sind mal mehr, mal weniger zutreffend. Tatsache aber ist, dass diese Nationen über spezifische historische Erfahrungen mit Russlands Imperialismus verfügen und dass daraus eine bestimmte Haltung zur aktuellen Lage erwächst, in der wir uns derzeit befinden.

Erstens haben diese Gesellschaften aus der Nähe verfolgt, wie Vladimir Putin seit über 20 Jahren – in Tschetschenien, in Georgien, mit der Annexion der Krim und nun mit einem großflächigen Krieg in der Ukraine – eine rücksichtslose Politik der Rückgewinnung früherer Einflusszonen der UdSSR betreibt. Zweitens umfasst ihr historisches Gedächtnis 300 Jahre, in denen der russländische Imperialismus dieser Region Unheil und Unterdrückung brachte, unabhängig davon, ob die Völker der Region sich freiwillig unterwarfen oder nicht.

Es geht hier nicht um eine diffuse Russophobie, sondern um eine tiefsitzende Erfahrung. Polen war immer wieder Opfer einer Moskauer Politik, die friedliche Lösungen, Kompromisse und Partnerschaft verhindert hat.[8]

Aufgrund ihrer Erfahrung glauben die Ostmitteleuropäer im Falle von Russlands Krieg gegen die Ukraine nicht an Friedensgespräche mit Moskau. Ihre Erfahrung legt den Schluss nahe, dass solche Gespräche zu nichts anderem führen würden als zu einer Fortsetzung der Gräueltaten, die Russlands zustimmendes Nicken am Verhandlungstisch als reinen Zynismus entlarven würden. In den Augen der Völker des östlichen Europas darf sich die Ukraine dem Aggressor nicht ergeben, und Volodymyr Zelens'kyj sollte Putins Erpressungsversuchen auf keinen Fall nachgeben. Franzosen könnten aufgrund ihrer historischen Erfahrung glauben, dass man Städte und Zivilisten rettet, indem man sich ergibt. Die Ukrainer haben eine andere Erfahrung gemacht. Ob sie sich ergeben oder nicht, das Ergebnis wird dasselbe sein. Dies sieht man in den ukrainischen Gebieten unter russländischer Besatzung, wo Folter, Vergewaltigung, die Entführung von Kindern nach Russland und deren organisierte Indoktrination an der Tagesordnung sind. In Ostmitteleuropa herrscht nicht nur die Überzeugung, dass man die Lage rund um den Krieg in der Ukraine im Sinne des politischen Realismus besser einschätzte als die Westeuropäer. Das östliche Europa ist auch überzeugt, dass es in dieser Angelegenheit

---

8 Timothy Snyder: Bloodlands. Europa zwischen Hitler und Stalin. 6. erw. Auflage. München 2022, [¹2010].

das moralische Recht auf seiner Seite hat. Diese Konstellation hat eine völlig neue Dynamik gegenüber dem Westen im Allgemeinen und Deutschland im Besonderen in Gang gesetzt.

Warum Ostmitteleuropa keine „Zeitenwende“ erkennen will

Daran, dass sich die politischen Eliten in Berlin in Putins Russland geirrt haben, besteht kein Zweifel mehr. Bis sich der Ausdruck „Zeitenwende“ für die durch Russlands Angriff auf die Ukraine in Gang gesetzten Entwicklungen materialisiert haben wird, dürfte noch einige Zeit vergehen. Doch dass Deutschland in seiner Außenpolitik eine vollkommen andere Richtung einschlagen wird als vor 2022, ist mehr als wahrscheinlich.

Das Problem besteht darin, dass dieser Wandel aus ostmitteleuropäischer Wahrnehmung zu langsam verläuft – selbst wenn er manchen deutschen Beobachtern als revolutionär erscheint. Bei genauer Betrachtung gewinnt man den Eindruck, dass einer der Gründe für die oftmals zögerlichen Entscheidungen von Bundeskanzler Olaf Scholz darin zu suchen ist, dass er Angst hat, es sich mit jenem nicht unbeträchtlichen Teil der Bevölkerung zu verscherzen, der laut Meinungsumfragen gegen Waffenlieferungen an die Ukraine ist. In Warschau oder Tallinn sieht sich die deutsche Regierung, zumal sie ihre Motive häufig nicht besonders gut kommuniziert, wegen dieser Vorsicht mit dem Vorwurf konfrontiert, Deutschland handle egoistisch und spiele Putin in die Hände. Solche Vorhaltungen resultieren aus der genannten Überzeugung, das moralische Recht auf seiner Seite zu haben. Dieses Pochen auf das moralische Recht markiert einen geradezu kathartischen Moment. Die gegenwärtige Dynamik erinnert in gewisser Weise an das Phänomen der „Me-too“-Bewegung. Wie kann das sein?

Sicherlich lässt sich ein Land nicht mit einem Filmproduzenten vergleichen. Bestimmte Mechanismen der medialen Dynamik sind sich jedoch täuschend ähnlich. „Me too“ war eine gesellschaftliche Bewegung, die darauf beruhte, dass Frauen in den USA und später weltweit unangemessenes Verhalten von Männern in Machtpositionen publik machten. Auslöser war die sogenannte Weinstein-Affäre. Schon vor dieser Affäre hatte es eine Vielzahl von Fällen übergriffigen Verhaltens gegenüber Frauen gegeben, aber die Opfer sprachen darüber kaum je öffentlich, und wenn sie es taten, wurde ihnen kein Gehör geschenkt. Als jedoch immer mehr Opfer von Harvey Weinstein an die Öffentlichkeit traten, brach sich die moralische Empörung Bahn. Eine Lawine von Posts entlud sich in den sozialen Medien und führte zu einer breiten gesellschaftlichen Bewegung. Hunderte Frauen begannen von ihren Erfahrungen zu erzählen.

Der Krieg in der Ukraine und die damit verbundene Lageeinschätzung haben in ähnlicher Weise einen solchen Moment der Katharsis herbeigeführt. Davor wurde Kritik an Deutschlands Politik in der Region entweder nur im Stillen oder überhaupt nicht geäußert. Seit Kriegsbeginn wird solche Kritik plötzlich vernehmlich vorgebracht und weitergetragen. Jetzt zeigt sich, dass jeder etwas zu dem Thema zu sagen hat, sei es der Wahrheit Entsprechendes, seien es mehr oder weniger zusammengereimte Dinge. Dies schafft eine gesellschaftliche Atmosphäre, aus der nicht nur Nationalpopulisten wie Jarosław Kaczyński Kapital schlagen, sondern auch liberale Demokraten wie Donald Tusk, die ebenfalls für sich in Anspruch nehmen, im Namen breiter Teile der Gesellschaft zu sprechen. Das wiederum hat weitreichende Folgen für die polnisch-deutschen Beziehungen.

Warum wir statt von einem „polnischen Moment" oder polnisch-deutschen Beziehungen lieber über Europa sprechen sollten

Die Augen vieler Menschen sind heute auf Polen gerichtet. Zum einen ist Polen wegen seiner geographischen Lage für die Amerikaner als Hauptunterstützer der Ukraine ein Tor nach Osteuropa und ein wichtiger Umschlagplatz für Rüstungslieferungen an Kiew. Zum anderen haben die Polen trotz des fatalen Rufs, den der Angriff der Regierung unter Führung der PiS auf den Rechtsstaat sowie die allgemeine nationalpopulistische Atmosphäre dem Land in den letzten Jahren eingebracht haben, zwei wesentliche Leistungen vorzuweisen: Erstens haben sie 2022, ohne mit der Wimper zu zucken, Millionen ukrainischer Flüchtlinge aufgenommen und Europa dadurch vor einer ernsten Migrationskrise bewahrt. Zweitens sind die Wirtschaftsdaten des Landes trotz aller Krisenerscheinungen und Inflation doch so positiv, dass etwa in Großbritannien der Vorsitzende der *Labour*-Partei und Oppositionsführer im Unterhaus, Keir Starmer, Polens wirtschaftlichen Aufschwung dem Niedergang der eigenen Volkswirtschaft als positives Gegenbeispiel gegenüberstellte.[9]

Aus den genannten Gründen sollten wir jedoch statt von einem „polnischen Moment" lieber von einem ostmitteleuropäischen Moment sprechen. Dass die Völker zwischen Deutschland und Russland, diese „kleinen Völker" (Milan Kundera), die so oft um ihre Existenz bangen mussten, heute laut über ihre geopolitische Perspektive sprechen, ist wichtig. Das Gravitationszentrum der Europäischen Union verschiebt sich nach Osten, und das ist gut so, denn so können alle Mitglieder der Gemeinschaft ihre Weltsicht um eine frische, bislang nicht jedem bekannte Perspektive bereichern. Aus demselben Grunde lohnt es sich heute, über die polnisch-deutschen Beziehungen hinaus über die Beziehungen zwischen dem Westen und dem Osten Europas zu sprechen. Es muss nach neuen, multilateralen und regionalen Arten der Zusammenarbeit im Rahmen der EU auf gleichberechtigter Basis gesucht werden. Hier aber stoßen wir auf einen wichtigen Punkt: Schritte von polnischer Seite, die sich darauf konzentrieren, die Deutschen an ihre bilaterale Verantwortung im historischen Kontext zu erinnern – wofür das Thema der Reparationen ein gutes Beispiel ist, das innenpolitisch, genauer gesagt: im Wahlkampf konsequent ausgeschlachtet wird –, stoßen weder in der deutschen Gesellschaft auf Resonanz noch auf Interesse in Berlin. Im Laufe der letzten Jahre hat Polen in dieser Hinsicht wiederholt die Initiative ergriffen, doch ist klar geworden, wie begrenzt seine Möglichkeiten sind. Es sei nur daran erinnert, wie das polnische Parlament 2018 eilig die umstrittensten Paragraphen einer Novelle des Gesetzes über das *Instytut Pamięci Narodowej* (Institut für Nationales Gedenken, IPN) zurückzog; diese Paragraphen sahen Strafen für Personen vor, die der polnischen Nation eine Verantwortung oder Mitverantwortung für von Deutschen während des Zweiten Weltkriegs begangene Verbrechen anlasteten.

Mindestens ebenso wichtig wie die Beschäftigung mit den polnisch-deutschen Beziehungen ist in der heutigen Situation eine Verständigung zwischen den Europäern in Ost und West. Wir sollten nicht in erster Linie über die bilaterale polnisch-deutsche Aussöhnung sprechen, sondern vor allem über Möglichkeiten nachdenken, Brücken zwischen Ost- und Westeuropa zu bauen. Ziel muss es sein, zu einem besseren gegenseitigen Verständnis zu gelangen und ein stärkeres Europa zu schaffen, das der Bedrohung

---

[9] UK on course to be „poorer than Poland" by 2030, claims Labour. Independent, 23.2.2023.

der europäischen Zivilisation, wie sie die aggressive Politik von Putins Russland darstellt, gewachsen ist.

Wenn in diesem Kontext Polen und Deutschland gemeinsam die gleiche Rolle spielen würden, wie sie nach dem Zweiten Weltkrieg Deutschland und Frankreich spielten, dann könnte es gelingen, für uns alle einen europäischen Moment zu erschaffen.

Was tun?

In welche Richtung sollten sich also die polnisch-deutschen Beziehungen entwickeln? Was kann man machen, damit sie sich verbessern?

Erstens ist es richtig, das bisher zwischen Polen und Deutschland Erreichte als wertvoll anzuerkennen. Doch muss man sich bewusst machen, dass dieser Besitzstand es auch erschweren kann, für die Zukunft neue Wege zu finden. In einem sich schnell wandelnden internationalen und gesellschaftlichen Kontext ist es unmöglich, einfach auf die bewährten Instrumente zu setzen. Es reicht nicht zu sagen: „Wir müssen mehr im Bereich Jugendaustausch tun“ oder „Lasst uns eine neue Schulbuchkommission einrichten“. Derartige Initiativen hat es in den letzten Jahrzehnten gegeben. Sie haben Ergebnisse erzielt. Doch deren Wirkung ist begrenzt. Damit soll der Wert dieser Initiativen nicht geschmälert werden. Sie waren wichtig und richtig, aber sie gehören einer vergangenen Zeit an.

Der richtige Weg, um das Weiterfahren in den gewohnten, aber in der aktuellen Lage wenig zielführenden Bahnen zu vermeiden, besteht nicht darin, sich sofort in die Suche nach neuen Lösungen zu stürzen. Stattdessen bieten sich Methoden wie die Ausarbeitung von Szenarien an, um die Lage jeweils neu zu bestimmen und adäquate politische Reaktionen zu entwickeln. Sinnvoll wäre es, wenn Angehörige verschiedener Generationen zusammenarbeiteten, Routiniers der polnisch-deutschen Aussöhnung und Repräsentanten der neuen Generation. All dies wäre jedoch nur wirkungsvoll, wenn zu solchen Gesprächen auch Vertreter aus Ostmitteleuropa, aus Tschechien, dem Baltikum oder der Ukraine, eingeladen würden.

Zweitens leben wir in einer Zeit, in der soziale Medien und Influencer in Gesellschaft und Politik eine immer bedeutendere Rolle spielen. Ein dauerhafter Wandel in den polnisch-deutschen Beziehungen und im Verhältnis zwischen West- und Osteuropa erfordert die Entwicklung einer Sprache, die für soziale Medien attraktiv ist.

Drittens hört man in Gesprächen mit deutschen Partnern immer wieder, dass es wegen des ungewissen Ausgangs der im Herbst 2023 anstehenden Parlamentswahlen in Polen momentan schwierig sei, gemeinsame Projekte in Angriff zu nehmen. Addiert man zu den Monaten bis zur Wahl noch jene hinzu, die für eine Regierungsbildung ins Land gehen werden, so droht das Duo Polen und Deutschland, das zentral für die EU sein könnte, für mehr als ein Jahr als Antriebskraft für die EU auszufallen. Angesichts des Krieges an der Ostgrenze der EU, des autoritären und revisionistischen Russlands und einer zunehmend expansiven Politik Chinas drängt sich die Frage auf, ob die EU so viel Zeit hat.

Aus dem Polnischen von Andrea Huterer, Berlin

Schlagwörter:
Polen, EU, deutsch-polnische Beziehungen, Versöhnung, Europäische Integration

Marek Cichocki

Asymmetrie ohne Zentrum und Peripherie

Deutsch-polnische Unversöhntheit

Das Verhältnis von Deutschland und Polen galt lange als das von Zentrum und Peripherie. Die bilaterale Versöhnung, die Transformation der polnischen Wirtschaft und Politik sowie die Einbettung in die europäische Integration sollten sukzessive zur Überwindung der Entwicklungsunterschiede und der Angleichung beider Länder führen. Dieses Modell ist obsolet. In der Wirtschafts-, Europa- und Sicherheitspolitik verfolgt Polen heute seine eigenen Interessen, die mit denen Deutschlands kollidieren. Die deutsch-polnischen Beziehungen sind von „strategischen Asymmetrien" geprägt. Russlands Krieg gegen die Ukraine erinnert die beiden „europäischen Mittelmächte" daran, was auf dem Spiel steht: die Sicherheit Europas.

> *„Wozu braucht Polen das Pilecki-Institut in Berlin? Ihr habt doch schon das Polnische Institut und die Botschaft?", fragte mich neulich ein deutscher Gesprächspartner. „Wozu braucht Deutschland das Goethe-Institut, die Ebert-Stiftung, die Adenauer-Stiftung und die Böll-Stiftung in Polen? Wo Ihr doch eine Botschaft in Warschau habt?", fragte ich zurück. „Das stimmt, aber das Pilecki-Institut ist doch etwas ganz anderes . . .", lautete die Antwort. „Eher etwas Neues", präzisierte ich. „Gewöhnt euch lieber daran."*

Diesen Dialog zitierte jüngst der polnische Journalist Rafał Woś in einem seiner Texte über die deutsch-polnischen Beziehungen in Zeiten von Russlands Krieg gegen die Ukraine.[1] Er illustriert das Problem, das Felix Ackermann in seiner Kritik der deutsch-polnischen Beziehungen als sich zuspitzende Kraftprobe im asymmetrischen Verhältnis beider Länder zu bestimmen versuchte.[2] Auch ich halte das Konzept der Asymmetrie für einen guten „Schlüssel", um sich die deutsch-polnischen Beziehungen nach 1989 und die aktuelle Krise zwischen Berlin und Warschau zu erschließen. Ackermann sucht die Ursprünge der deutsch-polnischen Asymmetrien in der historischen Erfahrung, insbesondere in jener des Zweiten Weltkriegs, sowie in der Tiefenstruktur der Sprache von

---

Marek Cichocki (1966), Professor für Geschichte und Internationale Beziehungen, lehrt am Collegium Civitas in Warschau und am Kolegium Europejskie in Natolin

Von Marek Cichocki erschien in OSTEUROPA: Polen neu denken. Europabild und Europapolitik der PiS, in: OE, 1–2/2016, S. 191–200. – Auf Deutsch liegt vor: Nord und Süd. Texte über die polnische Geschichtskultur. Wiesbaden 2020.

1 Rafał Woś: Berlin kontra Warszawa. Najciekawsza walka jutra, wydarzenia. interia.pl, 19.1.2023.

2 Felix Ackermann: Nach der Versöhnung. Deutsche und Polen. Eine Beziehungsanalyse, in: OSTEUROPA, 9–10/2022, S. 5–38. – Ders.: Doppelbödig am Pariser Platz. FAZ, 24.1.2023.

OSTEUROPA, 73. Jg., 1–2/2023, S. 143–153 doi: 10.35998/oe-2023-012

Politik und Kultur. Das allein greift als Erklärung zu kurz. Denn jede Geschichte ist überlagert von aktuellen Krisen und Machtverschiebungen in der Wirtschaft, der europäischen Integration und der internationalen Politik. Asymmetrien in den deutsch-polnischen Beziehungen lassen sich nicht vollständig begreifen, wenn wir sie nicht im Rahmen der Konkurrenz zwischen Zentrum und Peripherie betrachten. Doch diese grundlegende Trennlinie zwischen Polen und Deutschland ist verschwunden. Dagegen existieren unterschiedliche Formen der Asymmetrie fort, die Deutsche und Polen schaffen, die ihren Interessen entsprechen und die sie zu ihrem Vorteil einsetzen. Asymmetrie ist mehr als die Verfügungsgewalt über unterschiedliche Kapazitäten. Asymmetrisch ist eine Situation dann, wenn in einer Beziehung ein Gegensatz als Ungleichheit geschaffen wird, um der eigenen Position Legitimität zu verschaffen und die der Gegenseite zu unterminieren.

Asymmetrie jenseits der Denkschablonen

Wenn wir die deutsch-polnischen Beziehungen mit dem Begriff der Asymmetrie beschreiben und verstehen möchten, dürfen wir nicht in das schematische Denkmuster verfallen, demzufolge Deutschland und Polen nach der Überwindung des Kommunismus 1989 in Wirtschaft und Politik von zwei unterschiedlichen Positionen aus gestartet seien: Deutschland mit seiner entwickelten, leistungsfähigen Wirtschaft und seinem stabilen demokratischen Rechtsstaat als Vorreiter in Europa und Polen als einer der Nachzügler aus Ostmitteleuropa. Die Politik der Versöhnung und des Dialogs, welche die Eliten beider Länder zur Überwindung des Erbes des Zweiten Weltkriegs entworfen hatten, vor allem aber Polens Transformation in Politik, Wirtschaft und Gesellschaft sollten demnach zur sukzessiven Angleichung beider Länder führen. Daraus sollten ein neues Gleichgewicht und partnerschaftliche Strukturen im Rahmen der Europäischen Union erwachsen. Dieser „logische" und „rationale" Prozess der Annäherung und „Normalisierung" der deutsch-polnischen Beziehungen sei durch die Wahlsiege der politischen Rechten in Polen im Jahr 2005 und 2015 unterbrochen worden, die in Deutschland als nationalistische, populistische, konservative und antideutsche Kraft wahrgenommen wird.[3] Nach dieser Logik könne die deutsch-polnische Annäherung nur nach einem Regierungswechsel in Warschau fortgeführt werden.

Solche Denkschablonen gilt es zu vermeiden, weil das Problem der Asymmetrie und die Frage, wie ein Gleichgewicht in den deutsch-polnischen Beziehungen aussehen könnte, komplexer ist. Überdies ist nicht klar, inwieweit Berlin und Warschau eine Verringerung der Asymmetrie für erstrebenswert halten oder ob sie diese Asymmetrie bewahren möchten, um aus ihr politisches Kapital schlagen zu können. Es ist keineswegs gesagt, dass ein Gleichgewicht als Fundament der Partnerschaft gewünscht wird. Überdies ist offensichtlich, dass beide Seiten meist sehr unterschiedliche Vorstellungen von den Regeln haben, nach denen partnerschaftliche Beziehungen zu gestalten sind.

Die bislang gründlichste Analyse der deutsch-polnischen Asymmetrien liefert der polnische Politikwissenschaftler Stefan Szwed in seinem Buch *Poland, Germany and State*

---

3 Kai-Olaf Lang: Frust und Entfremdung. Warschaus konfrontative Deutschlandpolitik, in: OSTEUROPA, 9–10/2022, S. 39–52. – Reinhold Vetter: Polnische Paranoia. Die antideutsche Propaganda der polnischen Rechten, in: ebd., S. 85–108.

Power in the post-Cold War Europe.[4] Unter Rückgriff auf verschiedene Theorien der Macht (power) in den internationalen Beziehungen untersucht er die Asymmetrien im Verhältnis von Deutschland und Polen unter den Aspekten der verfügbaren Ressourcen (capabilities), der geopolitischen Lage, der Institutionen sowie der Fähigkeit zu autarkem Handeln (actorness & ownership). Er konzentriert sich auf die Sicherheitspolitik (transatlantische Beziehungen, Beziehungen zu den USA), die europäische Integration hinsichtlich ihrer Konstitutionalisierung (EU-Verfassungsvertrag, die Debatte über die Qualifizierte Mehrheitsentscheidung im Europäischen Rat, die Ostpolitik (Verhältnis zu Russland und die Östliche Partnerschaft) sowie die Energiepolitik (Nord Stream). Mit seinem auf Realpolitik und Institutionen fokussierten Zugang gelangt Szwed in seiner Analyse der deutsch-polnischen Beziehungen zu einer eher pessimistischen Schlussfolgerung:

> Es ist unstrittig, dass Macht- und Strukturasymmetrien die Entwicklung einer Partnerschaft behindern können. Dass sie jedoch ein dauerhaftes Muster der Divergenz von Interessen und Politiken zwischen zwei NATO-Verbündeten und EU-Mitgliedern bedingen könnten, widerspricht den Vorstellungen der „Integrationsoptimisten", die lieber an das „Normalisierungs"-Versprechen der euro-atlantischen Institutionen glauben wollen.[5]

Szwed schließt mit der Frage, „ob die beiden Nachbarn auch in Zukunft Mitglieder derselben Gemeinschaft sein werden".[6] Eine wichtige Rolle für das Verständnis der sich wandelnden Logik der Asymmetrie in den deutsch-polnischen Beziehungen spielt bei Szwed der Bezug auf die „optimistische Vision der Integration und Normalisierung", die sich in den 1990er Jahren auf das Beziehungsmodell „entwickeltes Zentrum" und „aufholende Peripherie" stützte. Dieses Modell der deutsch-polnischen Beziehungen wurde im Jahr 2003 erstmals in Frage gestellt. Damals vertrat Polen unter einer Regierung der Linken in zwei bedeutenden außenpolitischen Fragen, dem Irak-Krieg und der EU-Integration, jeweils die entgegengesetzte Position zu Deutschland. Polen unterstützte den Krieg der USA gegen den Irak, Deutschland lehnte die Mitwirkung am Waffengang ab. Und im Europäischen Rat erteilte die polnische Regierung dem europäischen Verfassungsvorschlag, der vorsah, das Abstimmungsverfahren aus dem Vertrag von Nizza durch eine doppelte Mehrheit von Mitgliedstaaten und EU-Gesamtbevölkerung zu ersetzen, mit dem martialischen Kampfruf „Nizza oder Tod!" eine Absage. Seitdem setzte sich in Polen parteiübergreifend das Bewusstsein durch, dass eine konfliktlose Integration und eine Interessenidentität zwischen Polen und Deutschland nicht möglich seien.

Die Frontstellung Frankreichs und Deutschlands gegen die USA im Irak-Krieg hatte eine weitere Folge: Obwohl Polen in sozioökonomischer und politischer Hinsicht weiterhin in einer deutlich schwächeren Position war, nahm Polen sich nicht länger als „Peripherie" wahr und erkannte das Duo Frankreich-Deutschland nicht länger als „Zentrum" in Europa an. Damit kamen die fundamentalen Bezugspunkte in den deutsch-

---

[4] Stefan Szwed: Poland, Germany and State Power in Post-Cold War Europe. Asymmetry Matters. Basingstoke 2019.

[5] Ebd., S. 239.

[6] Ebd., S. 247.

polnischen Beziehungen – Zentrum und Peripherie – abhanden. Aus diesem Grund müssen wir das schematische Denkmuster aufgeben, nach dem die deutsch-polnischen Beziehungen zu einer Angleichung der beiden Seiten führen würden.
Zwei Aspekte der Asymmetrie werden zukünftig von grundlegender Bedeutung sein. Der erste Aspekt ist quantifizierbar: das materielle Ungleichgewicht und damit die Frage des Potenzials, das sich unmittelbar auf die Handlungsoptionen Polens und Deutschlands in der europäischen Politik und Wirtschaft projizieren lässt. Der zweite Aspekt ist kaum quantifizierbar. Da geht es um Identität und Prestige sowie die Formen ihrer Institutionalisierung. Im ersten Fall konzentrieren wir uns auf die Wirtschaft und die Sicherheitspolitik. Im zweiten auf die Identitäts- und Geschichtspolitik, wobei wir die wiederkehrende Frage von Entschädigungen und Reparationen berücksichtigen.

Mitteleuropa 2.0

Die Integration der Wirtschaften Deutschlands, Polens und anderer ostmitteleuropäischer Staaten gilt als gelungenes Beispiel für die Überwindung historisch bedingter Trennlinien in Europa. Der Grad der bilateralen wirtschaftlichen Verflechtung, der in den letzten drei Jahrzehnten erreicht wurde, ist imposant. In Polen waren 2018 die Exporte nach Deutschland für zehn Prozent der Wertschöpfung verantwortlich. Auch für Deutschland wurde Polen als Handelspartner immer bedeutender. In der deutschen Handelsbilanz des Jahres 2022 belegte Polen bei den Exporten den fünften Platz, bei den Importen sogar den vierten Platz.[7] Allerdings ist die wirtschaftliche Kooperation asymmetrisch. In Deutschland war 2018 der Austausch mit Polen nur für ein Prozent der Wertschöpfung verantwortlich.[8] Unabhängig vom beiderseitigen Nutzen der Kooperation schuf diese Asymmetrie ein Modell funktionaler Beziehungen, wie sie für das Verhältnis zwischen Zentrum und Peripherie bzw. Semi-Peripherie charakteristisch ist. Bis heute investieren deutsche Unternehmen in Polen vor allem wegen der niedrigeren Arbeitskosten. Das Volumen des Technologieaustauschs zwischen den beiden Volkswirtschaften ist sehr gering.[9] Die asymmetrische Struktur der Wirtschaftsbeziehungen erklärt, weshalb Deutsche und Polen die ökonomische Kooperation sehr unterschiedlich beurteilen. Während der wachsende ökonomische Austausch mit Polen für die deutsche Politik und Öffentlichkeit kein Anlass war, eine strategische Beziehung zu Polen aufzubauen, hielt Berlin an der strategischen Zusammenarbeit mit Moskau fest, obwohl das Handels- und Investitionsvolumen mit Russland viel geringer als das mit Polen war. Die deutsche Seite maß weder der wachsenden wirtschaftlichen Verflechtung zwischen Polen und Deutschland noch deren Asymmetrie politisches Gewicht bei, weil sie diese für

---

7 Łukasz Ambroziak u.a.: Współpraca handlowo-inwestycyjna Polski z Niemcami. Polski Instytut Ekonomiczny. Warszawa 2022, <https://pie.net.pl/wp-content/uploads/2022/12/Wspolpraca-Polska-Niemcy.pdf>. – Dt.: Handels- und Investitionskooperation zwischen Polen und Deutschland: Warschau 2022, <https://pie.net.pl/wp-content/uploads/2022/12/Handels-und-Investitions kooperation-zwischen-Polen-und-Deutschland.pdf>. – Zum deutschen Außenhandel: <www.destatis.de/DE/Themen/Wirtschaft/Aussenhandel/Tabellen/rangfolge-handelspartner.pdf?__blob=publicationFile>.

8 Hans Kundnani: The Paradox of German Power. Oxford 2015, S. 110ff.

9 Tamás Gáspár: Special Features of the Semi-periphery in regional integration, in: Society and Economy in Central and Eastern Europe, 3/1999, S. 275–287. – Zur wirtschaftlichen Entwicklung Polens: Sebastian Płóciennik: Protestpotential trotz Wirtschaftswachstum. Polen und die Globalisierung, in: OSTEUROPA, 3–5/2018, S. 229–246.

normal und keiner politischen Anstrengung bedürftig hielt, während auf polnischer Seite zunehmend ein Bewusstsein für die Notwendigkeit grundlegender Korrekturen entstand. Bezeichnend für die divergierende Auffassung war die Verblüffung der deutschen Zuhörer, als der polnische Ministerpräsident Mateusz Morawiecki im Februar 2018 bei seinem Antrittsbesuch in Berlin zu einer Korrektur der wirtschaftlichen und finanziellen Asymmetrie zwischen Polen und Deutschland als Voraussetzung für ein besseres Miteinander in der EU und auf dem Binnenmarkt aufrief.[10]

Die mangelnde Bereitschaft Berlins zur Korrektur der Asymmetrien in den Wirtschaftsbeziehungen war ursprünglich auch das Motiv, weshalb Deutschland im Europäischen Rat gegen die von der PiS-Regierung durchgeführte Justizreform in Polen Stellung bezog. Noch 2018 galten die von der Bundesregierung, aber auch anderen „alten" Mitgliedstaaten im Europäischen Rat formulierten Bedenken der geplanten Einführung einer „außerordentlichen Beschwerde", weil sie fürchteten, die polnische Regierung wolle auf diese Weise ein Mittel zur Anfechtung von Gerichtsurteilen zu Eigentums- und Kapitaländerungen sowie Investitionen aus der Transformationszeit schaffen.[11] Erst nach den Beschwerden der Europäischen Kommission gegen Ungarn und Polen wegen Verletzung der Rechtsstaatlichkeit versuchte der Europäische Gerichtshof, auf dem Wege der Einzelfallentscheidung den gemeinsamen Rahmen für ein europäisches Modell der Rechtsstaatlichkeit zu definieren.

Mit der Zeit führte die fortbestehende Asymmetrie dazu, dass in polnischen Debatten über die deutsche Politik immer häufiger auf Friedrich Naumanns Mitteleuropa-Konzeption von 1915 verwiesen wurde, die dauerhafte asymmetrische, den deutschen Interessen dienenden Beziehungen zu Polen vorsah.[12] So äußerte sich Konstanty Pilawa in der Debatte über Mitteleuropa 2.0:

> Unruhige Zeiten sind die beste Inspiration für große geopolitische Projekte, die oft nicht nur die expansiven Träume ihrer Schöpfer verraten, sondern auch Fragen zu ihrer Komplexität provozieren. Das gilt auch für die Mitteleuropa-Idee. Diese brachte zunächst einen versteckten deutschen Imperialismus zum Ausdruck. Mitte der 1980er Jahre entlarven Czesław Miłosz und Milan Kundera mit ihren Schriften das mitteleuropäische Syndrom der Peripherie. Wird angesichts des weit verbreiteten Zusammenbruchs des Glaubens an das „Ende der Geschichte" das Projekt Mitteleuropa in unserer politischen Vorstellungswelt wieder Fuß fassen?

Dies führte Pilawa zu dem Schluss:

> Die vertiefte Zusammenarbeit mit Berlin als unverzichtbares Element der Integration der mitteleuropäischen Staaten lässt in der heutigen Situation zu Recht an die Idee von Mitteleuropa denken. Um diese Analogie zu

---

10 Körber Global Leaders Dialogue mit Ministerpräsident Mateusz Morawiecki in Berlin, <https://koerber-stiftung.de/mediathek/koerber-global-leaders-dialogue-mit-ministerpraesident-mateusz-morawiecki-in-berlin/>.

11 Report of the hearing held by the Council on 26 June 2018, Council of the European Union, Brussels 8 August 2018, 10906/18, <https://data.consilium.europa.eu/doc/document/ST-10906-2018-INIT/en/pdf>.

12 Friedrich Naumann: Mitteleuropa. Berlin 1915.

> verdeutlichen, möchte ich eine Passage aus dem Text von Marcin Kedzierski zitieren, der die ganze Debatte angestoßen hat: „Ohne deutsche Hilfe kann es keine ernsthafte Koalition im Rahmen der ‚Drei-Meere-Initiative' geben. Mehr noch: Ohne Deutschland wird es diese ‚Drei-Meere-Initiative' nie wirklich geben. Schließlich führt der Weg in die mitteleuropäischen Hauptstädte mindestens seit 1989 über Berlin, und in dieser Hinsicht sollten wir keine großen Veränderungen erwarten."[13]

Bei allen offensichtlichen Unterschieden illustrieren diese Zitate, wie sich das Urteil über Deutschland seit Polens EU-Beitritt 2004 geändert hat. Dieser zementierte dauerhaft die strukturelle ökonomische Asymmetrie zwischen beiden Staaten – mit weitreichenden Folgen für ihre Sozialpolitik und wirtschaftliche Entwicklung, ihren Platz in der EU und die sicherheitspolitische Ordnung in Europa. Manche Teilnehmer der Debatte über das neue Mitteleuropa 2.0 betrachteten diese strukturelle Asymmetrie („Zentrum" vs. „Peripherie") als unabänderlichen Faktor der neuen EU-Architektur, an den sich Polen anpassen müsse.[14] Andere vertraten die Auffassung, Warschau solle in Konkurrenz mit Berlin treten und eine eigene Position aufbauen, also eigene Formen der Asymmetrie erzeugen, die es bei der Durchsetzung der polnischen Interessen nutzen könnte.[15] Dabei gehe es vor allem um einen Mentalitätswandel. Für Adam Zych, der einen solchen Wandel befürwortet, fehlen den deutsch-polnischen Beziehungen schlicht die Voraussetzungen für eine Partnerschaft:

> [. . .] weniger wegen des unterschiedlichen wirtschaftlichen Potenzials als vielmehr wegen des schlechten Beziehungsmodells, das die Regierung, die Wirtschaft und die intellektuellen Eliten Polens in den ersten 25 Jahren der Freiheit mit Deutschland aufgebaut haben. Wir haben uns von vornherein mit einer Position der Abhängigkeit und Unterlegenheit abgefunden. Was für Deutschland möglich war, weckte bei uns gleich Furcht vor der Reaktion des großen Nachbarn. Haben wir die Expansion deutscher Firmen in Polen blockiert, wie es in Deutschland gegenüber polnischen Firmen der Fall war? Haben sich polnische Politiker je zu Gesetzen des Bundestags geäußert, selbst wenn sie so umstritten waren wie das „Netzwerkdurchsetzungsgesetz", so wie ihre deutschen Kollegen zum Justizgesetz?[16]

---

[13] Konstanty Pilawa: Powrót Mitteleuropy. Niemiecka dominacja czy polskie kompleksy? Klub Jagielloński, 20.3.2018, <https://klubjagiellonski.pl/2018/03/20/powrot-mitteleuropy-niemiecka-dominacja-czy-polski-kompleks/>.

[14] Marcin Kędzierski: Śpieszmy się kochać Niemców. W przededniu kryzysu europejskiego. Klub Jagielloński, 14.1.2018, <https://klubjagiellonski.pl/2018/01/14/spieszmy-sie-kochac-niemcow-w-przededniu-europejskiego-kryzysu/>.

[15] Pilawa, Powrót Mitteleuropy [Fn. 13].

[16] Adam Zych: Podmiotowa konkurencja, a nie jednostronne „partnerstwo". Klub Jagielloński, 19.2.2018, <https://klubjagiellonski.pl/2018/02/19/podmiotowa-konkurencja-nie-jednostronne-partnerstwo-polemika/>.

Mittelmächte

Das Leitmotiv der nationalkonservativen Regierungen von 2005–2007 und seit 2015 lautet, den Wettbewerb mit Deutschland aufzunehmen und das Verhältnis auf der Grundlage eigener, selbst geschaffener Formen der Asymmetrie zu pflegen. Mitunter war etwas großspurig die Rede davon, dass sich Polen „von den Knien erheben" müsse.[17] Im Kern ging es darum, in der Beziehung zu Deutschland zum Subjekt zu werden. Das wichtigste Feld ist heute die Sicherheits- und Europapolitik. Mit dem Scheitern der deutschen Russlandpolitik und dem Krieg in der Ukraine geht in der Sicherheitspolitik eine Stärkung Polens einher. Dies zeigt sich an der engen Beziehung Polens zu den USA, an Polens militärischem Engagement an der Ostflanke der NATO, dem Anstieg der Rüstungsausgaben zur Steigerung der militärischen Stärke Polens sowie an der strategischen Partnerschaft mit der Ukraine.

Und was die Europapolitik anbelangt, so gewann hier die ursprünglich als rein innenpolitisch verstandene polnische Justizreform europapolitische Bedeutung, weil sich daraus ein grundlegender Konflikt zwischen Warschau und Brüssel entwickelt hat, bei dem es um die Grundfrage der inneren Verfasstheit der EU geht. Hier muss wiederholt werden, dass Warschaus Strategiewechsel bereits vor Amtsantritt der ersten PiS-Regierung 2005 eingeleitet worden war. Wegweisend waren die gegensätzlichen Positionen von Polen und Deutschland zum zweiten Irak-Krieg sowie zur Frage der doppelten qualifizierten Mehrheit im Europäischen Rat. Damals stellte Polen das Modell einer funktionalen Asymmetrie in den bilateralen Beziehungen offen in Frage.

Die Konsequenzen dieser neuen Situation hat der Kölner Politikwissenschaftler Thomas Jäger am besten erfasst. Jäger, ein Anhänger des politischen Realismus, führte in dem Aufsatz „Mittelmächte in Europa" aus,[18] die deutsch-polnische Asymmetrie der Potenziale sei auf unterschiedlichen Feldern evident und bleibe unabhängig von polnischen Fortschritten auf absehbare Zeit bestehen. Jedoch seien nicht die Unterschiede in den Potenzialen entscheidend für den Charakter und die Dynamik der bilateralen Beziehungen, sondern die Tatsache, dass sich sowohl die Deutschen als auch die Polen im Rahmen ihrer eigenen strategischen Kulturen als „europäische Mittelmächte" verstünden. Das habe Konsequenzen für das deutsch-polnische Verhältnis:

> Die Beziehungen der Mittelmächte zueinander können nicht beschrieben und analysiert werden, ohne ihre jeweiligen Beziehungen zu den ordnungspolitisch dominanten Staaten, den Weltmächten, zu berücksichtigen. Dies sind im derzeitigen internationalen System die USA und mit Blick auf Europa weiterhin – mit derzeit schwankendem Status – Russland. Im Verhältnis zu ihnen müssen sich Staaten als Mittelmacht erweisen und diese Beziehungen strahlen auf das bilaterale Verhältnis der Mittelmächte zueinander aus.[19]

---

[17] Witold Waszczykowski o polskiej polityce zagranicznej: Wstaliśmy z kolan. Rzeczpospolita, 15.11.2016

[18] Thomas Jäger: Mittelmächte in Europa: Bilaterale Beziehungen und außenpolitischer Handlungsspielraum, in: Thomas Jäger, Daria W. Dylla (Hg.): Deutschland und Polen. Die europäische und internationale Politik. Wiesbaden 2008, S. 9–34.

[19] Ebd., S. 15.

Danach ist es inadäquat, sich allein auf die unterschiedlichen Potenziale der beiden Staaten zu konzentrieren und von der Beziehung zwischen einem starken Zentrum und einer schwachen Peripherie funktionale Notwendigkeiten abzuleiten. Beide Staaten agieren ihren Interessen nach als Mittelmächte. Die materielle Asymmetrie in manchen Bereichen bedeutet keineswegs, dass das objektiv schwächere Subjekt nicht auch eine Form der Asymmetrie zu eigenen Gunsten erzeugen kann. Ein zentraler Mechanismus besteht darin, die Beziehung zu den USA oder zu Russland als Hebel zur Stärkung der eigenen Position in Europa zu nutzen.

Aus dieser Perspektive stellt sich das Problem der deutsch-polnischen Beziehungen anders dar als etwa bei Cornelia Frank. Sie sieht die strategische Asymmetrie im qualitativen Unterschied zwischen Deutschland als größter „Zivilmacht" Europas in Zeiten einer postmodernen Sicherheitspolitik und Polen als „instinktivem Atlantiker", der in den Erfahrungen des Kalten Kriegs wurzele.[20] Die deutsche Position als Mittelmacht und führende Zivilmacht in Europa gründete auf einer spezifischen Strategie. Sie bestand darin, partnerschaftliche Beziehungen zu Russland aufzubauen, die politische Abhängigkeit von Washington abzubauen und in der NATO Zonen ungleicher Sicherheit in Kauf zu nehmen. Hierbei wurde darauf verzichtet, in den Staaten der Ostflanke, darunter Polen, dauerhaft militärische Infrastruktur der NATO zu stationieren – als vermeintlich unvermeidlicher Preis für die Partnerschaft mit Russland. Eine Illustration dieses Punkts war die deutsch-polnische Konfrontation auf dem NATO-Gipfel in Bukarest 2008. Polen forderte damals, der Ukraine und Georgien eine „Roadmap" zur Mitgliedschaft in der NATO zu geben, doch Deutschland und Frankreich verhinderten dies. Dieser asymmetrische Ansatz der deutschen Sicherheitspolitik resultierte aus der Logik der Wiedervereinigung. Aus Sicht Berlins war Russland immer integraler Bestandteil der europäischen Ordnung und nicht ihre größte Bedrohung.[21] Für Polen war diese asymmetrische Position in der europäischen Sicherheitsarchitektur nach dem Ende des Kalten Kriegs immer weniger akzeptabel, insbesondere nach Russlands Krieg gegen Georgien im August 2008 und der zunehmend aggressiven Politik des Kreml.

Nach seiner Logik als Mittelmacht entwickelte Polen gegenüber Deutschland eine eigene asymmetrische Strategie. In ihr firmiert Russland als die größte Gefahr für Europa. Und die möglichst intensive Zusammenarbeit mit den USA (mit Polen als herausgehobenem Partner in Europa) stellt die einzig wirksame Antwort auf diese Bedrohung dar. Vieles deutet heute darauf hin, dass mit dem aktuellen geopolitischen Umbruch in Ostmitteleuropa infolge des russländischen Ukrainekriegs die polnische Strategie, ein eigenes asymmetrisches Verhältnis zu Deutschland zu schaffen, an Fahrt aufnimmt. Das ist am spektakulärsten in der Sicherheitspolitik und der Modernisierung der polnischen Streitkräfte zu sehen. Es ist keine Überraschung, dass dieser Wandel in Berlin mit gemischten Gefühlen aufgenommen wird. Das zeigt sich etwa an Kommentaren wie dem des ehemaligen deutschen Botschafters in Polen, Rolf Nikel, der prognostizierte, dass die „polnischen fünf Minuten" schneller vorbei sein könnten, als manche denken.[22]

---

[20] Cornelia Frank: Zivilmacht trifft „instinktiven" Atlantiker: Deutschlands und Polens Interessen in der ESVP, in: Jäger u.a., Deutschland und Polen [Fn. 18], S. 81–100.

[21] Mary Elise Sarotte: 1989 The Struggle to Create Post-Cold War Europe. Princeton 2009, S. 103–114. – Dies.: Not One Inch. America, Russia and the Making of Post-Cold War Stalemate. New Haven, London 2021, S. 49ff.

[22] Były niemiecki ambasador ostrzega. „Polskie pięć minut może się szybko skończyć", <https://wiadomosci.onet.pl/swiat/byly-niemiecki-ambasador-ostrzega-polskie-piec-minut-moze-sie-szybko-skonczyc/y427jbb>.

Asymmetrie als Übergewicht

Erst vor dem Hintergrund der sich verschiebenden Asymmetrien in Wirtschaft und Sicherheitspolitik lässt sich das Problem der deutsch-polnischen Asymmetrien auf dem Feld von Geschichte und Identität sinnvoll betrachten. Man muss also exakt andersherum vorgehen als Felix Ackermann, für den der Zweite Weltkrieg der zentrale Bezugspunkt ist, weil er Sprache, Kultur und Politik in den deutsch-polnischen Beziehungen dauerhaft geprägt habe. Ich stehe diesem Ansatz kritisch gegenüber, aber keineswegs, weil ich im Marxschen Sinne glauben würde „Das Sein bestimmt das Bewusstsein". Er ist einfach bequem, weil er die für die deutsche Seite nützliche Darstellung einer Asymmetrie des deutsch-polnischen Verhältnisses stützt, in der die polnische Politik, zumal die der Rechten, ausschließlich mit der spezifischen Kriegserfahrung und den damit verbundenen Emotionen und Ressentiments erklärt wird. Aus dieser Perspektive entbehrt sie zwangsläufig einer objektiven oder rationalen Grundlage und kann deshalb leicht auf „antideutsche Reflexe" reduziert werden.[23]

Natürlich hat auch die Frage der polnischen Opfer und Verluste im Zweiten Weltkrieg moralisches Gewicht, zumal die Mehrheit der Polen davon überzeugt ist, dass Deutschland keine ausreichende Wiedergutmachung geleistet hat. Gerade dieser moralische Aspekt führte zur Diskreditierung der Idee der Versöhnung in den deutsch-polnischen Beziehungen, denn Versöhnung ohne Wiedergutmachung verliert ihren grundlegenden Sinn, ist dann allenfalls Kitsch oder Manipulation. Allerdings stimmt es nicht, dass sich der Wandel in der Logik der deutsch-polnischen Asymmetrien vor allem mit den in Polen bis heute virulenten historischen Themen erklären ließe. Ebenso falsch ist die Behauptung, dass die Politik – selbst die der Rechten – und die Öffentlichkeit in Polen immer noch vor allem von den Kriegserfahrungen leben[24] oder, schlimmer noch, dass „die Polen es lieben, die Deutschen zu hassen".[25] Diese letzte Aussage ist schlichtweg absurd, während die beiden vorigen unsere Aufmerksamkeit in die falsche Richtung lenken.

Der zentrale Punkt ist das „Empowerment" von Politik, Staat und Gesellschaft in Polen. Dieses Phänomen dringt nur mühsam ins deutsche Bewusstsein vor. Neben anderen Bereichen erfasst dieser Prozess auch das Feld der Identität und der Geschichte. Damit unterliegt auch dieser Bereich der deutsch-polnischen Beziehungen der Logik der Konkurrenz, der Erzeugung verschiedener Formen von Asymmetrie in den bilateralen Beziehungen zur Bewahrung oder Erlangung eines Übergewichts. Weil die Beziehungen Deutschlands zu Ostmittel- und Osteuropa nach der Wiedervereinigung lange durch die klare Aufteilung in Zentrum und Peripherien geprägt waren, arbeitete die deutsche Politik im Verhältnis zu Polen wesentlich häufiger und offensiver mit für sie günstigen Asymmetrien in Fragen von Identität und Geschichte. Diese Asymmetrien kommen in Politik und Öffentlichkeit in stereotypen Aussagen wie diesen zum Ausdruck:

---

23 Michael Roth (SPD) stellt „antideutsche Reflexe" in Polens Regierung fest: Jacques Schuster: „Verliert die Ukraine den Krieg, reichen 100 Milliarden Euro für die Bundeswehr nicht". Die Welt, 11.2.2013.

24 Waldemar Czachur, Peter Oliver Loew u.a.: Kriegerische Nachbarschaft? Wie der Krieg den deutsch-polnischen Dialog prägt. Warschau, Darmstadt 2022.

25 Why Poland Loves Hate Germany. The Economist, 5.1.2023. – Jacques Schuster: Die polnische PiS-Partei braucht das Bild des hässlichen Deutschen. Die Welt, 4.1.2023.

- „Deutschland ist eine gefestigte liberale Demokratie westlichen Typs – Polen bewegt sich in Richtung Autoritarismus oder Nationalismus."
- „Die deutsche Gesellschaft ist progressiv und offen – die polnische konservativ und fremdenfeindlich."
- „Die Deutschen haben ihre Vergangenheit bewältigt – die Polen verbergen die dunklen Seiten ihrer Geschichte."
- „Die Deutschen sind rational und verantwortungsbewusst – die Polen sind emotional und ungenügsam."

Diese und ähnliche Formen von Asymmetrie finden Niederschlag in den Medien oder gar in bestimmten Vorgehensweisen der deutschen Politik. Eine Konsequenz aus dem Zerfall der Relation „Zentrum"-„Peripherien" besteht darin, dass auch die polnische Politik offensiv eigene asymmetrische Perspektiven zur Durchsetzung ihrer innen- und außenpolitischen Interessen einsetzt. Beispiele wären etwa Aussagen wie diese:

- „Deutschland kann in Europa nicht die Rolle einer normativen Macht (des rules setter & rules guardian) einnehmen, weil es das ius post bellum einseitig interpretiert, seine Rechnungen gegenüber Polen nicht beglichen hat und Versöhnung ohne Wiedergutmachung möchte."
- „Das deutsche Verhältnis zum transatlantischen Westen bleibt anders als das polnische ambivalent, wie die frühere Russland- und die aktuelle China-Politik zeigen."
- „Die deutsche Zivilmacht ist keine Qualität einer postmodernen Politik, sondern eine unsolidarische Strategie zur Senkung der eigenen Sicherheitskosten durch Risikoabwälzung, hauptsächlich auf Polen und die baltischen Staaten."

Zweifellos arbeitet in der polnischen Politik vor allem die Rechte mit derartigen asymmetrischen Perspektiven, doch der Prozess des Empowerments der polnischen Politik, des polnischen Staates und der polnischen Gesellschaft hat die mentalen und ideologischen Trennlinien zwischen Rechten und Linken überwunden. Das zeigt das eingangs zitierte Gespräch von Rafał Woś.

Wir kommen zum entscheidenden Problem. Wenn die deutsch-polnischen Beziehungen einen dauerhaft anderen Charakter annehmen und infolge des Wegfalls der Einteilung in „Zentrum" und „Peripherie" heute einer auf der Erzeugung von Asymmetrien basierten Logik der Konkurrenz folgen, dann stellt sich die Frage nach dem Rahmen, in dem diese Konkurrenz ausgetragen wird. Angesichts der Aussicht auf einen langen Krieg in der Ukraine, der Notwendigkeit einer Konsolidierung des transatlantischen Westens sowie der sich immer deutlicher abzeichnenden Konsolidierung des antiwestlichen Blocks Russland-China-Iran ist diese Frage von fundamentaler Bedeutung. Ein Rahmen ist nötig, damit aus Konkurrenz nicht offene Feindseligkeit wird – was nicht völlig ausgeschlossen werden kann, wenn in Deutschland immer häufiger von einer „antideutschen Politik Warschaus" und in Polen immer häufiger von einer „antipolnischen Politik Berlins" gesprochen wird.[26] Diesen Rahmen bildet zunächst die EU, wobei die deutsche

[26] Sylvie Kauffmann: Now could be Poland's moment – but it needs to play by the rules. Financial Times, 15.12.2022.

Politik hier ihre dominierende Position behält und die europäischen Regeln als Hauptinstrument zur „Disziplinierung" seines östlichen Nachbarn betrachtet. Doch es gibt auch den transatlantischen Rahmen, den Rahmen der Zusammenarbeit in der NATO sowie die bilateralen Beziehungen zu den USA, die daran interessiert sind, dass die Konflikte auf der Linie Berlin-Warschau nicht eskalieren. Vor allem diese diversen Rahmen werden die Logik der Konkurrenz definieren. Und sollte sich doch eine der beiden Seiten zu sehr ihren negativen Emotionen hingeben, hilft immer ein Blick auf die Perspektive, die vor langer Zeit Zbigniew Brzeziński in *The Grand Chessboard* skizzierte.[27] Frankreich, Deutschland, Polen und die Ukraine beschrieb er als den kritischen Nukleus der Sicherheit Europas. Das und nichts anderes ist es, was heute und in der näheren Zukunft in den deutsch-polnischen Beziehungen auf dem Spiel steht: die Sicherheit Europas.

Aus dem Polnischen von Bernhard Hartmann, Duisburg

Schlagwörter:
Polen, deutsch-polnische Beziehungen, Versöhnung, Sicherheitspolitik, Europäische Integration

[27] Zbigniew Brzezinski: Beyond 2010. The Critical Core of Europe's Security, in: The Grand Chessboard: American Primacy and Its Geostrategic Imperatives. New York 1997, S. 85ff.

Volksnah. Der polnische Ministerpräsident Mateusz Morawiecki bei einem Solidaritätsmarsch für die Ukraine in Warschau im März 2022

Mateusz Morawiecki

„An einem historischen Wendepunkt“

Heidelberger Rede zur Zukunft Europas

Sehr geehrter Herr Ministerpräsident Kretschmann, meine Damen und Herren,
liebe Studenten!

Ich danke Ihnen herzlich für die Einladung nach Heidelberg. Es ist mir eine Ehre, an einer der ältesten Universitäten unseres Kontinents sprechen zu dürfen. An einer Hochschule, an der im Laufe der Jahrhunderte Generationen von herausragenden Europäern studiert haben, darunter natürlich viele große Deutsche, aber auch nicht wenige Polen. Einer von ihnen war sogar Rektor dieser Universität.

Heidelberg ist eine wunderschöne Stadt, erbaut und gepflegt von Generationen. Und doch hat diese großartige Stadt, die in vielerlei Hinsicht eine Miniatur von Europa ist, im Laufe der Jahrhunderte viel Böses, Kämpfe, Kriege und Grausamkeiten gesehen. All das ist leider auf unseren Kontinent zurückgekehrt.

Europa befindet sich heute an einem historischen Wendepunkt. Die Lage ist noch ernster als beim Zusammenbruch des Kommunismus. Die Veränderungen damals verliefen weitestgehend friedlich. Heute, da die ganze Welt von einem durch die russländische Aggression ausgelösten Krieg bedroht wird, erinnern wir uns eher an die Zeit vor 70 oder 80 Jahren.

Ich will heute über vier Dinge zu Ihnen sprechen, die in meinen Augen für die Zukunft Europas von grundlegender Bedeutung sind. Meine Rede ist deshalb in vier Abschnitte gegliedert.

In jedem dieser Abschnitte werde ich auf ein für mich zentrales Thema eingehen: die Rolle der Nationalstaaten.

Beginnen möchte ich mit einer ersten, allgemeinen Frage:

1. Was lehrt uns die Geschichte Europas?

Dann gehe ich über zum nächsten Punkt:

2. Welche Bedeutung hat der Kampf der Ukraine gegen Russland und welche Schlussfolgerungen ergeben sich für uns aus dem ukrainischen Krieg um Europa.

Der folgende Abschnitt behandelt die Frage:

3. Was sind die europäischen Werte und wodurch werden sie heute bedroht?

Der letzte Punkt, über den ich sprechen möchte, lautet:

4. Wie kann Europa die Rolle einer globalen Führungsmacht übernehmen?

Mateusz Morawiecki (1968), Ministerpräsident der Republik Polen

Die vorstehende Rede hielt Morawiecki am 20. März 2023 an der Universität in Heidelberg. Die Übersetzung beruht auf der polnischen Fassung: Wystąpienie premiera Mateusza Morawieckiego na Uniwersytecie w Heidelbergu, 20.3.2023, <www.gov.pl/web/premier/wystapienie-premiera-mateusza-morawieckiego-na-uniwersytecie-w-heidelbergu>. Die Zwischenüberschriften sind redaktionell verändert.

 doi: 10.35998/oe-2023-013

Was lehrt uns die Geschichte Europas?

Wenn wir fragen, was uns die Geschichte Europas lehren kann, so möchte ich mit den Beziehungen zwischen uns beginnen, zwischen Polen und Deutschen. Seit mehr als elf Jahrhunderten sind wir Nachbarn. Wir leben, arbeiten, sorgen uns und lösen Probleme nicht nur nebeneinander, sondern oft auch gemeinsam. Unsere ersten Universitäten wurden fast gleichzeitig gegründet: in Krakau 1364 und in Heidelberg 1386. Seit Jahrhunderten gibt es Polen deutscher Abstammung und Deutsche polnischer und slawischer Abstammung.

Heute arbeiten Polen und Deutsche wirtschaftlich eng zusammen, was gegenseitige Abhängigkeiten schafft. Nach China, den USA, den Niederlanden und Frankreich steht Polen auf Platz fünf der Liste der wichtigsten Handelspartner Deutschlands. Bald werden wir Frankreich überholen und auf Platz vier springen. Irgendwann sogar auf Platz drei. Viele wissen es nicht, aber Russland belegt auf dieser Liste nur den 16. Platz.

Gemeinsam mit den anderen Staaten der Visegrád-Gruppe ist Polen für Deutschland ein sehr viel wichtigerer Partner als China oder die USA. Es lohnt sich, sich bewusst zu machen, wie wichtig unsere Länder füreinander sind. Wir haben zwar in manchen Fragen unterschiedliche Perspektiven, doch uns verbinden auch viele gemeinsame Probleme, für die wir aufgrund unserer Nachbarschaft gemeinsame Lösungen finden müssen.

Polen kämpft bis heute mit dem grausamen Erbe des Zweiten Weltkriegs. Wir haben damals unsere Souveränität, unsere Freiheit und mehr als fünf Millionen Staatsbürger verloren. Polnische Städte lagen in Trümmern, und mehr als tausend Dörfer wurden brutal pazifiziert. Während Westdeutschland sich normal entwickeln konnte, verlor Polen infolge des Zweiten Weltkriegs 50 Jahre seiner Geschichte. Ich möchte meine Rede nicht dieser Frage widmen, aber ich kann sie auch nicht auslassen. Polen hat von Deutschland nie eine Kompensation für die Verbrechen des Zweiten Weltkriegs erhalten, für die Zerstörungen, für die geraubten Vermögen und nationalen Kulturgüter. Dabei ist eine vollständige Versöhnung zwischen Täter und Opfer nur möglich, wenn es eine Wiedergutmachung gibt. In diesem entscheidenden Moment in der Geschichte Europas brauchen wir diese Versöhnung nötiger denn je, denn die Herausforderungen der Zukunft sind enorm.

Die Geschichte Europas – mit ihrer größten Wunde, dem Zweiten Weltkrieg – zwang mein Land zusammen mit vielen anderen für fast ein halbes Jahrhundert hinter den „Eisernen Vorhang“. Meine Altersgenossen und ich sind im Schatten der kommunistischen Verbrechen aufgewachsen, zur Schule gegangen, haben eine Arbeit oder ein Studium aufgenommen. Auf unserer Seite des Eisernen Vorhangs lebten Millionen von jungen Europäern, die wussten: Auf der einen Seite herrscht Freiheit, auf der anderen der russische Kolonialismus. Auf der einen Seite gibt es Souveränität, auf der anderen imperiale Dominanz. Auf der einen Seite gibt es das ersehnte freie Europa, auf der anderen einen barbarischen Totalitarismus. Ein Leben unter dem sowjetrussischen Stiefel. Wenn uns damals jemand gesagt hätte, wir würden das Ende des Kommunismus miterleben, dann hätten wir ihm nicht geglaubt – ebenso wenig wie die meisten Experten für Sowjetrussland im Westen. Und doch ist es so gekommen. Die polnische *Solidarność*, der Krieg in Afghanistan, Papst Johannes Paul II. und die harte Haltung der USA unter

Präsident Ronald Reagan führten zum Untergang des verbrecherischen Kommunismus. Das Zeitalter der Demokratie brach an.

Heute möchte ich die Bedeutung der Souveränität des Nationalstaats für die Bewahrung der Freiheit der Nationen betonen.

Seinem Wesen nach war nämlich der Kampf der unterjochten Völker Mitteleuropas nichts anderes als ein Kampf um die nationale Souveränität. Dieses Ziel einte die Patrioten auf beiden Seiten des politischen Spektrums, denn wir wussten, dass wir unsere Freiheit und unsere Rechte nur in den Grenzen souveräner, wiedergewonnener Staaten würden verwirklichen können.

Und wir hatten Recht. Das zeigte sich besonders deutlich in gesellschaftlichen und wirtschaftlichen Krisenzeiten. Auch während der COVID-19-Pandemie haben wir gesehen, wie fundamental wichtig handlungsfähige Nationalstaaten in Europa für den Schutz der Gesundheit der Bürger sind.

Einige Jahre zuvor erlebten wir während der Schuldenkrise einen unübersehbaren Konflikt zwischen den Staaten Südeuropas – Griechenland, Italien oder Spanien – und supranationalen Institutionen, die ohne demokratisches Mandat wirtschaftliche Entscheidungen für diese Staaten trafen.

In beiden Fällen sind wir an die Grenzen des supranationalen Regierens in Europa gestoßen.

Es gibt in Europa nämlich keine besseren Garanten für die Freiheit der Nationen und ihrer Kultur sowie ihrer sozialen, ökonomischen, politischen oder militärischen Sicherheit als die Nationalstaaten. Alle anderen Systeme sind illusorisch und utopisch. Die Nationalstaaten in Europa können durch inter- und teilweise auch supranationale Organisationen wie die Europäische Union gestärkt werden, doch sie können nicht von ihnen ersetzt werden. Europa entstand sehr viel früher als die amerikanische Republik, deren Einheit unter anderem durch einen Bürgerkrieg geschmiedet wurde. Aus diesem Grund führt dieser historische Vergleich in die Irre.

Ein politisches System, das die Souveränität der anderen, die Demokratie oder den elementaren Willen des Volkes als Souverän nicht respektiert, endet früher oder später unweigerlich in der Utopie oder in der Tyrannei. Das christliche Europa hat eine Zivilisation geschaffen, die mehr als alle anderen die Würde des Menschen achtet. Diese Zivilisation verdient es, geschützt zu werden. Zumal gegen harte und erstarkende Zivilisationen, denen demokratische und freiheitliche Werte nichts gelten.

Wir möchten ein starkes, den globalen Herausforderungen des 21. Jahrhunderts gewachsenes Europa errichten. Die Größe der Europäischen Union macht sie zu einer bedeutenden Kraft in der Welt, nicht ihr immer weniger durchschaubares System der Entscheidungsfindung.

Wir brauchen ein Europa, dessen Stärke aus der Stärke der Nationalstaaten erwächst, keines, das auf ihren Trümmern errichtet wurde. Ein solches Europa könnte niemals stark sein, denn Europa bezieht seine politische, wirtschaftliche und kulturelle Kraft aus der Energie der Nationalstaaten. Die Alternative ist entweder eine technokratische Utopie, die manchen in Brüssel wohl vorschwebt, oder ein Neoimperialismus, den die jüngere Geschichte schon diskreditiert hat.

Der Freiheitskampf der Völker ist nicht 1989 zu Ende gegangen. Das zeigt sich am klarsten jenseits unserer Ostgrenze.

Der Kampf der Ukraine und seine Bedeutung für Europa

Welche Bedeutung hat ihr Kampf unter dem Aspekt unserer gemeinsamen europäischen Werte, und welche Schlussfolgerungen sollten wir aus diesem Kampf ziehen?
Um was kämpfen die Ukrainer heute? Wofür sind sie bereit, ihr Leben aufs Spiel zu setzen? Warum haben sie sich der zweitstärksten Armee der Welt nicht ergeben? Der Kampf der Ukrainer für das Recht auf nationale Selbstbestimmung ist ein weiteres heroisches Beispiel für die Verteidigung des Nationalstaats, für die Verteidigung der Freiheit. Einen solchen Kampfeswillen hat nur, wer wirklich an die Sache glaubt, für die er kämpft.
Die Ukrainer kämpfen heute nicht nur für ihre Freiheit. Seit dem 24. Februar 2022 kämpfen sie jeden Tag auch für die Freiheit von ganz Europa. Und der Verlauf dieses Krieges entscheidet auch über unsere Zukunft. Eine Niederlage der Ukraine wäre eine Niederlage des Westens, eine Niederlage der ganzen freien Welt. Eine größere Niederlage als Vietnam. Eine Niederlage, nach der Russland die Gelegenheit beim Schopf packen würde und nach der die Welt, die wir kennen, eine dramatisch andere würde. Ihr würde eine lange Reihe von schwer vorhersehbaren Ereignissen folgen. Eine Niederlage der freien Welt könnte Putin ermutigen, so wie das Appeasement der 1930er Jahre Hitler ermutigte. Wie damals Hitler genießt auch Putin eine breite gesellschaftliche Unterstützung. Es ist nicht übertrieben zu sagen, dass wir vor der Gefahr eines Dritten Weltkriegs stehen. Um eine solche Eskalation zu verhindern, müssen wir aufhören, die Bestie weiter zu füttern.
Vor unseren Augen spielt sich Historisches ab. Wenn unsere Kinder eines Tages in die Geschichtsbücher schauen, werden sie fragen, ob wir alles getan haben, um ihnen eine friedliche Zukunft zu sichern. Ob wir sie und das langfristige Wohl unserer Länder im Sinn hatten oder lediglich kurzfristige Bequemlichkeit und schwierige Entscheidungen aufschieben wollten. Ob wir aus den Fehlern der Vergangenheit gelernt haben oder ob wir sie wiederholen werden.

Warum ist dies ein Wendepunkt in der Geschichte Europas?

Bis kurz vor dem 24. Februar hatte ich gehört, dass Putin die Ukraine nicht angreifen werde. Viele Politiker in Europa wollten das glauben, weil sie hofften, weiter nach dem Prinzip „Wandel durch Handel“ auf Kosten Mitteleuropas mit Russland Geschäfte machen zu können.
Fragen wir vor diesem Hintergrund noch einmal: Wofür kämpfen die Ukrainer? Wenn es ihnen nur um Materielles ginge, dann hätten sie schon längst kapituliert. Putin hatte genau damit gerechnet. Er dachte, statt zu kämpfen, würden sich die Ukrainer für einen Frieden um jeden Preis entscheiden. Aber er hat sich geirrt.
Warum? Wo lag der Fehler des Kreml? Putin ist schließlich nicht verrückt, wie es uns viele von denen einreden wollen, die 20 Jahre lang Geschäfte mit ihm machten. Putin glaubte zu sehr an sein eigenes Weltbild. Er war nicht in der Lage zu sehen, dass die Ukrainer eine Nation sind. Und dass sie endlich ihren Nationalstaat haben – einen vielleicht alles andere als perfekten, aber doch einen, für den sie bereit sind, ihr Leben zu opfern.

Die russische Propaganda behauptet, es gebe keine eigene ukrainische Nation. Wir kennen die Redewendung: „Wenn die Tatsachen nicht mit der Theorie übereinstimmen, dann ändere die Tatsachen!“ Deshalb versucht Russland den Ukrainern mit Gewalt klarzumachen, dass sie kein Recht auf eine nationale Identität hätten.

Doch trotzdem werden eines Tages die Enkel der Soldaten, die heute für eine freie Ukraine ihr Leben riskieren, in der Schule stolz sagen: Mein Großvater hat in Cherson gekämpft! Meiner hat den Sturm auf Kiew abgewehrt! Mein Großvater ist in Mariupol’ gefallen.

Und die heutigen Soldaten und künftigen Großväter wissen, dass sie heute auch kämpfen, damit ihre Enkel in einem freien Land leben können. Vergessen wir nicht: Die Nation ist eine Gemeinschaft von Lebenden, Toten und denen, die noch geboren werden müssen.

Europa ist heute Zeuge von Verbrechen, die im Namen einer antinationalen Ideologie begangen werden. Eben das leitet Putin: Der Wunsch, jegliche Eigenheit auszulöschen, die nationalen Identitäten zu zerstören und sie im großen Russländischen Imperium zu verschmelzen, im *Russkij Mir*, der russischen Welt. Von der russischen Propaganda haben wir unzählige Male falsche Faschismusvorwürfe gegen die Ukrainer gehört. Genau so sprach Stalin: „Nennt eure Gegner Faschisten oder Antisemiten. Ihr müsst es nur oft genug wiederholen.“

Es muss klar ausgesprochen werden: Ein Faschist ist derjenige, der andere Nationen vernichten will. Ein Faschist ist jeder, der anderen Nationen seinen Willen aufzwingen will, der gegen das Völkerrecht verstößt, Menschenrechte verletzt und die Würde des Menschen mit Füßen tritt. Faschisten sind heute Vladimir Putin und alle Mittäter der russischen Aggression. Als Europäer haben wir die Pflicht, uns dem russischen Faschismus entgegenzustellen. Das ist die europäische Identität.

Welche Lehren sollten wir aus dem Krieg in der Ukraine ziehen?

Die Ukrainer erinnern uns heute daran, was Europa sein sollte. Unser Ziel sollte ein Europa der freien Menschen und der freien Nationen sein. Jeder Europäer hat das Recht auf persönliche Freiheit und Sicherheit.

Demokratie kann auf der Ebene einer Stadt, einer Region oder einer Nation verwirklicht werden, das heißt überall dort, wo Bindungen existieren, die auf einer gemeinsamen Identität beruhen. Aus diesem Grunde wäre eine Abstimmung, in der 140 Millionen Russen „dafür“ stimmten, die Ukraine an Russland anzuschließen, und 40 Millionen Ukrainer „dagegen“, nicht demokratisch, oder?

Welche Schlussfolgerungen ergeben sich noch aus mehr als einem Jahr Krieg in der Ukraine? Eine Sache ist für mich offensichtlich. Die Politik des Geschäftemachens mit Russland ist gescheitert.

Diejenigen, die jahrzehntelang ein strategisches Bündnis mit Russland anstrebten und die europäischen Staaten in die Abhängigkeit von Russlands Energie trieben, lagen entsetzlich falsch. Diejenigen, die vor dem russländischen Imperialismus gewarnt haben, hatten Recht.

Diejenigen, die viele Jahre lang die russländischen Kriegsvorbereitungen finanziert, Europa entwaffnet und schwächeren Staaten eine Partnerschaft mit Russland aufgezwungen haben, tragen eine politische Mitverantwortung für den Krieg in der Ukraine sowie für die aktuellen Wirtschafts- und Energieprobleme von Hunderten Millionen Europäern.

Putin hat sich wie ein Dealer verhalten, der die erste Dosis gratis abgibt, weil er weiß, dass der Abhängige wiederkommen und später jeden Preis akzeptieren wird. Putin ist gerissen, aber keineswegs genial. Europa ist ihm vor allem wegen der eigenen Schwäche erlegen. Diese Schwäche war die Verwirklichung von Partikularinteressen auf Kosten anderer Staaten.

Wenn einzelne Nationen in der Europäischen Union nach Dominanz über die anderen streben, dann kann Europa wieder zum Opfer derselben Fehler werden. Und alle Beschlüsse zum Stoppen des russischen Aggressors können rückgängig gemacht werden. Dazu wird es kommen, wenn einige der größten Staaten zu dem Schluss gelangen, dass für ihre Eliten das Geschäft mit Russland die lukrativere Option ist, und sei es um den Preis von Blut. Heute ist es ukrainisches Blut. Morgen kann es litauisches, finnisches, tschechisches, polnisches, aber letztlich ja auch deutsches oder französisches sein. Es ist unsere Pflicht, das zu verhindern.

Europäische Werte und ihre Bedrohung

Unter dem Aspekt des materiellen Wohlstands leben wir in der besten aller Zeiten. Aber hat dieser Wohlstand vielleicht den Geist in uns getötet? Interessiert es uns noch, wofür wir leben? Wären wir bereit, unsere Häuser, unsere Familien, unsere Nation zu verteidigen, wenn man uns angreifen würde?

Diese Spannung zwischen den Sphären des Geistes und der Materie ist natürlich nichts Neues. Wir befinden uns schließlich an einer Universität, an der Hegel Professor war. In der Literatur hat kaum jemand diese Problematik so gut gestaltet wie der große Thomas Mann, das Gewissen Deutschlands in der Zeit der deutschen NS-Verbrechen. Manns Protagonisten sehnen sich nach einem höheren, erhabeneren Lebenssinn als dem bloßen Anhäufen und Konsumieren von Gütern.

In den letzten Jahrzehnten haben viele Europäer geglaubt, der Konsum, garniert mit rituellen Beteuerungen der „europäischen Werte", sei die letzte Etappe der Geschichte. Wir lehnen eine solche Haltung ab. Andere mit der Peitsche der „europäischen Werte" zu maßregeln, ohne diese Werte zu definieren und ohne Verständnis dafür, welches Land welche Reformen braucht, ist – im Sinne Thomas Manns – selbstzerstörerisch für die Europäische Union.

Einst war die antike Agora das Symbol Europas. Ein Ort, an dem jeder Bürger mit gleichem Recht das Wort ergreifen konnte. Heute wird die europäische Agora allzu oft ersetzt durch die Büros der Brüsseler Institutionen, wo Entscheidungen hinter geschlossenen Türen fallen. Wie sagte einmal ein Politiker über die Vorgehensweise der EU-Institutionen: „Wir beschließen etwas, stellen das dann in den Raum und warten einige Zeit ab, was passiert. Wenn es dann kein großes Geschrei gibt und keine Aufstände, weil die meisten gar nicht begreifen, was da beschlossen wurde, dann machen wir weiter – Schritt für Schritt, bis es kein Zurück mehr gibt." Das ist der kürzeste Weg, um die Europäische Union in eine Beamtendiktatur zu verwandeln.

Parallel zur neuen geopolitischen Lage entscheidet sich heute das Schicksal der EU. Wird sie zu einer demokratischen Gemeinschaft oder zu einer bürokratischen Maschine, einer zentralistischen Struktur?

Politik heißt entscheiden. Doch die Entscheidung muss an der Wahlurne getroffen werden, nicht in den stillen Kämmerlein von Bürokraten. Wollen wir wirklich eine europaweite kosmopolitische Elite mit ungeheurer Machtfülle, aber ohne demokratisches Mandat? Ich warne alle, die von der Errichtung eines Superstaates träumen, der von einer kleinen Elite geführt wird. Wenn wir die kulturellen Unterschiede ignorieren, führt dies zu einer Schwächung Europas und zu einer Reihe von Revolten, womöglich sogar zu einem neuen Völkerfrühling wie 1848.

Die Deutschen unternahmen damals eine gewaltige Anstrengung, um einen geeinten und modernen Staat zu schaffen. Auf das politische Ergebnis mussten sie zwanzig Jahre warten, doch sie erreichten ihr Ziel. Heute stehen wir vor einem ähnlichen Dilemma. Wenn die Regierenden Europas, die an die damaligen Aristokraten vom Typ Metternich erinnern, ein Regime der Eliten und von oben verordnete Werte bevorzugen, dann werden sie früher oder später unweigerlich auf Widerstand stoßen.

Es lohnt sich, noch einmal grundsätzlich zu fragen: Was sind die europäischen Werte? Und wichtiger noch: Was ist Europa? Es existiert nicht erst seit ein paar Jahrzehnten. Europa, das sind mehr als zweitausend Jahre Geschichte. Europa erwächst aus dem antiken griechischen, dem römischen und dem christlichen Erbe. Das sind unsere Wurzeln, von denen wir uns nicht losreißen können.

Europa ist undenkbar ohne seine emporstrebenden gotischen Kathedralen, undenkbar auch ohne seine Universitäten. Europa wurde schon immer von den Flügeln des Glaubens und des Verstandes getragen. Und das europäische Modell der universitären Bildung hat sich in der ganzen Welt verbreitet. Dazu kam es, weil die europäische Universität Raum für Diskussionen und die Konfrontation gegensätzlicher Ideen bietet – das beste Umfeld zum Entdecken der Wahrheit.

In Europa darf kein Platz sein für Zensur und ideologische Indoktrination. Wir hatten das schon in der Vergangenheit, als kommunistische Regierungen uns sagten, was wir zu denken hätten. Deutschland hat es ebenfalls erlebt, als in der NS-Zeit die Bücher unliebsamer Autoren verbrannt wurden. Europa sollte die Kathedrale des Guten und die Universität der Wahrheit sein!

Auch hier sei betont, dass Verbote, willkürliche Entscheidungen darüber, was in den Mauern von Hochschulen präsentiert werden darf und was nicht, sowie politische Korrektheit die ewige Mission der Universität bedrohen – die Suche nach Wahrheit.

Und so, wie wir das materielle Erbe hüten, sollten wir auch das geistige Erbe hüten, das Dutzende von unterschiedlichen Kulturen und Sprachtraditionen schufen. Die Stärke Europas war jahrhundertelang seine Vielfalt. Wir haben gemeinsame Werte, aber jede Nation besitzt ihre eigene Identität. Gleichschaltung, *uravnilovka*, ist der Weg ins Nirgendwo.

Deutschland und Frankreich sind zwei zentrale Akteure in Europa. In den 75 Jahren zwischen 1870 und 1945 führten sie drei blutige Kriege, eine Versöhnung gelang erst nach dem letzten. Diese Versöhnung trägt heute Frucht in Gestalt der besonderen politischen Beziehungen zwischen Berlin und Paris. Die besondere gegenseitige Sensibilität für die Denkweisen und Empfindlichkeiten der beiden Hauptstädte erwuchs aus der tragischen Vergangenheit. Für das europäische Gleichgewicht, aber auch wegen der noch weitaus tragischeren Vergangenheit, braucht es dasselbe Modell der gegenseitigen Sensibilisierung für die Denkweisen und Interessen Warschaus. Heute nehmen wir in Warschau eine solche Sensibilität nicht wahr.

Das Fundament für die deutsch-französische Versöhnung wurde von zwei großen Europäern gelegt – Charles de Gaulle und Konrad Adenauer. Beide wollten einen dauerhaften Frieden in Europa schaffen. Beide begriffen, dass Zusammenarbeit nur unter der Voraussetzung des gegenseitigen Respekts und des Wissens um die eigenen Wurzeln möglich ist. Bundeskanzler Adenauer sagte: „Wenn wir uns jetzt abwenden von den Quellen unserer europäischen Zivilisation, die aus dem Christentum hervorgegangen ist, dann können wir nur scheitern beim Versuch, die Einheit des europäischen Lebens wiederherzustellen. Das ist das einzig wirksame Mittel zur Bewahrung des Friedens."

Auch General de Gaulle hatte ein tiefes Bewusstsein sowohl für das große Erbe der europäischen Kultur als auch für den „inneren Krieg". Er sagte: „Dante, Goethe und Chateaubriand gehören ganz Europa, gerade weil sie in erster Linie Italiener, Deutsche und Franzosen waren. Sie hätten Europa keinen großen Dienst erwiesen, wenn sie Staatenlose gewesen wären und in irgendeinem integrierten ‚Esperanto' oder ‚Volapük' gedacht und geschrieben hätten."

Unsere fundamentale Identität ist die nationale Identität. Ich bin Europäer, weil ich Pole, Franzose oder Deutscher bin, und nicht, weil ich mein Polnisch- oder Deutschsein verleugne.

Der heute in Europa unternommene Versuch, diese Vielfalt auszurotten und einen neuen Menschen zu schaffen, der seiner nationalen Identität entfremdet ist, bedeutet nichts anderes, als die Wurzel zu kappen und an dem Ast zu sägen, auf dem wir sitzen.

Doch Vorsicht! Wir können leicht abstürzen. Die uns umgebenden starken Kulturen und die harten Diktaturen aus anderen Teilen der Welt warten nur darauf. Sie werden sich bestimmt freuen, wenn Europa in die Bedeutungslosigkeit fällt.

Oder möchten wir, dass alle Europäer ihre Sprachen vergessen und nur noch in Volapük sprechen? Ich möchte das nicht.

Manche möchten den europäischen Beitrag zur Entwicklung der Welt leugnen, weil sie nur die dunkle Seite der Geschichte sehen. Und es stimmt, Staaten, die für Ausbeutung und Kolonialismus, für Imperialismus und entsetzliche Verbrechen wie den deutschen Nationalsozialismus, den russischen Kommunismus oder Gräueltaten in den Kolonien verantwortlich sind, sollten Wiedergutmachung für ihre Vergangenheit leisten. Das ist ein Bestandteil der europäischen DNA: das Streben nach Wahrheit und Gerechtigkeit. Aber die Geschichte Europas ist für uns nicht nur ein Grund zur Scham. Der gesamte wissenschaftliche Fortschritt und der Wohlstand von heute sind, so könnte man sagen, Kinder Europas.

Der Weg zur Fortentwicklung Europas ist nicht „politische McDonaldisierung", sondern die Rückbesinnung auf seine eigene Vielfalt. Der Versuch, Europa im Namen der Abschaffung nationaler und politischer Unterschiede künstlich zu vereinheitlichen, wird in der Praxis zu Chaos und Konflikten zwischen den Europäern führen.

Die Verbindung von Kooperation und Konkurrenz ist der beste Weg zum Erfolg Europas in der globalisierten Welt.

Millionen Menschen aus aller Welt besuchen jedes Jahr Paris, Rom, Köln, Madrid, Wien, Krakau oder Prag. Der Reichtum dieser schönen Städte und ihre Anziehungskraft resultieren gerade daraus, dass jede von ihnen eine eigene, einzigartige Identität besitzt.

Wir wollen kein Europa, das uns ein Ultimatum stellt: Entweder du kurierst dich von deiner nationalen Zugehörigkeit oder wir wenden alle Formen von politischem und ökonomischem Druck gegen dich an.
Polen hat in den letzten Monaten Millionen Flüchtlinge aufgenommen. Ukrainer haben Zuflucht in unseren Häusern gefunden. Zu unserem Verständnis von europäischen Werten gehört ganz sicher die Hilfe für Nachbarn in Not. Wir selbst haben allerdings nur minimale Hilfe erhalten. Auch in diesem Kontext sehen wir eine Ungleichbehandlung von Staaten in identischer Situation, und das ist die Definition von Diskriminierung. Polen erfährt diese Diskriminierung auch aufgrund des völligen Mangels an Verständnis für die Reformen, die ein Staat auf dem Weg aus dem Postkommunismus durchführen muss. Aufgrund der Einmischung der europäischen Institutionen in die innenpolitischen Konflikte eines Mitgliedstaates unter dem Schlagwort der „Verteidigung der Rechtsstaatlichkeit“.
Ich will an dieser Stelle deutlich betonen: Wir haben in Polen dasselbe Verständnis von „Rechtsstaatlichkeit“ wie in Deutschland. Und ich bin mir nur in wenigen Fragen so sicher wie der, dass mein politisches Lager die wahre Rechtsstaatlichkeit in weitaus stärkerem Maße verteidigt, als es in den ersten 25 Jahren nach 1989 der Fall gewesen ist. Es kämpft gegen die Oligarchisierung des Lebens, gegen die Dominanz geschlossener berufsständischer Körperschaften, gegen Armut und Korruption. Es kämpft gegen diese Missstände. Doch das ist nicht das Hauptthema meiner Rede, deshalb belasse ich es bei diesen Anmerkungen.
In einem tieferen Sinne handelt es sich heute um einen Konflikt zwischen der Souveränität der Staaten und der Souveränität der Institutionen. Zwischen der von unten ausgehenden demokratischen Macht des Volkes und der von oben ausgehenden Macht kleiner Eliten. In den zweitausend Jahren der Existenz Europas ist es niemandem gelungen, sich den ganzen Kontinent politisch zu unterwerfen. Es wird auch jetzt nicht gelingen. Die Vision eines zentralisierten Europas wird an exakt demselben Punkt enden wie die vor dreißig Jahren verkündete Vision vom Ende der Geschichte. Je schneller wir uns von dieser Vision lösen und die Demokratie als Quelle der Macht in Europa akzeptieren, desto besser wird unsere Zukunft aussehen.
Es sei hinzugefügt, dass es kein Ende der Geschichte gibt. Die Geschichte nimmt an Fahrt auf und gebiert Herausforderungen von unbegrenztem Ausmaß!
Leider lebt ein großer Teil der EU-Eliten in einer alternativen Wirklichkeit.
Wenn die EU-Eliten weiter verbissen an der Vision eines zentralisierten Superstaates festhalten, müssen sie mit dem Widerstand von immer mehr europäischen Nationen rechnen. Und je fester sie sich daran klammern, desto heftiger wird dieser Widerstand werden. Ich will keine Polarisierung, keine Teilungen, keine Kämpfe und kein Chaos. Ich will ein starkes und wettbewerbsfähiges Europa.

Europas Kampf um die Poleposition im globalen Führungsrennen

Zuerst muss sich die Politik der EU ändern. Weg von der immer stärkeren Zentralisierung, der Machtkonzentration in den Händen einiger zentraler Institutionen und der stärksten Staaten, hin zur Stärkung des Gleichgewichts zwischen den Nationen Nord-, West-, Mittel-, Ost- und Südeuropas. Und hin zur EU-Integration der Staaten des Westbalkans, der Ukraine und Moldovas, wie es den geographischen Grenzen Europas entspricht.

Wir müssen uns fragen: Wie ernst nehmen wir die Aufgabe der Gestaltung einer starken und einflussreichen Europäischen Union?

Heute kommt die proeuropäische Haltung nicht in der Fokussierung auf uns selbst und der Zentralisierung der EU zum Ausdruck, sondern in unserem Standpunkt zur Erweiterungspolitik. Es ist ein merkwürdiger Zufall, dass gerade die Staaten, die sich als proeuropäisch bezeichnen und eine Turbointegration propagieren, gleichzeitig oft diejenigen sind, die der Erweiterungspolitik am skeptischsten gegenüberstehen und politisches Poker spielen.

Man kann sich nicht auf die einheitsstiftenden Werte der EU berufen und gleichzeitig Europa einteilen in Länder, die es verdienen, dazuzugehören, und andere, denen der Zugang verwehrt bleibt.

Ein größerer gemeinsamer Markt, die Diversifizierung seiner wirtschaftlichen Stärken würde uns zu einem stärkeren Akteur auf der globalen Bühne machen. Ich höre oft, die EU müsse sich reformieren, bevor sie sich erweitern könne. Hinter dieser These steckt meistens ein camoufliertes Konzept der Föderalisierung, das heißt im Grunde der Zentralisierung. Hinter dem Schlagwort der „Föderalisierung" verbirgt sich nämlich eine von oben verordnete Konzentration der Entscheidungsfindung.

Nach den Vorstellungen der Verfechter dieser als „Föderalisierung" bezeichneten Zentralisierung muss der Entscheidungsprozess dahingehend reformiert werden, dass in bestimmten neuen Politikbereichen das Prinzip der qualifizierten Mehrheit an die Stelle des Einstimmigkeitsprinzips tritt. Das Argument für diese Lösung lautet, es sei zu schwierig, zwischen mehr als 30 Staaten Einstimmigkeit zu erzielen.

Es stimmt, dass es in einer größeren Gruppe von Staaten komplizierter ist, zu einer einheitlichen Position zu gelangen. Die Frage ist aber, ob uns das zu der Schlussfolgerung führen sollte, dass in einigen Bereichen eine Mehrheit Entscheidungen gegen die Interessen einer Minderheit herbeiführen kann.

Ich habe einen anderen Vorschlag:

Verzichten wir darauf, uns in Angelegenheiten einzumischen, in denen die nationalen Interessen geteilt bleiben. Gehen wir einen Schritt zurück, um zwei Schritte vorwärts machen zu können. Konzentrieren wir uns auf die Politikbereiche, für die in den Römischen Verträgen Kompetenzen an die EU übertragen wurden, und folgen wir in den übrigen Fällen dem Prinzip der Subsidiarität. Den Prozess des „Überschwappens" von EU-Kompetenzen auf immer neue Politikbereiche beobachten wir seit einigen Jahrzehnten. Er wird in vielen Mitgliedstaaten kritisch gesehen. Trotzdem hat er sich in letzter Zeit beschleunigt. Die Frage, inwieweit die Staaten die – wie es das Bundesverfassungsgericht einmal formuliert hat – „Herren der Verträge" bleiben, ist heute aktueller denn je. Wenn also die EU in ihrem Entscheidungsprozess Veränderungen vornehmen will, die demokratisch legitimiert sind und ein Agieren im Geiste gegenseitigen Vertrauens ermöglichen, dann müssen die Mitgliedstaaten die volle Herrschaft über die Verträge zurückerlangen. Keinesfalls aber dürfen sie Zuständigkeiten an die „Brüsseler Zentrale" oder „Machtkoalitionen" verlieren.

Mit anderen Worten: Lassen Sie uns die an Brüssel übertragenen Politikbereiche im Sinne des Subsidiaritätsprinzips prüfen, lassen Sie uns die richtigen Proportionen wiederherstellen. Mehr Demokratie, mehr Konsens, mehr Gleichgewicht zwischen Mitgliedstaaten und EU-Institutionen. Verringern wir die Zahl der Politikbereiche, die der EU-

Kompetenz unterstellt sind. Dann wird die EU selbst mit 35 Mitgliedstaaten manövrierfähiger und demokratischer sein.

Mehr Zentralisierung bedeutet mehr von denselben Fehlern. Es war ein Fehler, nicht auf die Staaten zu hören, die in Bezug auf Putin richtig lagen. Es war ein Fehler, Menschen wie Gerhard Schröder Macht zu geben, die Europa in die Abhängigkeit von Russland geführt und den gesamten Kontinent einer existenziellen Bedrohung ausgesetzt haben. Ein Beispiel: Noch vor wenigen Monaten, im Juni 2021, gab es die Idee, ein Treffen des Europäischen Rats mit Vladimir Putin zu veranstalten. Als hätte es bis dahin keine aggressiven Handlungen Russlands gegeben. Wo stünden wir ohne den Widerspruch Polens, Finnlands und der baltischen Staaten? Wo stünden wir, wenn wir das Prinzip der Einstimmigkeit aufgegeben hätten?

Über die polnische Außenpolitik – in diesem Kontext – entscheiden in demokratischen Wahlen die polnischen Bürger. Menschen, für die der aggressive Nachbar ein reales Problem ist. Nicht Menschen, die Tausende Kilometer entfernt leben und die Russland nur durch die Werke von Puškin, Tolstoj oder Čajkovskij wahrnehmen.

Es genügt heute nicht, über den Wiederaufbau Europas zu sprechen. Wir brauchen eine neue Vision für Europa. Damit Frieden und Sicherheit zur dauerhaften Grundlage für die Entwicklung der kommenden Jahrzehnte werden.

Wenn die letzten Monate unter irgendeinem Aspekt als erfolgreich gelten können, dann ist das sicher die Kooperation im Bereich der Sicherheit. Die transatlantische Zusammenarbeit und insbesondere die NATO haben sich als wirksamstes Verteidigungsbündnis der Geschichte erwiesen. Ohne das Engagement der USA und vielleicht Polens gäbe es die Ukraine heute nicht. Die NATO, gestärkt durch den baldigen Beitritt Finnlands und Schwedens, ist zentral für die Sicherheit Europas. Wir müssen sie festigen und weiterentwickeln. Gleichzeitig müssen wir unsere eigene Verteidigungsfähigkeit ausbauen. Polen tut dies gerade. Wir schaffen eine moderne Armee, nicht nur um uns selbst zu verteidigen, sondern auch, um unseren Verbündeten beizustehen. Wir geben vier Prozent unseres Bruttoinlandsprodukts für Verteidigung aus, was nur möglich ist, weil wir die von unseren Vorgängern hinterlassenen Finanzierungslücken im Staatshaushalt geschlossen haben. Und wir schlagen vor, dass Verteidigungsausgaben nicht unter das Verschuldungskriterium des Maastricht-Vertrags fallen, also unter das Drei-Prozent-Limit.

Europa hat sich selbst entwaffnet, während es auf die russische Aggression starrte wie ein Kaninchen im Scheinwerferlicht eines Autos. Heute mangelt es überall an Munition und grundlegenden Waffengattungen, um auf Russlands Invasion zu reagieren. Ganz zu schweigen von anderen Bedrohungen, die womöglich in anderen Weltregionen aufkommen. Mein Wunsch ist es, dass die Staaten Europas stark genug sind, um im Falle eines Angriffs keiner Hilfe von außen zu bedürfen, sondern solche Hilfe selbst leisten zu können. Heute ist das nicht so. Ohne das amerikanische Engagement gäbe es keine Ukraine mehr. Und der Kreml hätte sich schon das nächste Opfer gesucht.

In der Zeit der Entspannungspolitik in den 1970er Jahren wurden zahlreiche Fehler gemacht. Diese Epoche endete mit dem Einmarsch der UdSSR in Afghanistan. Der Westen reagierte damals auf angemessene Weise. Russlands Aggression der letzten 20 Jahre hingegen löste keine vergleichbare Unruhe aus. Die Ernüchterung kam spät – am 24. Februar 2022.

Was ist noch nötig, um Europas Position zu stärken?

Wir alle erinnern uns an Bill Clintons Wahlkampfslogan: „It's the economy, stupid!" Damals herrschte allgemein die Überzeugung, Geld sei das Allheilmittel und selbst in Ländern wie Russland und China würde Geld die Mittelschicht vergrößern und das öffentliche Leben demokratisieren.

Es kam anders.

Inzwischen wissen wir, dass Wirtschaft Hand in Hand mit sozialen Ansprüchen und Sicherheitserfordernissen gehen muss. Viele Probleme im gegenwärtigen Europa resultieren aus der Frustration junger Menschen, deren Zukunftsaussichten oft schlechter sind als die ihrer Eltern. Praktisch in ganz Europa erodiert die Mittelschicht. Eine Welt, in der das eine Prozent der Reichsten mehr Vermögen besitzt als die übrigen 99 Prozent, ist empörend. Doch das ist es, was heute geschieht. Steuerparadiese, die eher den Namen Steuerhölle verdienen, plündern die Mittelschicht und die Staatskassen Deutschlands, Frankreichs, Spaniens oder Polens.

Die Stärke Europas gründet vor allem auf ihrem stärksten Fundament, der Mittelschicht. Der Glaube, dass nicht nur einige wenige Reiche von Fortschritt und Wohlstand profitieren, sondern die ganze Gesellschaft, war die Hauptantriebskraft für die Entwicklung der westlichen Welt seit den 1950er Jahren.

Leider schwindet diese Überzeugung heute, und die Ungleichheit wächst. Das ist sehr gefährlich, weil dadurch einerseits radikale Bewegungen erstarken, die die Zerstörung des bestehenden Wirtschaftssystems fordern, und andererseits Arbeit und Entwicklung entwertet werden. Wir müssen diesen Prozess umkehren. Sonst laufen wir Gefahr, den Wettlauf mit unseren Rivalen zu verlieren – hartgesottenen und kompromisslosen Zivilisationen, die ihre sozialen und wirtschaftlichen Verhältnisse anders gestalten.

Unsere Aufgabe als politisch Verantwortliche ist es, für Lebensbedingungen zu sorgen, in denen jeder von ehrlicher Arbeit leben kann. Der europäische Arbeitsmarkt sollte angemessenes Einkommen sichern, jungen Menschen den Einstieg in eine Berufslaufbahn ermöglichen und ihnen ein Gefühl von Stabilität geben. Darüber hinaus müssen wir die bestmöglichen Bedingungen für die Familiengründung schaffen. Dann steht Europa vor einer leuchtenden Zukunft. Gutfunktionierende Familien sind die Grundlage für ein gesundes, glückliches und stabiles Leben.

Wir müssen außerdem verhindern, dass Europa von anderen abhängig wird. Die Zusammenarbeit mit China ist eine große Herausforderung. China ist ein riesiges Land mit großen Ambitionen. Als Europa müssen wir China ein mindestens gleichwertiger Partner sein. Abhängigkeit von China führt ins Nirgendwo. Das ist etwas, woran Europa unbedingt arbeiten muss. Zusätzlich zum Sieg der Ukraine ist dies die nächste große Herausforderung für die kommenden Jahre.

Es gibt keine Fehler, die sich nicht korrigieren ließen. Zumindest teilweise. Wenn ich höre, dass unsere Regierung in Sachen Russland und Ukraine Recht hatte, spüre ich Genugtuung. Aber ich würde selbst das größte Gefühl der Genugtuung eintauschen gegen europäischen Kampfeswillen. Gegen den noch stärkeren politischen Willen, die Unterstützung für die Ukraine fortzusetzen. Und vor allem die russländischen Aktiva in Höhe von 400 Milliarden Euro zu konfiszieren. Sie lediglich einzufrieren ist zu wenig.

Russland muss sich für seine Verbrechen und die angerichteten materiellen Zerstörungen verantworten. Brutale Aggressoren müssen wissen, dass ihr Land früher oder später für die gewaltsam verursachten Verluste bezahlen wird.
Ich appelliere heute erneut an alle Staats- und Regierungschefs der Europäischen Union: Es ist Zeit für die vollständige und dauerhafte Konfiskation der russländischen Aktiva und ihre Umwidmung für den Wiederaufbau der Ukraine und die Senkung der Energiekosten für die Bürger Europas.
Europa ist viel stärker als Russland. Doch zusätzlich zu unserem Potenzial brauchen wir auch den Willen, es zu nutzen. Wenn wir Russland gestatten, diesen Krieg zu gewinnen, riskieren wir mehr als nur den Verlust der Ukraine. Wir riskieren die Marginalisierung unseres gesamten Kontinents.
Die grundlegende Schlussfolgerung ist einfach. In der Welt zählen nur starke, effiziente und selbstbewusste Staaten. Putin hat die Ukraine überfallen, weil er die Europäer für abgewirtschaftet, schwach und träge hielt. Nach einem Jahr sehen wir, dass er sich irrte. Zumindest teilweise. Noch ist Europa nicht verloren. Solange wir am Leben sind. Es hat allerdings auch noch nicht gesiegt.

Meine Damen und Herren,

ich habe zu Anfang meiner Rede erwähnt, dass auch viele Polen die Heidelberger Universität absolvierten – Ärzte, Juristen, Philosophen. Einer von ihnen war unser großer Dichter Adam Asnyk. Im Frühjahr 1871, genau in jenem Jahr, als das geeinte Deutschland entstand, träumte Asnyk von der Wiedergeburt eines unabhängigen Polen. Er wusste, dass große Ziele nur durch geduldige und systematische Arbeit, durch kollektive Anstrengung der ganzen Gemeinschaft erreicht werden können. Er schrieb:

> Lasst uns verachten den Hochmut der Sieger
> Und niemals der Gewalt applaudieren!
> Doch lasst uns auch Niederlagen nicht feiern
> Und niemals unsrer Schwäche uns rühmen.

Europa muss seine Stärke und seinen Wert beweisen. Das ist unser „Sein oder Nichtsein“-Moment. Doch anders als Shakespeares Hamlet dürfen wir nicht zögern. Der deutsche Dichter Ferdinand Freiligrath schrieb 1844, als Deutschland noch wie die Ruine des Heidelberger Schlosses war – beeindruckend, aber unvollendet: „Deutschland ist Hamlet!“. Die Deutschen zögern zu sehr, statt sich eindeutig auf die Seite des Guten zu stellen.
Johannes Paul II. war einer der größten Fürsprecher der europäischen Einigung. Er spielte eine Schlüsselrolle bei der Befreiung der Nationen Europas. Und zusammen mit seinem großen deutschen Nachfolger Benedikt XVI. war dieses außergewöhnliche deutsch-polnische Duo eine wichtige Stimme in den Debatten um die Zukunft Europas, seiner Ausrichtung, seiner Kultur und Zivilisation.
Lassen Sie mich abschließend noch einmal die vier grundlegenden Punkte zusammenfassen, mit denen ich mich heute beschäftigt habe.

1. Wir können keine Zukunft bauen, wenn wir nicht aus der Vergangenheit lernen. Die Geschichte zeigt, dass eine Politik, die Souveränität und Volkswillen nicht achtet, früher oder später in Utopie oder Diktatur endet. Europa hat eine leuchtende Zukunft vor sich, wenn es die Verschiedenheit seiner Nationen respektiert.
2. Die Zukunft Europas wird im Kampf um die Freiheit geschmiedet, den die Ukraine in unserem Namen kämpft. Es ist unsere Pflicht, der Ukraine beizustehen. Der Kampfgeist der Ukrainer sollte uns Inspiration und Wegweiser für unser Handeln sein.
3. Eine auf dem griechischen, römischen und christlichen Erbe gründende demokratische Gemeinschaft von Staaten, die Frieden, Freiheit und Solidarität fördert, ist das Fundament der europäischen Werte. Diese Werte lagen der europäischen Integration zugrunde und sie können den Kontinent auch weiter antreiben. Die Zentralisierung droht diese Kräfte zu schwächen. Die Herrschaft der Stärksten und die willkürliche Übertragung der Verantwortung für die Zukunft Europas an eine seelenlose Bürokratie, die einen „Reset der Werte“ vollziehen will, das heißt eine bürokratische Zentralisierung unter dem Deckmantel der „Föderalisierung“ ist der Keim großer künftiger Konflikte und sozialer Unruhen.
4. Europa muss sich wandeln, wenn es den Wettlauf um die globale Führungsposition gewinnen will. Es muss bereit sein, neue Staaten aufzunehmen, angesichts der größeren Gemeinschaft seine Kompetenzen aber teilweise beschränken. Angesichts der äußeren Bedrohungen muss es sein Verteidigungspotenzial stärken. Angesichts der ökonomischen und sozialen Herausforderungen muss es ein egalitäres und ordoliberales Wohlstandsmodell entwickeln und die als Steuerparadiese getarnten Steuerhöllen bekämpfen. Europa muss kluge Allianzen eingehen, zugleich aber seine Unabhängigkeit stärken, um nicht zum Opfer von energiepolitischer und wirtschaftlicher Erpressung zu werden.

Europa war einst das Zentrum der Welt, das auf jedem Erdteil Respekt weckte. Kümmert es uns noch, ob Europa und unsere Zivilisation überleben werden?
Und nicht nur ob, sondern in welcher Form?
Haben wir den Antrieb, die Führungsposition zu übernehmen?
Oder geben wir uns vielleicht mit einem der hinteren Plätze zufrieden?
Haben wir den Mut, Europa wieder groß zu machen?
Europa siegen zu lassen?
Ich glaube daran.
Europa hat großes Potenzial. Es resultiert aus seiner Geschichte und seinem Erbe und lebt in seinen ungezählten heutigen Vorzügen und Qualitäten weiter. Aber Europa braucht Mut und Entschlossenheit. Ich bin fest überzeugt, wenn wir hart arbeiten, im Namen unserer Vaterländer und des gesamten Kontinents, dann wird Europa sich durchsetzen. Europa wird siegen!

Aus dem Polnischen von Bernhard Hartmann, Duisburg

Bastian Sendhardt

Vorwärts in die Vergangenheit!

Mateusz Morawieckis Vorstellungen von Europa

Der polnische Premierminister Mateusz Morawiecki hat auf die Europareden von Präsident Macron und Bundeskanzler Scholz geantwortet. In seiner Heidelberger Rede erteilt er einer Vertiefung der Integration und einer Ausweitung des Mehrheitsprinzips im Entscheidungsprozess der Europäischen Union eine Absage. Dreh- und Angelpunkt seines europapolitischen Denkens bleibt der Nationalstaat. Morawieckis Vision der Europäischen Union läuft auf eine Rückkehr zu einem „Europa der Vaterländer“ hinaus.

Am 20. März 2023 hielt der polnische Ministerpräsident, Mateusz Morawiecki, an der Ruprecht-Karls-Universität Heidelberg eine Grundsatzrede zur Zukunft Europas.[1] Das zentrale Thema ist die „Rolle der Nationalstaaten“ in der europäischen Integration. Zunächst wirft Morawiecki die rhetorische Frage auf: „Was lehrt uns die Geschichte Europas?“ Europa sei immer dann stark gewesen, wenn es die Souveränität der Nationalstaaten und die Unterschiedlichkeit der Nationen achtete. Danach befasst er sich mit der Bedeutung des Kampfes der Ukraine gegen Russland und den Schlussfolgerungen für Europa. Für Morawiecki kämpft die Ukraine nicht nur um ihr eigenes Schicksal, sondern um das Schicksal Europas, des Westens und der gesamten freien Welt. An diesem „Wendepunkt der Geschichte Europas“ sei es die Pflicht der Europäer, der Ukraine jede notwendige Unterstützung zukommen zu lassen. Zudem müsse dafür gesorgt werden, dass diejenigen Staaten, die auf Kooperation mit Russland setzten – das ist eine kaum subtile Anspielung auf Deutschland – ihre nationalen Partikularinteressen künftig nicht länger gegenüber denjenigen Staaten durchsetzen, die zu Recht vor Russlands Imperialismus gewarnt haben – hier ist unschwer Polen zu erkennen. Drittens widmet sich Morawiecki den europäischen Werten: Für ihn sind das „Frieden, Freiheit und Solidarität“, die „eine demokratische Gemeinschaft von Staaten“ fördere, die auf dem „griechischen, römischen und christlichen Erbe gründe“. Diese Werte seien nun durch eine „seelenlose Bürokratie“ der Brüsseler Eliten mit ihrer Tendenz zur Zentralisierung von Entscheidungskompetenzen gefährdet. Schließlich entwirft Morawiecki eine Vision, wie Europa wieder eine globale Führungsrolle übernehmen könne. Der polnische Ministerpräsident setzt hier darauf, die Europäische Union durch die „Integration der Staaten des Westbalkans, der Ukraine und Moldovas“ zu erweitern und gleichzeitig die Vertiefung der Integration zu beenden.

Bastian Sendhardt (1982), Politikwissenschaftler, Deutsches Polen-Institut, Berlin

[1] Die Heidelberger Rede des polnischen Ministerpräsidenten Mateusz Morawiecki „An einem historischen Wendepunkt“ vom 20.3.2023 ist dokumentiert in diesem Band, S. 155–168.

 doi: 10.35998/oe-2023-014

Obwohl die Rede als Europarede angekündigt war, ist sie stark polnisch-deutsch ausgerichtet. Morawiecki betont Polens wachsende Bedeutung für Deutschland als dessen fünftgrößtem Handelspartner und kommt kurz auf die Reparationsdebatte zu sprechen. Polen habe

> nie eine Kompensation für die Verbrechen des Zweiten Weltkriegs erhalten, für die Zerstörungen, für die geraubten Vermögen und nationalen Kulturgüter. Dabei ist eine vollständige Versöhnung zwischen Täter und Opfer nur möglich, wenn es eine Wiedergutmachung gibt.[2]

Laut Morawiecki, der damit auf Russlands Krieg gegen die Ukraine anspielt, „brauchen wir diese Versöhnung nötiger denn je, denn die Herausforderungen der Zukunft sind enorm".

Zurück zu den Wurzeln: Polens Vision für Europa

Die Universität Heidelberg hatte Mateusz Morawieckis Auftritt als „programmatische Europarede" angekündigt. Mit seinem Vortrag stelle „sich der polnische Ministerpräsident in die Tradition bedeutender Reden zur Zukunft Europas, die zuvor der französische Präsident Emmanuel Macron im September 2017 an der Sorbonne Université in Paris und der deutsche Bundeskanzler Olaf Scholz im August 2022 an der Karls-Universität in Prag gehalten haben".[3] Die Initiative zu dem Auftritt hatte die polnische Regierung ergriffen.

In der Tat handelt es sich um einen europapolitischen Gegenentwurf zu den deutsch-französischen Plänen einer zukünftigen Neugestaltung der Europäischen Union. In seiner Grundsatzrede „Initiative für Europa" hatte der französische Präsident das Schlagwort des „souveränen Europa" geprägt, das seither Eingang in die europapolitische Debatte gefunden hat.[4] Das „souveräne Europa" sei die beste Antwort auf politische Phänomene wie „Nationalismus, Identitarismus, Protektionismus und Souveränismus durch Abschottung", die sich als bessere Alternativen zur EU präsentieren.[5] Dagegen gelte:

> Allein Europa kann tatsächliche Souveränität gewährleisten, das heißt, die Fähigkeit, in der heutigen Welt zu bestehen, um unsere Werte und unsere Interessen zu verteidigen.[6]

---

[2] Morawiecki, „An einem historischen Wendepunkt" [Fn. 1].

[3] Programmatische Europarede: Polnischer Ministerpräsident zu Gast an der Ruperto Carola. Pressemitteilung 15.3.2023, <www.uni-heidelberg.de/de/newsroom/programmatische-europarede-polnischer-ministerpraesident-zu-gast-an-der-ruperto-carola>.

[4] Emanuel Macron: Initiative für Europa. Rede von Staatspräsident Macron an der Sorbonne. Paris, den 26. September 2017, <https://de.ambafrance.org/IMG/pdf/macron_sorbonne_europe_integral.pdf?23641/4be243b705d8068173926eeb032184acc4a1f073>.

[5] Ebd., S. 2.

[6] Ebd., S. 3.

Die Europäische Union müsse grundlegend reformiert werden, da sie in ihrer aktuellen Verfassung „zu schwach, zu langsam, zu ineffizient" sei.[7] Und für die polnische Regierung, die sich bereits damals mit der EU in einer Auseinandersetzung über die Rechtsstaatlichkeit befand, hatte der französische Präsident eine klare Botschaft. Die europäischen Werte der Demokratie und der Rechtsstaatlichkeit seien „nicht verhandelbar, es gibt sie nicht *à la carte*. In Sachen Werte kann es kein Europa der zwei Geschwindigkeiten geben".[8] Insgesamt zielte Macrons Initiative auf eine Vertiefung der europäischen Integration ab, die er als Neugründung Europas bezeichnete.

Der Vorstoß des französischen Präsidenten erzeugte international ein beachtliches Medienecho, blieb politisch jedoch weitgehend folgenlos, was Kritiker nicht zuletzt auf die Zurückhaltung der Bundesregierung unter Kanzlerin Angela Merkel zurückführten. Die Antwort aus Deutschland kam erst am 29. August 2022, als Bundeskanzler Scholz nach der „Zeitenwende"-Rede vom 27. Februar nun in Prag die Grundsätze der deutschen Europapolitik darlegte. Scholz griff die Idee der „europäischen Souveränität" auf und erklärte, dass Europa nicht zuletzt im Angesicht des russländischen Angriffskriegs gegen die Ukraine wirtschaftlich und militärisch unabhängiger werden müsse. Zudem sprach sich der Bundeskanzler für eine Erweiterung der EU aus, betonte aber gleichzeitig die damit einhergehende Notwendigkeit von Reformen. Hierfür müssten mehr europäische Entscheidungen nach dem Mehrheitsprinzip gefällt werden. Nur das garantiere die Handlungsfähigkeit einer erweiterten EU:

> Dort, wo heute Einstimmigkeit erforderlich ist, wächst aber mit jedem weiteren Mitgliedstaat auch das Risiko, dass ein einzelnes Land mit seinem Veto alle anderen am Vorankommen hindert.[9]

Wie bereits Macron vertrat auch Scholz in Sachen Rechtsstaatlichkeit eine klare Position. So sprach sich der Bundeskanzler dafür aus, das Rechtsstaatsverfahren zu stärken und die Zahlung von EU-Mitteln stärker an die Einhaltung der Rechtsstaatlichkeit zu knüpfen.

Morawiecki vertritt in all diesen Fragen eine andere Position. Dem deutsch-französischen Ansinnen, ein souveränes Europa zu schaffen, setzt der polnische Ministerpräsident die Forderung nach einer Wiederherstellung der vollen Souveränität der Mitgliedstaaten entgegen. Die polnische Vision der Europäischen Union ähnelt der eines „Europas der Vaterländer", wie es von Charles de Gaulle formuliert wurde, auf den sich Morawiecki durchaus positiv bezieht. Ganz in diesem Sinne erklärt er:

> Verzichten wir darauf, uns in Angelegenheiten einzumischen, in denen die nationalen Interessen geteilt bleiben. Gehen wir einen Schritt zurück, um zwei Schritte vorwärts machen zu können. Konzentrieren wir uns auf die Politikbereiche, für die in den Römischen Verträgen Kompetenzen an die EU übertragen wurden, und folgen wir in den übrigen Fällen dem Prinzip der Subsidiarität.

---

[7] Ebd.

[8] Ebd., S. 19.

[9] Olaf Scholz: Europa ist unsere Zukunft. Rede des Bundeskanzlers der Bundesrepublik Deutschland Olaf Scholz, MdB an der Karls-Universität zu Prag, 29. August 2022, S. 11. <www.bundesregierung.de/breg-de/themen/europa/scholz-rede-prag-karls-uni-2079410>.

Der polnische Premierminister plädiert hier für die Wiederherstellung der „richtigen Proportionen“, für „[m]ehr Demokratie, mehr Konsens, mehr Gleichgewicht zwischen Mitgliedstaaten und EU-Institutionen“ und für eine Verringerung der „Zahl der Politikbereiche, die der EU-Kompetenz unterstellt sind“. Statt einer weiteren Vertiefung, für die sich Macron und Scholz stark machen, schwebt Morawiecki eine Rückabwicklung der europäischen Integration auf den Stand der Europäischen Wirtschaftsgemeinschaft von 1957 vor. Die Ausführungen des polnischen Premierministers sind eine explizite Gegenrede zu den europapolitischen Vorstellungen, die Bundeskanzler Scholz in Prag präsentiert hatte. So erklärt Morawiecki:

> Ich höre oft, die EU müsse sich reformieren, bevor sie sich erweitern könne. Hinter dieser These steckt meistens ein camouflierte Konzept der Föderalisierung, das heißt im Grunde der Zentralisierung. [. . .] Nach den Vorstellungen der Verfechter dieser als „Föderalisierung“ bezeichneten Zentralisierung muss der Entscheidungsprozess dahingehend reformiert werden, dass in bestimmten neuen Politikbereichen das Prinzip der qualifizierten Mehrheit an die Stelle des Einstimmigkeitsprinzips tritt.

Doch eine „proeuropäische Haltung“, so der polnische Ministerpräsident, manifestiere sich heute nicht „in der Fokussierung auf [. . .] die Zentralisierung der EU, sondern in unserem Standpunkt zur Erweiterungspolitik“. Dabei sei eine weniger stark integrierte EU auch mit über 30 Mitgliedern demokratischer und handlungsfähiger, als dies heute der Fall ist.

Zwischen populistischer Polemik und wissenschaftlich fundierter Kritik

Morawiecki changiert in seiner Rede zwischen rechtskonservativer populistischer Rhetorik und nachvollziehbarer Kritik an der Entwicklung der europäischen Integration. Seine Fundamentalkritik am Zustand der europäischen Institutionen und der Funktionsweise der europäischen Integration trägt häufig Züge des politischen Populismus, also einer „Politikvorstellung, laut der einem moralisch reinen, homogenen Volk stets unmoralische, korrupte und parasitäre Eliten gegenüberstehen“.[10] Dies zeigt sich an jenen Stellen, wo Morawiecki gegen „eine europaweite kosmopolitische Elite mit ungeheurer Machtfülle“ wettert, „die von der Errichtung eines Superstaates“ träume und „in einer alternativen Wirklichkeit“ lebe. Hier erinnert die Rede des polnischen Premierministers an Debatten des regierungsnahen, nationalkonservativen Lagers in Polen. Repräsentativ für dieses europapolitische Denken ist Ryszard Legutko, dessen Arbeiten Kritikern zufolge „an der Grenze zwischen eigenem wissenschaftlichem Anspruch und politisch-polemischer Publizistik angesiedelt“ sind.[11] Der emeritierte Professor für Philosophie gilt als „geistiger Vater der Krakauer Konservativen“[12], sitzt für die polnische

---

[10] Jan-Werner Müller: Was ist Populismus? Ein Essay. Berlin ^{5}2017, S. 42. – Ders.: Was heißt Populismus an der Macht? In: OSTEUROPA, 1–2/2016, S. 5–17.

[11] Markus Linden: Apologeten der Diktatur, in: Zeitschrift für Politik, 1/2021, S. 26–47.

[12] Anna Wolff-Powęska: Trommler der Revolution. Jungkonservative und Polens Rechte, in: OSTEUROPA, 3–5/2018, S. 56–76, hier S. 61.

Regierungspartei *Recht und Gerechtigkeit* (PiS) als Abgeordneter im Europäischen Parlament und ist dort einer der beiden Vorsitzenden der Fraktion der Europäischen Konservativen und Reformer (EKR). Legutko, der als enger Vertrauter und Berater von PiS-Parteichef Jarosław Kaczyński gilt, kritisiert in ähnlichem Duktus wie der polnische Premierminister die „Brüsseler Eliten“. Diese wollten

> einen föderalen Superstaat errichten, [. . .] und einen neuen europäischen Menschen schaffen. Sie sind außerordentlich selbstbewusst und arrogant [. . .]. Sie sind eher Bürokraten und Apparatschiks als Visionäre und Staatsmänner.[13]

Noch frappierender aber ist die Parallelisierung der Europäischen Union mit der Sowjetunion, die die konzeptionelle Grundlage von Legutkos Buch *Der Dämon der Demokratie* bildet.[14] Sowohl der Liberalismus, wie er von den Institutionen der Europäischen Union vertreten wird – Legutko bezeichnet die EU als „das Endprodukt der liberal-demokratischen Idee“[15] –, als auch der Kommunismus sowjetischer Prägung weisen Legutko zufolge totalitäre Züge auf:

> Beide Systeme erzeugen – zumindest in ihren offiziellen ideologischen Darstellungen – ein Gefühl der Befreiung von den alten Bindungen. Indem der Mensch Mitglied einer kommunistischen und liberal-demokratischen Gesellschaft wird, lehnt er einen großen Teil der Loyalitäten und Verpflichtungen ab, die ihn bis vor nicht allzu langer Zeit gefesselt haben, insbesondere diejenigen, die ihm durch die Vormundschaft der Religion, der sozialen Moral und der Tradition auferlegt wurden.[16]

An diese Parallelisierung scheint Morawiecki in seiner Rede anzuknüpfen, wenn er das Verhältnis zwischen der Europäischen Union und Polen auf der einen sowie das zwischen Russland und der Ukraine auf der anderen Seite beschreibt. Was beide Verhältnisse eint, ist die Absicht der Zerstörung des Nationalstaats, im einen Fall des polnischen, im anderen Fall des ukrainischen. So erklärt Morawiecki:

> [Putin] war nicht in der Lage zu sehen, dass die Ukrainer eine Nation sind. Und dass sie endlich ihren Nationalstaat haben – einen vielleicht alles andere als perfekten, aber doch einen, für den sie bereit sind, ihr Leben zu opfern. Die russische Propaganda behauptet, es gebe keine eigene ukrainische Nation. [. . .] Deshalb versucht Russland den Ukrainern mit Gewalt klarzumachen, dass sie kein Recht auf eine nationale Identität hätten. [. . .]
> Europa ist heute Zeuge von Verbrechen, die im Namen einer antinationalen Ideologie begangen werden. Eben das leitet Putin: Der Wunsch, jegliche Eigenheit auszulöschen, die nationalen Identitäten zu zerstören und sie im großen russischen Imperium zu verschmelzen. Im *Russkij Mir*, der russischen Welt.

[13] Ryszard Legutko: The Demon in Democracy. Totalitarian Temptations in Free Societies. New York, NY 2016, S. 86f.

[14] Ryszard Legutko: Der Dämon der Demokratie. Totalitäre Strömungen in liberalen Gesellschaften. Wien, Leipzig 2017. Zuerst polnisch: Ders.: Triumf człowieka pospolitego. Poznań 2012. Internationale Aufmerksamkeit erreichte das Werk in seiner englischen Übersetzung: Legutko, The Demon in Democracy [Fn. 10].

[15] Ebd., S. 69.

[16] Ebd., S. 8.

Doch auch in Europa, genauer gesagt in den Institutionen der Europäischen Union und in deren die aktuelle Politik unterstützenden Mitgliedstaaten, erkennt Morawiecki Bestrebungen, die nationale Identitäten gefährden. So sagt er:

> Unsere fundamentale Identität ist die nationale Identität. Ich bin Europäer, weil ich Pole, Franzose oder Deutscher bin, und nicht, weil ich mein Polnisch- oder Deutschsein verleugne.
> Der heute in Europa unternommene Versuch, diese Vielfalt auszurotten und einen neuen Menschen zu schaffen, der seiner nationalen Identität entfremdet ist, bedeutet nichts anderes, als die Wurzel zu kappen und an dem Ast zu sägen, auf dem wir sitzen.
> Doch Vorsicht! Wir können leicht abstürzen. Die uns umgebenden starken Kulturen und die harten Diktaturen aus anderen Teilen der Welt warten nur darauf. Sie werden sich bestimmt freuen, wenn Europa in die Bedeutungslosigkeit fällt.

Damit zieht Morawiecki eine Parallele zwischen Russlands Krieg gegen die Ukraine und der Politik der EU. Auch wenn der polnische Premierminister nicht die angewandten Methoden vergleicht, so ist der Effekt in beiden Fällen der gleiche: die Zerstörung der Nation und der nationalen Identität ihrer Bevölkerung.
Die Rede enthält auch etliche Gedanken zu den „Grenzen des supranationalen Regierens in Europa". Morawiecki spricht sich nachdrücklich für den Primat des Nationalstaats gegenüber europäischen Institutionen aus:

> Es gibt in Europa [. . .] keine besseren Garanten für die Freiheit der Nationen und ihrer Kultur sowie ihrer sozialen, ökonomischen, politischen oder militärischen Sicherheit als die Nationalstaaten. Alle anderen Systeme sind illusorisch und utopisch. Die Nationalstaaten in Europa können durch inter- und teilweise auch supranationale Organisationen wie die Europäische Union gestärkt werden, doch sie können nicht von ihnen ersetzt werden. [. . .]
> Ein politisches System, das die Souveränität der anderen, die Demokratie oder den elementaren Willen des Volkes als Souverän nicht respektiert, endet früher oder später unweigerlich in der Utopie oder in der Tyrannei.[17]

Damit wirft der polnische Ministerpräsident grundlegende Fragen zur Verfasstheit der Europäischen Union auf, die auch in der EU- und Integrationsforschung diskutiert werden. Der Bremer Politikwissenschaftler Philip Manow konstatierte jüngst, dass die These, die illiberale Demokratie in Ungarn unter Viktor Orbán (die von Jarosław Kaczyński geprägte polnische könnte man hinzufügen) sei eigentlich keine Demokratie, durchaus einleuchtend sei. Allerdings sei „das Argument, dass der Liberalismus in vielen seiner heutigen Ausprägungen undemokratisch geworden ist", ebenfalls nicht von der Hand zu weisen.[18] Demokratie und Nationalstaat stehen in einem engen sowohl historischen als auch funktionalen Zusammenhang. Aus dieser Sicht untergräbt die Europäische Union bisweilen nicht nur die Souveränität der ihr angehörenden Nationalstaaten,

---

[17] Morawiecki, „An einem historischen Wendepunkt" [Fn. 2], S. 157.
[18] Philip Manow: (Ent-)Demokratisierung der Demokratie. Ein Essay. Bonn 2021, S. 17f.

sondern auch die auf eben jener nationalstaatlichen Souveränität basierende Demokratie. Wie Manow argumentiert:

> Die Delegation politischer Entscheidungsfragen an überstaatliche Instanzen untergräbt mit jedem Delegationsakt das Funktionieren demokratischer Zurechnungsmechanismen dort, wo sie bislang allein funktioniert haben: auf einzelstaatlicher Ebene. So *hat* die Europäische Union nicht nur ein Demokratiedefizit, sondern *generiert* eines für ihre Mitgliedstaaten.[19]

An anderer Stelle erklärt Morawiecki:

> In einem tieferen Sinne handelt es sich heute um einen Konflikt zwischen der Souveränität der Staaten und der Souveränität der Institutionen. Zwischen der von unten ausgehenden demokratischen Macht des Volkes und der von oben ausgehenden Macht kleiner Eliten.[20]

Diese Feststellungen sind vereinbar mit der Analyse des slowakischen Politikwissenschaftlers Stefan Auer. Die europäische Integration sei durch zwei gegenläufige Tendenzen gekennzeichnet: „einerseits dem Bestreben, die Unabhängigkeit der teilnehmenden Mitgliedstaaten zu bewahren, und andererseits dem Streben nach einem wahrhaft vereinten, transnationalen Gemeinwesen".[21] Morawieckis Ausführungen haben Berührungspunkte mit Auers Überlegungen zur Rolle der Nationalstaaten und der nationalen Souveränität für die ostmitteleuropäischen Revolutionen 1989. Für Morawiecki war

> der Kampf der unterjochten Völker Mitteleuropas nichts anderes als ein Kampf um nationale Souveränität. Dieses Ziel einte die Patrioten auf beiden Seiten des politischen Spektrums, denn wir wussten, dass wir unsere Freiheit und unsere Rechte nur in den Grenzen souveräner, wiedergewonnener Staaten würden verwirklichen können.[22]

Wie Auer darlegt, unterscheiden sich die Erfahrungen der Ostmitteleuropäer mit dem Nationalstaat fundamental von denjenigen der Westeuropäer, allen voran Deutschlands und Frankreichs.

> Für Frankreich war Europa das Mittel, um seine Größe wiederherzustellen und seine zivilisatorische Mission zu erfüllen, während (West-)Deutschland versuchte, seine Glaubwürdigkeit wiederherzustellen, indem es dem Club der westlichen Demokratien beitrat, nachdem es sich mit dem Nationalsozialismus selbst entehrt hatte.[23]

Aus polnischer Sicht sei es hingegen eine absurde Vorstellung, sich im Habermas'schen Sinne den „Enkeln eines barbarischen Nationalismus" zugehörig zu betrachten.[24]

---

[19] Ebd., S. 162.

[20] Morawiecki, „An einem historischen Wendepunkt" [Fn. 2], S. 163.

[21] Stefan Auer: European Disunion. Democracy, sovereignty and the politics of emergency. London 2022, S. 14.

[22] Morawiecki, „An einem historischen Wendepunkt" [Fn. 2], S. 157.

[23] Ebd., S. 71f.

[24] Jürgen Habermas: Die postnationale Konstellation. Politische Essays. Frankfurt am Main ^{6}2013, S. 156.

Schließlich sei „die Generation ihrer Vorfahren maßgeblich am Sieg über Nazideutschland beteiligt“ gewesen und habe „die Macht des *liberalen* Nationalismus demonstriert“.[25] Und so waren die Lehren, die man in Deutschland und Frankreich aus dem Jahr 1989 gezogen hatte, grundsätzlich anderer Natur als jene in Polen.

> Ungeachtet des offenen Charakters der liberalen nationalistischen Strömungen in der Region bestand das Ziel dieser Revolutionen nicht in der Abschaffung von Grenzen und Nationalstaaten. Vielmehr waren sie von dem Wunsch beseelt, ideologisch inspirierte Projekte zu beenden, die auf radikale Veränderungen abzielten.[26]

Daher nimmt es nicht Wunder, dass die nationale Souveränität nach wie vor

> ein Bezugspunkt für die Länder Mittel- und Osteuropas [ist], in denen viele Politiker behaupten, ihre (nationalen) Interessen gegen die Übergriffe Brüssels zu verteidigen.[27]

Der polnische Premierminister berührt mit seinen europapolitischen Ausführungen relevante Punkte, die in Politik und Wissenschaft einer Klärung bedürfen. Da geht es um die Frage der demokratischen Legitimität, das Spannungsverhältnis von Integration und Souveränität, das Verhältnis von Erweiterung und Vertiefung, die Rolle der Nation und des Nationalstaats sowie um die Kernfrage, wie die Handlungsfähigkeit der Europäischen Union im Angesicht des Krieges gestärkt werden kann.[28]

Schlussfolgerungen

In seiner Heidelberger Rede hat Mateusz Morawiecki die polnische Europapolitik pointiert vorgestellt. Das Signal Richtung Berlin und Paris ist deutlich: Eine Reform der Europäischen Union nach den deutsch-französischen Vorstellungen ist mit Polen, das seit dem 24. Februar 2022 an Selbstbewusstsein gewonnen hat, nicht zu machen. Ob es durch den Krieg und den damit verbundenen Bedeutungszuwachs der Staaten im Osten der Europäischen Union zu einer Veränderung des Gravitationszentrums in der EU kommen wird, ist noch nicht zu beantworten. Tatsache ist, dass der polnische Premierminister eine Vision zur Zukunft der EU formuliert hat, die im Kern auf eine Rückkehr zu einem „Europa der Vaterländer“ hinausläuft.

Schlagwörter:
Polen, EU, Mateusz Morawiecki, Europapolitik, Europäische Integration

---

[25] Auer, European Disunion [Fn. 16], S. 48. – Siehe auch Stefan Auer: Wer hat Angst vor Osteuropa? Nationalismus und europäische Integration nach 1989, in: OSTEUROPA, 2–3/2009, S. 311–332, hier S. 323f. – Ders.: Liberal Nationalism in Central Europe. London, New York 2004.

[26] Auer, European Disunion [Fn. 21], S. 147.

[27] Ebd., S. 99.

[28] Marek Cichocki: Conflict over the rule of law between the Polish government and the European Commission as an example of a multifaceted crisis in the EU, in: Marek A. Cichocki (Hg.): Contemporary States and the crisis of the Western order. Berlin 2020, S. 241–262. – Ders.: Polen neu denken. Europabild und Europapolitik der PiS, in: OSTEUROPA, 1–2/2016, S. 191–200. – Armin Schäfer, Michael Zürn: Die demokratische Regression. Die politischen Ursachen des autoritären Populismus. Berlin 2021.

Hans-Jürgen Bömelburg

Prägungen und Perspektiven

Die deutsch-polnische Konfliktgemeinschaft

Das deutsch-polnische Verhältnis ist durch eine mindestens zweihundertjährige Konfliktgeschichte zwischen 1770 und 1970 zutiefst belastet. Dadurch hat sich eine Konfliktgemeinschaft herausgebildet. Entsprechende Kommunikationsmuster brechen immer wieder auf, wenn sich ein Anlass bietet. Kategorial kann man das deutsch-polnische Verhältnis als ein „postkoloniales" bezeichnen. Russlands Krieg gegen die Ukraine bietet ein Momentum: die polnisch-deutsche Kooperation könnte durch die Einbindung der Ukraine strukturell verändert und verbessert werden.

Polen ist in historischer und wirtschaftlicher Hinsicht der mit Abstand wichtigste Nachbar Deutschlands im östlichen Europa. Wünschenswert wäre eine Symmetrie der deutsch-polnischen Beziehung. Diese ist jedoch von kulturellen und politischen Rahmenbedingungen abhängig. Diese Feststellung hätte vor dem Februar 2023 wohl nur eine verschwindende Minderheit deutscher Polonophiler unterschrieben, auch heute ist sie in der deutschen Gesellschaft und Politik nicht mehrheitsfähig. Warum ist das so? Nach der Sattelzeit um 1800 diskutiert die deutschsprachige Öffentlichkeit über ihre Lage zwischen Frankreich und Russland. Ein polnischer „Saisonstaat" oder ein vorgeblicher „kleiner Nachbar" schienen da nur störend, Stimmen aus der polnischen Perspektive vernachlässigbar. Auch in der politischen Klasse von heute ist das Wissen um den polnischen Nachbarn gering: In der zur Jahreswende 2022/23 vorübergehend aufgeflammten Debatte um die Umbenennung des Bismarck-Zimmers im Auswärtigen Amt am Werderschen Markt wurde zwar auf die problematische Tradition Bismarcks als Kolonialpolitiker verwiesen. Niemandem unter den deutschen Diplomatiekundigen kam es aber in den Sinn, auf die genauso problematische, aber für die aktuelle deutsche Außen- und Europapolitik weit gefährlichere Bismarcksche Tradition des „Haut doch die Polen, dass sie am Leben verzagen", also auf Otto von Bismarck als aggressiv antipolnischen Politiker zu verweisen. Alles vergessen?

Aktuell blicken wir in den deutsch-polnischen Beziehungen auf eine zwanzigjährige Zeit der Nicht-Beziehungen zurück. Der christlich-persönliche Akzent der „Versöhnung" war bereits seit dem Abtreten der deutschen Erlebnisgeneration der von Weizsäckers und Schmidts unglaubwürdig und zum „Versöhnungskitsch" degeneriert. Der Begriff von Klaus Bachmann stammt übrigens aus dem Jahre 1994.[1] Versöhnen kann ich mich aus einem christlichen Bedürfnis oder persönlich, indem ich nach Fehlern um

---

Hans-Jürgen Bömelburg (1961), Dr. phil., Historiker, Professor für Osteuropäische Geschichte an der Justus Liebig-Universität Gießen

[1] Klaus Bachmann: Die Versöhnung muss von Polen ausgehen. taz, 5.8.1994.

 doi: 10.35998/oe-2023-015

Versöhnung bitte – nicht jedoch immerzu in leeren und kostenlosen Ritualen zwischen Gesellschaften. Deshalb sollte die deutsche Politik – hier argumentiere ich gegen Felix Ackermann in seiner Beziehungsanalyse – auf den Versöhnungsbegriff verzichten und stattdessen neutraler von „deutsch-polnischer Verständigung" sprechen.[2] Spätestens seit dem EU-Beitritt Ostmitteleuropas und Polens 2004 gab es keine nennenswerten deutschen Initiativen mehr, eine intensivere deutsch-polnische Kooperation auf neue Grundlagen zu stellen.

Es gibt ein „tief verankertes Ressentiment der polnischen Rechten gegen Deutschland".[3] Aber nicht nur unter der polnischen Rechten, sondern auch in großen Teilen der polnischen bürgerlichen Mitte. Dies speist sich aus wiederholten schmerzlichen Erfahrungen mit einer immer noch nicht von imperialen Reminiszenzen gereinigten deutschen Politik. Nur ein Ressentiment oder berechtigte aktuelle Erfahrung?

Ich möchte für Letzteres plädieren: Die deutsche Politik des „Wandels durch Handel" in Richtung Russland überging jahrzehntelang und bedenkenlos ostmitteleuropäische Sicherheitsinteressen. Polnische Warnungen vor einer deutschen Energieabhängigkeit von Russland wurden ignoriert. Die deutsche Politik glaubte lange, eigene Wirtschaftsinteressen auch gegen ostmitteleuropäische Interessen durchsetzen zu können. Leadership oder spätimperiale Selbstüberschätzung? Selbst nach Russlands Einmarsch auf der Krim und der Infiltration im Donbass setzte Deutschland diese Politik fort: Das „Normandie-Format" führte zu den Minsk II-Vereinbarungen zwischen Deutschland, Frankreich, Russland und der Ukraine. An diesen Verhandlungen war kein polnischer Vertreter beteiligt. Letztlich scheiterten die Vereinbarungen über eine politische Lösung des Konflikts an dem grundlegenden Konstruktionsfehler des Abkommens, dass Russland seine aktive Rolle in dem Konflikt leugnete, und daran, dass sich alle Konfliktparteien nicht über die Statusfrage und die Reihenfolge der Umsetzung der getroffenen Vereinbarungen einigen konnten.[4] Parallel forcierten Berlin und Moskau den Bau der Gaspipeline *Nordstream* 2. Die *Nordstream*-Projekte und die Minsk-Verhandlungen wurden von allen polnischen Parteien als postimperiale Kooperation zwischen Deutschland und Russland bewertet.

Dies führte in der breiten polnischen Öffentlichkeit zu – sicherlich überzogenen – Warnungen vor einer „fünften Teilung Polens". Solche Befürchtungen, namentlich ein „neuer Ribbentrop-Molotov-Pakt", wurden 2006 von Außenminister Radosław Sikorski geäußert, der selbst der liberalen „Bürgerplattform" angehört, also kein antideutscher polnischer Rechter ist. Festzuhalten ist: Die Politik der Ära Schröder und Merkel verstärkte polnische Wahrnehmungen, erneut Opfer einer Verständigung zwischen Deutschland und Russland zu werden, und ließ ein weit verbreitetes Misstrauen gegenüber den deutschen politischen Zielen entstehen, das die nationalkonservativen Rechten unter Jarosław Kaczyński nutzen konnten. Die deutsche Politik befeuerte eine „deutsch-polnische Konfliktgemeinschaft". Ich würde deshalb für große Schichten der polnischen antideutschen Einstellungen nicht von einem „Ressentiment" sprechen, sondern davon, dass in der polnischen Gesellschaft „Gelegenheitsstrukturen" existieren, also historisch

---

2 Felix Ackermann: Nach der Versöhnung. Deutsche und Polen. Eine Beziehungsanalyse, in: OSTEUROPA, 9–10/2022, S. 5–38.

3 OSTEUROPA, 9–10/2022, Editorial, S. 3–4.

4 Cindy Wittke: The Minsk Agreements – more than „scraps of paper"?, East European Politics, 3/2019, S. 264–290.

bedingte soziale, mentale sowie materielle Rahmenbedingungen, die eine gemeinschaftliche Reaktion ermöglichen. Deutschland löste diese „Gelegenheitsstrukturen“ durch seine leichtfertige Außenpolitik aus, was Wasser auf die Mühlen antideutscher polnischer rechtskonservativer Politiker lenkte.
Eine Diskussion über das deutsch-polnische Verhältnis ist überfällig. Gerade hat Rolf Nikel, von 2014–2020 deutscher Botschafter in Warschau, ein Plädoyer für eine vorsichtige Revision der deutschen Polen-Politik veröffentlicht.[5] Er übergeht den tiefgreifenden deutsch-polnischen Dissens in diesen Jahren. Stattdessen zeigt er, wie Polen die Schwächen der deutschen Politik ausnutzte. Dabei sollten wir aber nicht stehen bleiben, eine unabhängige Reflexion der Grundlagen der deutsch-polnischen Beziehungen, wie sie Felix Ackermann gefordert hat, ist unabdingbar.

Postkoloniale Verständigung, schwieriger Balanceakt der Symmetrie

Wer sich um das Jahr 2020 mit deutschen Diplomaten in Polen unterhielt, der bekam zu hören, dass diese am liebsten die konfliktbelastete deutsch-polnische Geschichte des 19. und 20. Jahrhunderts vergessen würden. Vor allem die Geschichte schaffe Schwierigkeiten, die Historiker sollten diese Probleme selbst lösen und damit nicht die Politik belästigen, so der Tenor.[6]
Allerdings funktioniert Politik so nicht. Politik ist tief von Erfahrungsstrukturen durchzogen, die auch in aktuellen Situationen immer wieder handlungsleitend werden können. Das deutsch-polnische Verhältnis ist durch eine mindestens zweihundertjährige Konfliktgeschichte zwischen 1770 und 1970 zutiefst belastet. Gestattet sei eine knappe und sicher noch zu ergänzende Aufzählung: Die historischen deutschen Staaten Preußen und Österreich teilten Polen-Litauen 1772–1795 auf und tilgten es von der Landkarte. Verantwortliche der Teilungen wie Friedrich „der Große“ prägen bis heute die Berlin-Brandenburgische Erinnerungslandschaft und gelten als Referenzpunkte für eine „deutsche Staatsräson“. Die preußisch-deutsche Einigungspolitik um 1870 hatte eine antipolnische Stoßrichtung. Der Einigungskanzler Otto von Bismarck äußerte sich:

> Man kann Polen in seinen Grenzen von 1772 herstellen wollen, ihm ganz Posen, Westpreußen und Ermland wiedergeben; dann würden Preußens beste Sehnen durchschnitten. Andererseits kann eine Wiederherstellung Polens in einem geringeren Umfange beabsichtigt werden, etwa so, daß Preußen nur den entschieden polnischen Teil des Großherzogtums Posen [Poznań] hergäbe. In diesem Fall kann nur der, welcher die Polen gar nicht kennt, daran zweifeln, daß sie unsere geschworenen Feinde bleiben würden, solange sie nicht die Weichselmündung und außerdem jedes polnisch redende Dorf in West- und

[5] Rolf Nikel: Feinde Fremde Freunde: Polen und die Deutschen. München 2023.

[6] Gespräche am Rande des Projektes eines curricularen vierbändigen gemeinsamen deutsch-polnischen Geschichtsschulbuches, das inzwischen erschien: Europa – Unsere Geschichte. 4 Bde. 2016–2020. Das Geschichtsschulbuch für die Sekundarstufe I ist in Deutschland mit Ausnahme von Bayern in allen Bundesländern zugelassen, in Polen sind die Bände 1–3 zugelassen, für Bd. 4 hat der Schulbuchverlag WSiP aktuell das Zulassungsverfahren zurückgezogen, da die aktuelle Leitungsebene des Ministeriums für Wissenschaft und Erziehung keine Gewähr für ein neutrales Verfahren bietet.

> Ostpreußen, Pommern und Schlesien von uns erobert haben würden. Ein rastloser Feind würde geschaffen, viel gieriger als der russische Kaiser.[7]

Die Eliten des Deutschen Reichs nach 1871 förderten antipolnische Vorurteile. Das Stereotyp der „polnischen Wirtschaft", das Friedrich II. 1781 erstmals verwendet hatte, war um 1900 Gemeingut von Kaiser Wilhelm II. bis Reichskanzler Bernhard von Bülow. Die deutschen Eliten betrieben in Großpolen („Provinz Posen") eine koloniale Politik, welche die polnische Mittelschicht deklassieren sollte. Selbst im gerühmten preußisch-deutschen Rechtssystem wurde mit den Enteignungsgesetzen gegenüber polnischem Grundbesitz ein zwar selten angewandtes, aber rechtlich verankertes polnisches Sonderrecht eingeführt.

Die deutsche politische Klasse stand nach der Wiedergründung des polnischen Staates 1918 einer Grenzanerkennung ablehnend gegenüber. Alle Parteien der Weimarer Republik förderten einen Grenzrevisionismus, der bedeutendste deutsche Außenpolitiker Gustav Stresemann lehnte ein „Ost-Locarno" ab.

Im Zweiten Weltkrieg plante und organisierte die deutsche Politik die Vernichtung der polnischen Nation, wofür das Begriffsinstrumentarium des Völkermords anwendbar ist. Und nach dem Zweiten Weltkrieg vertraten bis in die späten 1970er Jahre zunächst eine Mehrheit, dann maßgebliche Teile der westdeutschen Politik eine sachlich unhaltbare Aufrechnungspolitik, welche die deutsche Politik im Zweiten Weltkrieg mit der Aussiedlung und Vertreibung der deutschen Bevölkerung nach 1945 gleichsetzte. Auch liberale Beobachter fordern in Polen gegenwärtig eine offensivere Aufarbeitung der eigenen Opfergeschichte und eine stärkere Konfrontation der Deutschen mit ihrer Vergangenheit.[8]

In Polen wurde der deutsch-polnische Versöhnungsgedanke in den 1980er und 1990er Jahren von christlich geprägten Politikern wie Tadeusz Mazowiecki akzeptiert und von einer jüngeren Generation auch genutzt, da das vereinte Deutschland zu einem Türöffner für Polen zur NATO und vor allem zur Europäischen Union werden konnte. Beiderseits gab es allerdings keine Versuche, die deutsch-polnischen Beziehungen analog zu den deutsch-französischen Beziehungen (Elysée-Vertrag, Vertrag von Aachen 2019) strukturell weiterzuentwickeln. Fehlte nur Phantasie oder blieben die deutsche und polnische Politik in älteren Konfliktstrukturen verhaftet?

Kategorial wird man das deutsch-polnische Verhältnis als „postkolonial" bezeichnen müssen. Vergleichbar ist es mit dem französisch-algerischen Verhältnis, das auf eine französische Kolonialherrschaft und einen anschließenden Dekolonialisierungskrieg zurückblickt.

Man kann argumentieren, dass in solch historisch belasteten Verhältnissen eine strikt beachtete Symmetrie von besonderer Bedeutung ist, denn die Gleichrangigkeit mindert die Gefahr einer Brüskierung und Verletzung kultureller Sensibilitäten. Symmetrie ist weniger ein Begriff der Politikwissenschaften, die von Machtasymmetrien und Einflusssphären lebt, als der einer kulturell angereicherten Außenpolitik. Polen hat sich in den

---

7 Aus dem offenen Brief Bismarcks an die Magdeburgische Zeitung, 20.4.1848. Klaus Zernack: Polen in der Geschichte Preußens, in: Otto Büsch (Hg.): Handbuch der preußischen Geschichte. Bd. 2: Das 19. Jahrhundert und große Themen der Geschichte Preußens. Berlin 1992, S. 377–448, hier 442.

8 Robert Traba, Katarzyna Wonika, Anna Wolff-Powęska (Hg.): Fikcyjna rzeczywistość: codzienność, światy przeżywane i pamięć niemieckiej okupacji w Polsce. Warszawa 2016.

letzten Jahren, etwa durch die Gründung des *Zentrums für Historische Forschung der Polnischen Akademie der Wissenschaften* in Berlin (in Analogie zum Deutschen Historischen Institut in Warschau) sowie der Dependance des regierungsnahen, stark geschichtspolitisch ausgerichteten *Pilecki-Instituts* am Pariser Platz in Berlin, bemüht, seine eigene Kulturaußenpolitik zu verstärken.
Diese Institutionen ermöglichen eine Kulturpolitik auf Augenhöhe, das *Pilecki-Institut* kann man mit den deutschen politischen Stiftungen in Warschau (Konrad-Adenauer-Stiftung, Friedrich-Ebert-Stiftung, Heinrich-Böll-Stiftung, Rosa-Luxemburg-Stiftung) vergleichen. Hierin liegt eine Chance. Damit existieren unabhängige Austauschkanäle, die auch alternative, das binationale Verhältnis weit überschreitende Initiativen ermöglichen.

Deutsch-polnische Konfliktgemeinschaft, postimperiale Versuchungen

Allerdings sollten kulturell-historische Strukturbedingungen nicht außer Acht gelassen werden: Der deutsch-polnischen Unfähigkeit, konstruktiv und nicht konfliktgeladen miteinander zu sprechen, liegen tiefere Ursachen zugrunde. Die deutsche und die polnische Gesellschaft sind von Kommunikationsmustern einer „Konfliktgemeinschaft" geprägt.[9] „Konfliktgemeinschaften" sind umfassend durch den Grundkonflikt mit dem Anderen geprägt. Dies schafft Gelegenheitsstrukturen und bietet unterschiedlichen Akteuren aus Politik und Gesellschaft die Möglichkeit, den Konflikt für sich zu nutzen und dadurch zu perpetuieren. Diese Perpetuierung historischer Konfliktstrukturen führt schließlich dazu, dass sich solche Konflikte wiederholen.[10]
Diese abstrakt für „Konfliktgemeinschaften" entwickelte Beschreibung trifft insbesondere auf die Disposition der Politiker der Partei *Prawo i Sprawiedliwość* (Recht und Gerechtigkeit, PiS) zu. Die PiS-Politik greift immer wieder auf ältere, in der öffentlichen Meinung als plausibel geltende Vorstellungen zurück. So versucht sie etwa, eine behauptete Herkunft als Argument zu nutzen, mag es noch so grobschlächtig sein: Weil Donald Tusk einen kaschubischen Großvater hatte, der in die Wehrmacht gezwungen wurde, muss er ein Handlanger Deutschlands sein.
Die Darstellung, von den Deutschen in der Energiepolitik brüskiert oder im Vorfeld der Minsker Verhandlungen ignoriert worden zu sein, bot der PiS neue Chancen, sich zu positionieren. Die stete Anrufung eines deutsch-polnischen Konflikts dient Politikern der PiS dazu, einen bestimmten Entwurf von Politik und Gesellschaft sowie der polnischen Identität zu schärfen und durchzusetzen.
Auf deutscher Seite ist die Wahrnehmung der deutsch-polnischen Konfliktgemeinschaft stärker wirtschaftsnational und postimperial fundiert. Aus der Position der EU-Nation mit der größten Bevölkerung und Wirtschaftskraft beansprucht die amtierende

---

9 Den Begriff prägte der tschechische Historiker Jan Křen: Konfliktní společenství. Češi a Němci 1780–1918. Prha 1990. Dt. Die Konfliktgemeinschaft: Tschechen und Deutsche 1780–1918. Aus dem Tschechischen von Peter Heumos. München 1996.

10 Die Argumentation baut hier auf unter Leitung von Monika Wingender und Peter Haslinger am Gießener Zentrum östliches Europa entwickelten Überlegungen zu einem Projektcluster auf, das in Gießen und Marburg angesiedelt werden soll.

Bundesregierung die Rolle einer „Führungsmacht“ (Lars Klingbeil).[11] Diese ist allerdings realpolitisch kaum abgesichert, denn erstens verfügt Deutschland nur über begrenzte militärische Ressourcen; zweitens ist die Wirtschaftsmacht Deutschland aufgrund der starken Außenhandelsabhängigkeit in Krisen besonders verwundbar, und drittens hat die deutsche Außenpolitik bisher kaum berücksichtigt, wie europäische Nachbarn, die mit Deutschland historische Konfliktstrukturen verbinden, auf einen deutschen Führungsanspruch reagieren. Aktuell verfügt Deutschland über keine „nationale Sicherheitsstrategie“ (Olaf Scholz) – es besteht deshalb die reale Gefahr, dass deutsche Versuche, einen Führungsanspruch zu entwickeln, gerade im deutsch-polnischen Verhältnis in neue Konflikte führen. Denn die Konstellation einer Konfliktgemeinschaft ist so nachhaltig, dass sie auch in einem stark veränderten Kontext handlungsleitend bleibt und selbst nach einer Phase der Deeskalation oder nach dem Ende der Konfliktsituation als Sekundär- oder Erinnerungskonflikt immer wieder reaktiviert werden kann und in politische Polarisierung mündet.

Ressourcen einer deutsch-polnisch-(französisch-ukrainischen) Europapolitik

In dieser Situation ist es sinnvoll, Ressourcen kultur- und politikwissenschaftlicher deutscher und polnischer Expertise stärker europäisch zu bündeln. Dies gilt gerade auch für Initiativen in Richtung Ukraine. Auf der wissenschaftlichen Ebene funktioniert dies bereits: Aktuell organisiert das Litauische Institut für Geschichte vom 14.–16. September 2023 unter Beteiligung deutscher, polnischer und litauischer Geldgeber einen Kongress zur historischen Ukraineforschung in Vilnius.[12] Die Planung der vor allem litauischen, ukrainischen, polnischen und deutschen Organisatoren findet überwiegend auf Polnisch statt. Tagungssprachen sind Englisch und Ukrainisch, doch wird es auch polnischsprachige Panels geben.

Analog liegt es nahe, die Kompetenzen und die sprachliche Nähe der polnischen Osteuropaforschung in Bezug auf die Ukraine, Belarus und Russland mit der deutschen Forschung zusammenzuführen: Sinnvoll wäre eine stärkere Kooperation des Zentrums für Osteuropa- und internationale Studien (ZOiS) und des Deutschen Polen-Instituts mit polnischen Partnern wie dem Studium Europy Wschodniej an der Universität Warschau, dem Centre for Eastern Studies / Ośrodek Studiów Wschodnich (Warschau) oder dem Centrum Europy Wschodniej an der Marie-Curie-Skłodowska-Universität in Lublin.

Die Osteuropaforschung in Polen ist aufgrund der historischen Erfahrungen russlandkritischer und ukraineaffiner eingestellt als die deutsche Forschungslandschaft. Deutsche Osteuropaexpertise ist nach wie vor stark deutsch-russisch geprägt; eine wechselseitige Beeinflussung täte der jeweiligen Forschungsperspektive gut.

Politisch liegt es – wie zuletzt Rolf Nikel anregte – nahe, ältere zivilgesellschaftliche und diplomatische Formate wie das Weimarer Dreieck um die Ukraine zu erweitern und hier eine stärkere Kooperation zu organisieren. Die deutsche Wissenschaftspolitik

[11] Grundsatzrede Lars Klingbeils auf einer Konferenz der Friedrich-Ebert-Stiftung, 21.6.2022, <www.vorwaerts.de/artikel/sozialdemokratie-hat-chance-europa-praegen?fbclid=IwAR3RvHS mzPSYNzfsaNcnqz5GuCdgQU2xLVFWDO1-iQd1JvbYhsV0i1-gP7s>.

[12] „Rethinking Ukraine and Europe: New Challenges for Historians“, <https://vilniuscongress.com/en/home>.

könnte sich etwa am Aufbau einer polnisch-ukrainischen Universität beteiligen, die aktuell in Polen diskutiert wird. Das am Braunschweiger Leibniz-Institut für Bildungsmedien angesiedelte multinationale European Forum for Reconciliation and Cooperation in History and Social Sciences Education (EFREC)[13] bemüht sich, deutsch-polnisch-französische Kooperationsforen auf die Ukraine und weitere Nachbarstaaten auszudehnen.

Kann ein solcher deutsch-polnischer Ausbau einer Kooperation angesichts der historischen Rahmung als eine Konfliktgemeinschaft gelingen? Eine gehörige Portion Skepsis ist angezeigt, denn alle Erfahrungen zeigen, dass Konfliktgemeinschaften historisch stabil sind und Akteure auch in unerwarteten Momenten immer wieder Gelegenheitskonstellationen finden, um Konflikte zu revitalisieren und auszutragen.

Zugleich bietet der russländische Krieg gegen die Ukraine auch ein Momentum: Polen und die Ukraine haben ihre historischen Konflikte überwunden und bauen in vielen Bereichen ihre Kooperation aus. In der polnischen Publizistik wird in diesem Zusammenhang auf die deutsch-französische Aussöhnung als Vorbild verwiesen.[14] In solch einer Situation ist der Weg von der Ächtung über den Achtungserfolg zu strukturellen Erfolgen möglich.

Schlagwörter:
Polen, deutsch-polnische Beziehungen, Konfliktgemeinschaft, Versöhnung, deutsch-französische Beziehungen, Europapolitik

[13] <www.gei.de/forschung/projekte/european-forum-for-reconciliation-and-cooperation-in-history-and-social-sciences-education>.

[14] Piotr Zaremba: Moment, który nie potrwa wiecznie. Rzeczpospolita Plus Minus, 4./5.3.2023, S. 12–13.

Geistesadel verpflichtet. Max Weber (1918)

Stellungnahme des wissenschaftlichen Beirats des DHI Warschau zu:
Felix Ackermann: Nach der Versöhnung. Deutsche und Polen. Eine Beziehungsanalyse, in: Osteuropa, 9–10/2022, S. 5–38

Der wissenschaftliche Beirat des DHI Warschau teilt in vieler Hinsicht die besorgte Diagnose von Felix Ackermann zur Krise der deutsch-polnischen Beziehungen durch die Herausbildung von Teil- und Gegenöffentlichkeiten, die nicht mehr miteinander kommunizieren. Doch seinen Anmerkungen zur Rolle des DHI (ab S. 30), das er als langjähriger Mitarbeiter bestens kennt und mitgestalten konnte, möchten wir widersprechen.

Das DHI ist laut seinen Statuten ein geschichtswissenschaftliches, kein geschichtspolitisches Institut. Es untersucht die Geschichte Ostmitteleuropas und der deutsch-polnischen Beziehungen in ihrer vollen chronologischen Breite und nicht nur ab 1939. Kontroverse Themen der Geschichte werden am DHI keineswegs gemieden, sondern seit der Gründung des Instituts in zahlreichen Projekten erforscht. Der Zweite Weltkrieg, der Holocaust und die deutsche Besatzungsherrschaft mit all ihren Folgen waren dem DHI stets ein wichtiges Anliegen. Dass einige einschlägige Projekte unlängst ausgelaufen sind, hängt mit der Stellenstruktur bzw. den Befristungen bei den Arbeitsverträgen zusammen und berührt die inhaltliche Ausrichtung des Instituts in keiner Weise. Das DHI Warschau ist im vergangenen Jahr erfolgreich evaluiert worden. Dabei haben sich die Gutachterinnen und Gutachter ausführlich auch mit der Rolle des Instituts in aktuellen geschichtspolitischen Debatten befasst. Das Institut, wir zitieren, „hat es erfolgreich vermieden, sich auf die eine oder andere Weise instrumentalisieren zu lassen. Stattdessen wurde mit dem Forschungsbereich ‚Funktionalität von Geschichte‘ auf innovative, reflexive und erfolgreiche Weise versucht, die Entstehung von Geschichtsdiskursen zu analysieren.“ Weiter heißt es: „Die Kommission begrüßt besonders, dass die zweigleisige Strategie des Direktors, sich sowohl aktuellen geschichtspolitischen Fragestellungen aus geschichtswissenschaftlicher Perspektive zu widmen als auch das DHI als breit aufgestelltes Institut für erkenntnisgeleitete Forschung zu etablieren, erfolgreich war.“ Dieser Einschätzung schließt sich der Beirat an.

Wir wünschen Felix Ackermann alles Gute bei der weiteren Gestaltung des deutsch-polnischen Dialogs auf seiner neuen Position, zu der ihm der Beirat des DHI herzlich gratuliert.

Prof. Dr. Philipp Ther, Vorsitzender des Wissenschaftlichen Beirats des DHI Warschau, 27.2.2023

 doi: 10.35998/oe-2023-016

A b s t r a c t s

Diorama

Theatres of Conflict in Europe's East

Andrea Stricker, Anthony Ruggiero
Ending Global Reliance on Russia's Nuclear Energy Sector

Russia's nuclear industry is exempt from Western sanctions. The reason is the great importance of the state-owned company Rosatom for the global nuclear industry. The United States and west European countries have also been dependent on Rosatom for the extraction, conversion, and enrichment of uranium. All east-central and east European countries where VVER reactors are in operation obtain fuel rods from Rosatom's subsidiary TVEL. Rosatom is building nuclear power plants in several countries around the world, and there are also contracts with governments for reactors whose construction is to begin in the next few years. Nonetheless, sanctions against Rosatom are possible. A concerted effort by Western countries is needed to create investment incentives for alternative providers.

Vera Chelishcheva
In the Name of the People
Vladimir Kara-Murza: 25 Years in a Camp for 25 Years in Politics

Vladimir Kara-Murza has been indefatigably committed to his country since the age of 18. For him, freedom, democracy, and the rule of law in Russia are paramount. He fought against electoral fraud, political persecution, and impunity for murderers in uniform, was forced to witness the murder of his ally and friend Boris Nemtsov, and barely survived two poison attacks. After Russia's invasion of Ukraine, he joined others in calling on the international community to declare Russia's political leadership war criminals for ordering the attack on Ukraine. Now, Kara-Murza has been sentenced to 25 years in prison. The regime wants his political and physical death. His struggle will continue - until he is rehabilitated in the name of the people in a democratic Russia.

"An Appeaser Is One Who Feeds a Crocodile" Armenia in a Fix. A Conversation with Narek Sukiasyan

Russia's war against Ukraine has triggered geopolitical shifts throughout the post-Soviet space. No other country has been affected as much as Armenia. Azerbaijan is putting massive pressure on the Armenians who remain in Karabakh and on the Republic of Armenia. Russia, Armenia's guarantor of security, has been weakened and is looking for strong allies such as Turkey and Azerbaijan. The European Union has sent an observation mission, but its powers are limited. The West alone cannot protect the people of Nagorno-Karabakh from expulsion and Armenia from attack. Brussels and Moscow must leave the issue of Armenia out of their confrontation. A conversation with political scientist Narek Sukiasyan.

Insights from the War in Ukraine

Ihor Pylypenko, Daria Malchykova
The Kachovka Reservoir
Economic Engine and Theatre of War

Created in the 1950s, the Kachovka Reservoir in south-eastern Ukraine is of considerable importance for the country's energy and agricultural sectors. The Zaporizhzhia nuclear power plant, which is cooled with water from the lake, along with a nearby coal-fired power plant produced almost 30 percent of the electricity generated in Ukraine before Russia's attack on the country. Since the 1960s, the reservoir has also enabled the construction of an extensive canal system that supplies millions of people with water and irrigates vast agricultural areas. Immediately after its February 2022 invasion, Russia reopened the North Crimean Canal, which was closed by Ukraine after the 2014 annexation of Crimea. Now, however, the occupying forces are draining water from the Kachovka reservoir in huge quantities. It is to be feared that, if forced to retreat, Russian troops will blow up the dam at Nova Kachovka.

Angelina Davydova, Oleksii Vasyliuk
Ecocide
The War in Ukraine and Its Consequences for the Environment

Russia's war against Ukraine brings death and destruction. It not only affects people and infrastructure, it's also an attack on flora and fauna. Nature is suffering massive damage, whether intentionally or as a result of military operations. Valuable forests have been burned, unique natural landscapes, such as the chalk cliffs in the Sivers'kyi Donets' valley have been destroyed by shelling. Nature and biosphere reserves along the coasts of the Azov and Black seas have become theatres of war. Reliable data on the extent of the damage does not yet exist. But there is cause for concern that some species will suffer irreversible losses.

Mykola Homaniuk
Under Occupation
A Chronicle from Cherson

From March 2022 to October 2022, the region and city of Kherson in southeastern Ukraine were under complete Russian occupation. For almost two months, the area was exclusively under military occupation. Communal authorities, hospitals, schools, banks, and businesses operated in the Ukrainian system with unchanged managerial staff. The turning point came at the end of April. Leading officials were arrested and collaborators put in their posts. The occupiers imposed the ruble as a means of payment and forced businesses to reregister. At the end of July, the collaborators prepared the annexation with a declaration. In it, the Cherson region was proclaimed legal successor to the Tsarist empire's Governorate Taurida, and from this was derived a right of self-determination for the people of Cherson to be exercised exclusively within the framework of the Russian Federation. This was the path taken for incorporating the area into Moscow's state structures and the pseudo-referendums held at the end of September 2022. But already in October, the occupiers and the collaborators, under pressure from the Ukrainian army, gradually withdrew from that part of the Kherson region on the right bank of the Dnipro. Ukraine hopes to liberate the left-bank part of the region in summer 2023.

Poland and Germany

Kornelia Konczal
Beyond One's Own Nose
Third Parties in German-Polish Relations

The ongoing crisis in German-Polish relations since 2015 is usually interpreted from a bilateral point of view. Analysis of German misjudgments, lapses, and omissions on the one hand and Polish accusations, encroachments, and rejections on the other is supposed to explain the problems in communication between Germany and Poland. This perspective falls short in providing a full explanation. The German-Polish present can be better understood in the light of German-French and Polish-Ukrainian relations. Looking beyond one's own nose would enable a deeper diagnosis.

Peter Oliver Loew
In Praise of Imbalance
Remarks on Poland and Germany

Felix Ackermann considers German-Polish relations asymmetrical. But "asymmetry" is a problematic term for describing relations between two societies. Imbalances are inherent in every social relationship. If the establishment of symmetry is unattainable, the pursuit of symmetry can lead to a permanent state of grievance. Grievance is an important emotion of social polarisation and an instrument of inter-state confrontation.

Karolina Wigura, Jarosław Kuisz
A Political "Me-Too Moment"
Polish-German Misunderstandings

Historical traumas and political disputes weigh heavily on relations between Poland and Germany. The war in Ukraine acted as a catalyst. It brought to light the frustration of Poles and East-Central Europeans with Germany's role in Europe and its policy towards Russia. The historical experience of East-Central Europeans with Russia makes them sceptical of any compromise with the aggressor. The feeling of being morally superior to a disoriented West and Germany reinforces this alienation. Better Polish-German relations are only possible within the framework of a pan-European understanding.

Marek Cichocki
Asymmetry without Centre and Periphery
The Unreconciled German-Polish Relationship

The relationship between Germany and Poland was long considered one of centre and periphery. Bilateral reconciliation, the transformation of the Polish economy and politics, as well as embedment in European integration were supposed to lead successively to overcoming developmental differences and enabling the convergence of both countries. This model is obsolete. In economic, European, and security policy, Poland is now pursuing its own interests, and these collide with those of Germany. German-Polish relations are characterized by "strategic asymmetries". Russia's war against Ukraine is reminding both "central European powers" what is at stake: the security of Europe.

Bastian Sendhardt
Forward into the Past!
Mateusz Morawiecki's Ideas on Europe

Polish Prime Minister Mateusz Morawiecki has responded to President Emmanuel Macron's and Chancellor Olaf Scholz's speeches on Europe. In his own speech, delivered in Heidelberg, Morawiecki rejected a deepening of integration and an extension of the majority principle in the European Union's decision-making process. The linchpin of his European policy thinking remains the nation state. Morawiecki's vision for the European Union amounts to a return to a "Europe of fatherlands".

Hans-Jürgen Bömelburg
Structures and Perspectives
The German-Polish Community of Conflict

The German-Polish relationship is deeply burdened by at least two centuries of conflict between 1770 and 1970. As a result, a community of conflict has emerged. Correspondent patterns of communication burst forth again and again whenever occasion arises. Categorically, the German-Polish relationship can be described as a "post-colonial" one. Russia's war against Ukraine is an opportunity: Polish-German cooperation could be structurally changed and improved by the involvement of Ukraine.

480 S., 147 Abb., 32.- €. https://zeitschrift-osteuropa.de/hefte/2022/6-8/